日本有数のキュウリ産地、群馬県板倉町。この大産地で奥さんと2人で20aのハウスでキュウリ栽培を続けてきた松本勝一さんは、それまでの栽培のやり方をがらりと変えた。きっかけは1973年に胃の手術で入院したときの事。術後に退院したのはキュウリ栽培が始まる時期で、とにかく「種を播いとくだけでもいいや」と耕うんも施肥も何もしないで栽培した。ところがこの年は、例年よりも成績がよかったのだとう。「なーんだ、人間は何もしなくても、キュウリが育ちたいように育ててやるのが一番いいんだな」と思い、キュウリ栽培に対する考え方が180度転換した（撮影　赤松富仁）

「小力」キュウリ栽培

群馬県板倉町　松本勝一さん

株間1m、坪当たり3株で定植する。地域の半分くらいの栽植密度。定植10日前に2～3日かけてたっぷり灌水し、その後はほとんど灌水しない

育苗用の培土は、5～6年野積みにして腐熟させた籾がらだけ。肥料も入れない

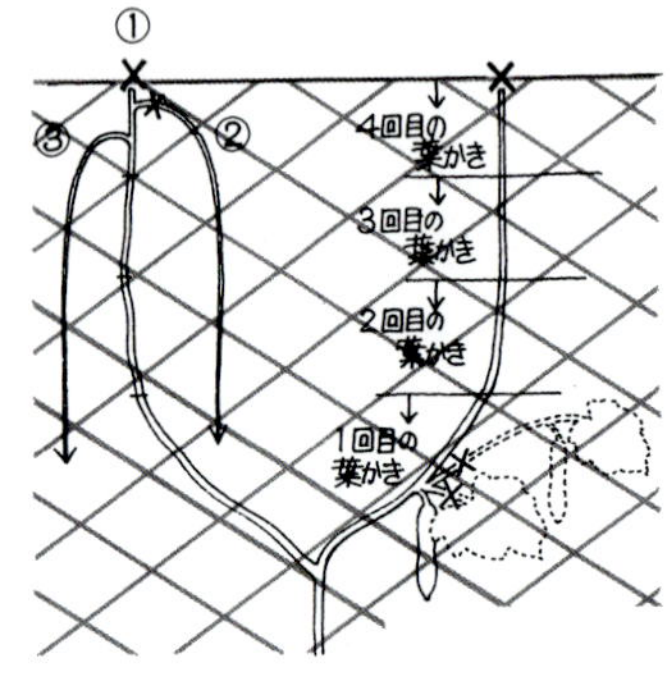

親づると子づるの2本仕立て。誘引してネットに留めるのはこの2本だけ。他の子づる、孫づるは垂らして勝手にネットに這わせる。子づる孫づるの先端が地上から30cmのところまで伸びたら、つるの元まで切り戻し、次のつるを垂らす。葉かきするのは、2本に仕立てた親づると子づるだけ

12月16日定植、1月20日収穫開始で1月31日の姿。品種はシャープ1。定植後はキュウリをのびのびと伸ばし、定植後1カ月でピンチ（本葉22～25枚）まで持っていく。キュウリを順調に伸ばすために、12月は日中もほとんど換気せず保温し、夜温を16℃と高めにする。短日で厳寒の12月は日中のハウス温度が上がらず地温も上がらないので、キュウリが伸びてこない。そこで夜温で伸ばすしかないのだという。1月、2月、3月と日が長くなっていくにしたがって日中の温度も高くなり、キュウリが伸びたがる。今度は夜温を15℃→12～13℃へと徐々に低くしていく

撮影　赤松富仁

松本さんの栽培の特徴

①超疎植にする。慣行の半分くらいの、一〇a当り約九〇〇株に植える。株間一mで坪当たり三株。

②施肥は元肥の鶏糞のみ。促成の前にベッド下に三〇cmの溝を掘り、一〇a当たり、水田四反分の稲わらを入れる。発酵鶏糞七五～一〇〇袋（一五kg）を、全面に撒く。鶏糞の成分はおよそ3-6-3で、窒素成分は一〇a当たり三四～四五kg。追肥は一切施用せず、途中で肥料を効かせたいときは、多めに灌水する。土壌のECは〇・三でやや低く、pHは五・五～六・〇

葉かきが終わったあとの姿（2月29日）。葉が少ないと日がよく当たり、風通しもよく、病気がでない。樹をできるだけ若い状態に保つ。実がよく見えるので収穫作業が速く、とり残しがない

12月8日定植、1月10日収穫開始のキュウリ。1月20日ころから、親づるに着いている古い葉をかいていく

葉かきは、葉柄の真ん中からポキンと折る。傷口は乾いて固まる

寒波続きで、この日の収量はいつもより少なかったが、秀品揃い。くず果は前のコンテナの分だけ。とり残して大きくなってしまったキュウリは1本だけだった

で安定している。

③灌水をほとんどしない。定植一〇日ぐらい前にハウス全体に二〜三日かけてたっぷりかん水した後は、水をほとんどやらない。うねを低く（一〇cm）して、地下水からの供給が中心。

④広い空間を生かした独特の二本仕立てで、樹をのびのびと育てる。

⑤古い葉をどんどんかいてしまう。

⑥ハウスの換気を重視し、夕方遅くまで閉めない。

⑦農薬散布をあまりおこなわない。

⑧促成と抑制の作型で、促成の収量は反当一五tほど。

松本さんの「小力」栽培法は、キュウリ栽培の奥の深さと可能性を教えてくれる。

反収30t・A品90%のキュウリ名人

埼玉県羽生市　町田滋雄さん

（本文三四頁参照）

撮影　赤松富仁

育苗中も夜は低温にあてる。本圃より苗床の環境がよくてはいけない

畑の土を見る町田滋雄さん（故人）

定植時に鉢土が崩れてはいけない。定植3日前に、水にドブ漬けした苗鉢をベッドの上に並べてそのまま放置する。鉢を乾燥させてから定植する

稲わらを2年間寝かせて堆肥にする。これを年間反当たり30t施用する。フォークで切り返しながらリン酸（過石）を混ぜ込む

本葉8枚目の葉が見えたら、生殖生長管理と栄養生長管理を交互にやる

計算されつくした苗の姿。支柱で支え、節間を長く伸ばすことで無農薬栽培が可能になるという

親づるの下から6～7節までの側枝は1節残してピンチし、8節以上は2節残してピンチする。頂点は1節ピンチとする

定植（1月6日）から52日後の姿。1回目の収穫ピークの終わりで、収穫済み38本、幼果37本。2節、3節、4節で孫づるを4～6節伸ばしている

収穫ピーク時には、夜明け前から収穫して調製作業が夕方になってしまうこともある

定植後の抑制栽培のキュウリ。リン酸とマグネシウムを十分に効かせることがポイント

早朝から収穫に励む町田さん

家庭菜園のキュウリ

本田進一郎

7月23日、今年2回目の種播き。畑の土を深さ10cmくらいのトレイに入れる。肥料は入れない。ポットに鉢上げしないので、土を多くして間隔をあけて播く。覆土は薄く

7月30日、種播きの1週間後。灌水は1日1回、追肥はしない。油断していたらウリハムシに少し食われた

8月8日、種播きの16日後。生長にばらつきがあるが、早い株は本葉4枚目が出始めた。肥料を入れていないため、葉色がかなり淡くなってきた。床土を四角に切り出して定植する。生長が遅い苗は残して、後日に定植

◀家庭菜園で使う肥料。鶏糞、灰、生ごみ、米ぬか、硫安。灰は冬に薪ストーブから大量にでる。米ぬかは家庭用の精米機から毎日でる。リンとカリの量は十分だが、窒素だけは不足するので硫安を使う（安価）

元肥は、30cmくらい穴を掘ってスコップ半分くらいの鶏糞を入れ、埋め戻して定植する。追肥は、硫安を7～10日おきに少量施用する。米ぬかは2～3日おきに精米機からでるので、そのつど株元に散布する。生ごみと灰は、野菜が植わっていないところに20cmくらい穴を掘り埋める。生ごみはそのまま畑に撒くと、悪臭がしてタヌキが食べにくる。灰もそのまま撒くと風で飛んでしまう

まず、高さ180cmくらいに横にロープ（古いアンテナ線）を張る。定植後すぐに支柱を立てる。支柱の上部までキュウリが伸びたら、麻ひもを2～3本、支柱とロープの間に張る。親づると子づるが、自分で麻ひもにそって伸びていくので、2～3本仕立てにする。つるがロープまで届いたらピンチする。露地キュウリの最大の敵は台風。台風が来る前の日に、麻ひもをほどいてつるを地面に伏せる。今年は7月中旬に台風が襲来したが、この方法で1本もやられなかった。麻ひもは、収穫が終わったあとそのまま腐るので片付けが簡単

ウリ科の植物は根量・根毛が少なく、根に共生する菌根菌の働きが大きい。菌根菌が活動できる、有機物が豊富で温度が適正な土壌環境でないと草勢を長期に維持できない。家庭菜園では堆肥を大量に入れることは難しく、強風もさけられないので、キュウリの植え付けを3段階にする。1回目は4月下旬に苗で購入した「四川」を3株ほど定植する。2回目は「四葉」を5月上旬播種で5月下旬に定植。3回目は7月下旬播種で8月中旬定植。これで4か月間近く収穫できて、場所もとらない

◀収穫した四葉キュウリ。箱の一番奥に見える1本は四川。10株で最盛期は1日に30本近く収穫できる

▶地面に近いところの花はとってしまう。実が成っても地面に着いて汚れるため。中段以上から出てくる側枝は2節残して摘心する。草勢が衰えてきたら、元気のいいつるを放任して伸ばし、弱いつるは切り戻して交代する

桃太郎トマト。露地栽培の桃太郎は、草勢が強すぎてつるぼけしやすい（実が着かない）。そこで、初期は側枝を放任して連続摘心仕立てにする。常に3～4本の側枝を放任しておくと着果しやすい。この株は45個着果していた。後ろの中玉トマトは100個以上着果

小なす。ナスも根毛が少ない植物で、根に共生する菌根菌が活動しやすい環境にしないとうまく生育しない。堆肥の代わりに、米ぬかをどんどん追肥するとよく育つ

四葉キュウリは食味がよく病気に強い。F1に比べれば、そんなに次々と成らないので、家族で食べる分にはちょうどよい。キュウリは、とり残して実を大きくしてしまうと、急激に株が弱るので、こまめに収穫する

キュウリの料理と保存法

キュウリのドブロク酒粕漬け

塩漬けキュウリと酒粕床を仕込む。袋の空気を抜きながら、口をしっかり結ぶ。冷蔵庫に入れるか、涼しい場所に置く。食べるときは軽く水洗いする（秋田市）

キュウリのオムレツ

キュウリ4本／卵5個／ジャガイモ1個／生クリーム大さじ2／バター大さじ3／サラダ油大さじ1／塩コショウ

①輪切りにしたキュウリを塩もみし水分をとる。ジャガイモを5mmのイチョウ切りにする
②フライパンにサラダ油とバター各大さじ1を熱し、ジャガイモを炒める。ジャガイモが透き通ったらキュウリを加え、塩コショウで味付けする
③ボウルに卵を割り、生クリーム、塩コショウを加え、②を入れて混ぜる
④フライパンに残りのバターを溶かし、③を流し込んでフタをして両面を焼く

（千葉県旭市　加瀬孝子さん、撮影　小倉かよ）

芋生ヨシ子さん

脱水機でシャキシャキキュウリの漬物

キュウリ2kg／醤油400cc／5倍酢50cc／みりん200cc／コンブ／ショウガ／タカノツメ

①沸騰させた湯の中に、キュウリを入れて2～3分湯がく
②そのまま冷まし、水を捨てる
③新たに湯を沸騰させ、キュウリを再び2～3分湯がく。②→③をもう一度繰り返す。シャキシャキした漬け上がりになる
④キュウリを適当な大きさ（輪切りで5mmまで）に切り、布袋に入れて、洗濯機の脱水に2分間かける。こうすると水分が十分に抜ける
⑤漬け汁用の材料を合わせ、一度沸騰させ、冷ます
⑥キュウリを漬け汁に漬ける。半日ぐらいで食べられる

（和歌山県橋本市　芋生ヨシ子さん）

キュウリとナスのめんつゆがけ

キュウリ3本／ナス2本／ニンニク1かけ／ゴマ油大さじ1／めんつゆ大さじ4

①ナスはへたをとり、丸ごと茹で（レンジでチンするだけでもよい）、食べやすい大きさに切る
②キュウリをまな板の上で包丁で叩いて潰す。3cmぐらいの長さに手で切る
③ナスとキュウリに、すりおろしたニンニク、ゴマ油、めんつゆを入れて混ぜる

（福島市　黒須みき子さん、撮影　小倉かよ）

キュウリのビール漬け▶

キュウリ4kg／砂糖650ｇ／塩150ｇ／ビール350cc

①材料を漬物用ビニル袋に入れて、口をひもで縛り、よく混ぜる。冷蔵庫で入れる
②キュウリから水分が出て、砂糖が溶けるまではときどき振る。5日間冷蔵庫に入れておけば完成
③キュウリが減ってきたら、袋の口のひもを下へ下へと縛りなおして、漬け液の中にキュウリがしっかり漬かっている状態にしておく

（愛知県豊橋市　北河克子さん）

カビが出ないキュウリの古漬け法

キュウリをよく洗い消毒したあと、小さめの桶に多めの塩と重石で一晩漬け、水分をよく出す。次に大きな桶に移して塩を足して漬け直す

（栃木県那須塩原市　渡邉智子さん）

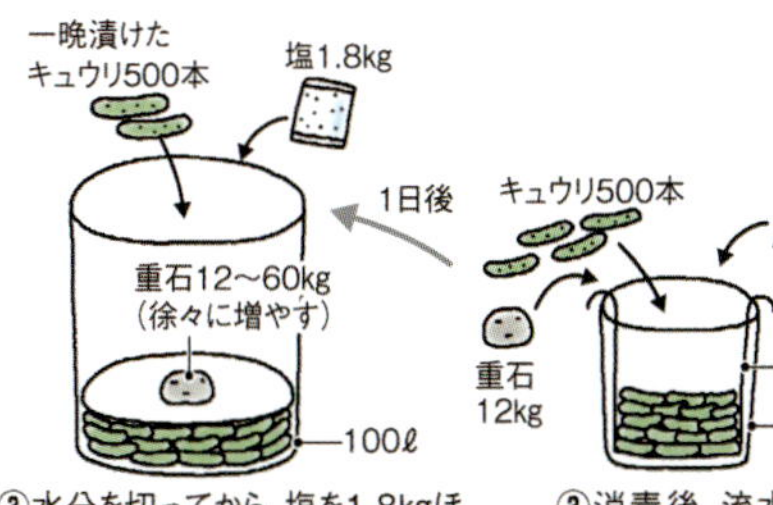

③水分を切ってから、塩を1.8kgほど足して大桶に漬け直し。以後、これを繰り返し、100ℓ桶の中に塩漬けキュウリを増やしていく

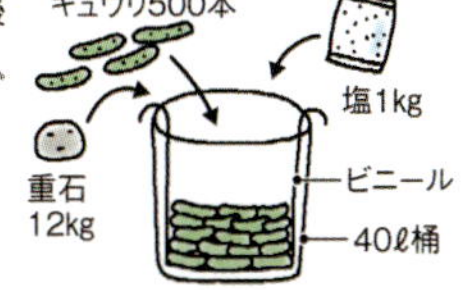

②消毒後、流水でよく洗い、フタと重石をして一晩塩に漬ける

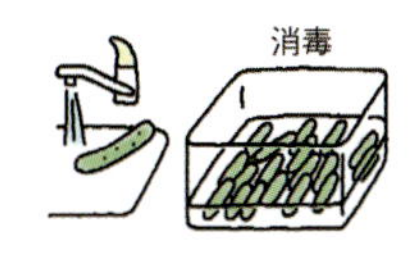

①キュウリをよく洗い、6％の次亜塩素酸ナトリウムで20分ほど消毒

キュウリの古漬け

桶の中も外もビニールで覆い、なるべく空気に触れさせない

渡邉智子さん

古漬けを砂糖で塩抜き

たくさんとれたキュウリを塩漬けにし、塩抜きしながら調理するが、底のほうの日が経った古漬けはおいしくない。そこで、水で塩抜きしたキュウリを、さらに砂糖水に一晩浸すと、塩気やくさみが完全に抜ける。砂糖水は、一升の水に砂糖一つかみくらい、ほんのり甘さを感じる濃度。あとは醤油、砂糖、唐辛子を入れて煮立たせた漬け汁に漬ければ、おいしく食べられる

（群馬県富岡市　高橋幸江さん）

◀熱湯ドボンでパリパリのキュウリ

①**色を鮮やかに塩漬けするコツ。**銅の鍋に塩をひとつまみ入れて、沸かした湯にドボンとキュウリを入れる。取り上げて触ったとき熱いと感じる程度まで湯がき、それを冷ましてから塩に漬ける。湯がく時間が短すぎると漬けたときに色が変わってしまうので、しっかり熱を通す

②**パリパリの食感を保つ塩抜きのコツ。**塩抜き前に、沸騰した湯にドボンとキュウリを浸ける。湯の中で2回くらいかき回してサッとあげたら、あとは水に2時間くらい浸ける。これで十分塩気が抜け、パリパリの漬物ができる

（岩手県雫石町　藤本カツ子さん）

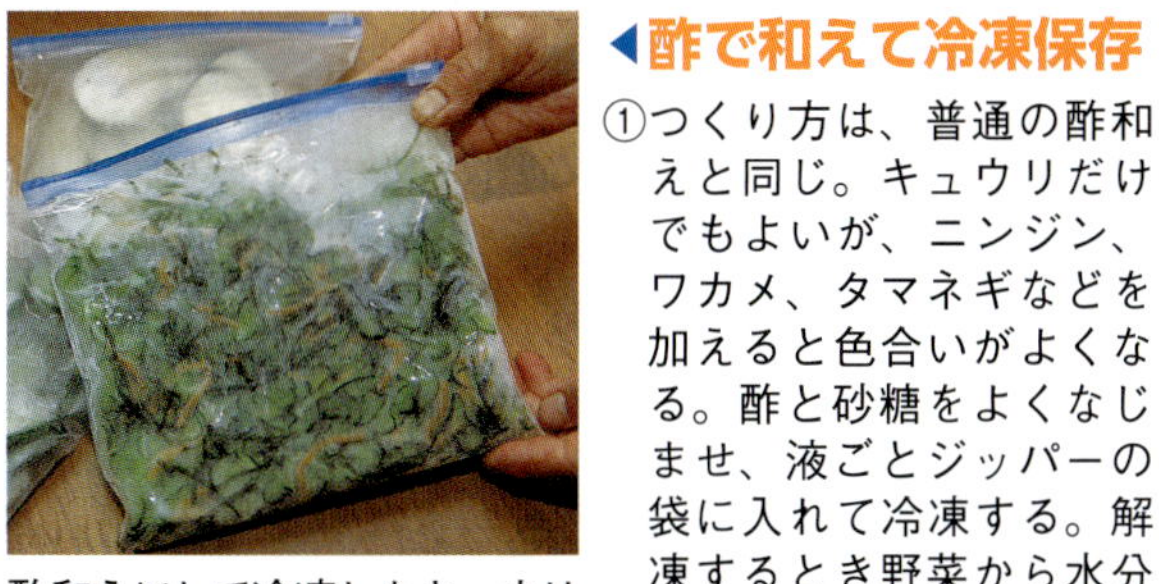

酢和えにして冷凍したキュウリ

◀酢で和えて冷凍保存

①つくり方は、普通の酢和えと同じ。キュウリだけでもよいが、ニンジン、ワカメ、タマネギなどを加えると色合いがよくなる。酢と砂糖をよくなじませ、液ごとジッパーの袋に入れて冷凍する。解凍するとき野菜から水分が出て味が薄まるので、酢をやや多めにきかせる

②食べるときは、半解凍の状態で器に移し、シャーベット状で食べ始めると、キュウリのシャキシャキ感が感じられる。だんだん溶けてふつうの酢和えになる

（熊本県高森町　白石洋子さん）

自然解凍したキュウリの酢和え。緑色がきれいでみずみずしい

干しキュウリのつくり方

①3～5cmに切る。あまり小さく切るとあとで煮たときに崩れるので、3cmはあるとよい

②2～3日かけてカラカラになるまで天日干し。虫やカビがつかないようしっかり干す。ただし、半乾きでも冷蔵庫に保存しておけばOK

③食べるときはぬるま湯でもんでホコリなどを落とす。長時間、水に浸けておかなくても大丈夫

④醤油、砂糖で煮る。キュウリから水分が出るので水は入れなくてもよい。お好みでみりん、酒、唐辛子などを入れる

ゴーヤの料理と保存法

ゴーヤーの肉詰め

ゴーヤー大きめ1本／豚肉のブロック200g／味噌／片栗粉／塩コショウ

①ゴーヤーの種をスプーンでとり、内側に片栗粉をまぶし、味噌を薄く塗る
②豚肉のブロックに塩コショウをふり、ゴーヤーの丸みに合わせて切る、ゴーヤーに挟み込む
③ゴーヤーを一口大に切り、全体に片栗粉を付けて油で揚げる。ゴーヤーが苦手な人でもおいしく食べられる

（群馬県邑楽町　橋本恵美子さん、撮影　小倉かよ）

ゴーヤーの佃煮

ゴーヤー1kg（種をとったもの）／調味料（黒砂糖350g、醤油100cc、酢70cc）／白炒りゴマ／花かつお

①ゴーヤーを1cm幅に斜め切り
②調味料とゴーヤーを入れて、強火で水分がなくなるまで木べらで混ぜながら煮る
③火を止める寸前に炒りゴマと花かつおを加えて混ぜる
④冷ましたら容器に入れて冷蔵庫で保存する。1年くらいもつ

（群馬県邑楽町　橋本恵美子さん、撮影　小倉かよ）

乾燥ゴーヤーのハリハリ漬け

乾燥ゴーヤー（厚さ5mmの半月切りにして干したもの）30g／切り干し大根30g／するめイカ30g／ニンジン／酢50cc／酒20cc／塩／漬け汁（めんつゆ50cc、みりん30cc、油20cc、赤トウガラシ1本）

①乾燥ゴーヤーと切り干し大根をさっと洗って、熱湯をかけて水切りする
②するめイカとニンジンは千切りにする
③温めた酒をするめイカにかけ、フタをして蒸らす（イカの汁はあとで使う）
④ニンジンは塩をふって混ぜ、しんなりさせて水分を絞る
⑤漬け汁とイカの汁を温めたところへ、乾燥ゴーヤー、切り干し大根、するめイカ、ニンジンを入れ、最後に酢を加えてよくなじませる
⑥フタ付き容器に入れて、冷蔵庫で保存。2～3日で食べ頃になる。3カ月ほどもつ

（群馬県邑楽町　橋本恵美子さん、撮影　小倉かよ）

ゴーヤーの豆腐あえ

ゴーヤー1本（250g）／木綿豆腐半丁／醤油とレモン汁各大さじ1杯半／塩水（水300ccに塩大さじ1）

①ゴーヤーの種をとり5mm幅に切る。塩水に10分間つけ、しんなりしたら水気を絞る
②豆腐を電子レンジに1分強かける。キッチンペーパーを敷いて、豆腐から出た水分が豆腐に触れないようにする
③豆腐を細かく崩し、ゴーヤーと調味料を加えて混ぜる

（埼玉県深谷市　真下照子さん、撮影　小倉かよ）

ゴーヤージュース

ゴーヤー450g／リンゴ200g／水1カップ／砂糖120gを水100ccで煮溶かす／泡盛大さじ2

①ゴーヤーの種とワタをとる（苦いのに慣れていない人は電子レンジに1～2分かけて、冷水に入れて熱をとる）
②泡盛を煮てアルコールを飛ばす
③ゴーヤー、リンゴ、水をミキサーにかけて、砂糖水と泡盛を入れる

（埼玉県深谷市　真下照子さん、撮影　小倉かよ）

ゴーヤーのかりんとう

ゴーヤー1本（300g）／砂糖150g
①ゴーヤーを1cm幅の拍子切りにする
②鍋でゴーヤーと砂糖を強火で煮る。水が出てくるが、水がなくなるまで煮詰める
③水分がなくなると同時に粘りが出てくるので、焦げないよう弱火で煮る
④キッチンペーパーの上に広げて冷ます
（埼玉県深谷市　真下照子さん、撮影　小倉かよ）

ゴーヤーの醤油漬け

ゴーヤー500g／青トウガラシ5本／青ジソ100g／ミョウガ100g／醤油50cc／みりん（砂糖）50cc、酢10cc、塩100g
①ゴーヤーの種をとり薄切りにする。10％弱の塩水1000ccを作り、1時間くらいさらす
②醤油、みりん、酢を混ぜ合わせ、ひと煮立ちさせる
③青トウガラシ、青ジソ、ミョウガを細切りにする
④①②③を混ぜて軽く重石をして、1～2時間漬け込む
（福島県塙町　安部トモ子さん）

ゴーヤーとシーチキンのサラダ

ゴーヤー小1本／シーチキン小1缶／マヨネーズ／塩／コショウ
①ゴーヤーの種を取り、薄切りにし、塩でもんで5分置く
②ゴーヤーを軽く絞ってシーチキンを入れ、マヨネーズ、コショウで和える
（埼玉県深谷市　真下照子さん、撮影　小倉かよ）

ゴーヤーの調味漬け３種類

いずれもゴーヤー1kg（種をとり薄切りしたもの）に対する調味料の分量
■その①　30分漬け
白砂糖600g、薄口醤油360cc、酢360cc。調味液にゴーヤーを30分漬ける。残り汁に再びゴーヤーを漬けてもよい。漬けたゴーヤーは冷凍保存も可
■その②　１時間漬け
白砂糖360g、酢100cc、塩小さじ4杯。調味液にゴーヤーを1時間漬ける
■その③　1晩漬け
白砂糖600g、薄口醤油200cc、酢200cc。調味液を煮て、冷めたらゴーヤーを漬け込む。1晩で食べられる
（鹿児島県日置市　前野愛子さん）

◀ニガウリジュース

ワタをとり薄切りにしたニガウリ1/3本分、バナナ1本、牛乳300ccを、ミキサーに3分くらいかける。たくさん作って冷凍してもよい。夏バテ予防、食欲回復、便秘予防によい。完熟した黄色いニガウリでつくっても、マンゴージュースのようでおいしい
（福島市　紺頼純子さん）

ゴーヤーの梅干し入り甘酢漬け

ゴーヤー 1kg ／市販のラッキョウ酢2カップ／梅干し5 ～ 6個／砂糖
①ゴーヤーは種をとり5mm幅の小口切りにする
②ラッキョウ酢の中に梅干しとゴーヤーを入れ、軽く重石を3時間くらいする
③ビニール袋か容器に入れて冷蔵庫で保存。3カ月くらいおいしく食べられる
（群馬県邑楽町　橋本恵美子さん、撮影　小倉かよ）

ゴーヤーからあげ

ゴーヤー 1本／からあげ粉／塩／こしょう
①ゴーヤーの種をとり3 ～ 5mmの厚さに切って、水洗いして水気をとる
②からあげ粉をまぶし、280℃の油でカラッと揚げる
（福島市 加藤勝子さん、撮影　小倉かよ）

ゴーヤーのスタミナ漬け

切ったゴーヤーを調味液（醤油、みりん、砂糖）に1晩漬ける。みりんの割合を増やした調味液にニンニク、トウガラシを入れて煮立て、冷めたらさらに3日ほど漬ける。ビールや酒のつまみにもあう
（大分県由布市狭間町　波多野トヨ子さん）

ゴーヤーの砂糖菓子

ゴーヤを適度の大きさに切り、白砂糖で煮ながら水分を飛ばす。煮詰まったら、広げて自然乾燥させる。子供からお年寄りまで喜ばれる味
（大分県由布市狭間町　波多野トヨ子さん）

冷凍ゴーヤー▶

ゴーヤーが食べきれないときは、縦に2つに切るか刻むかして1日天日干し、冷凍保存する。食べるときは自然解凍するかお湯の中でもどす
（福岡県立花町　田中稔也さん）

ゴーヤーの温水漬け

ゴーヤー5本／調味液（左下かこみ）

①塩分約3％の塩水（4ℓの水に塩を120～130g）を温め、60℃を少し超えたら火を止める。ゴーヤーを入れ、50～60℃を25分保持する。ゴーヤーが浮いてこないように、ザルで押さえて重石に皿などをおく。浸け終えたらゴーヤーを取り出し、水洗いして水切りしておく（ゴーヤーをさらに漬けるなら塩水は捨てない）

②ゴーヤーを鍋に入れ、沸騰させたお湯を注ぎ、85℃以上で10分加温する。これでエグ味と苦みがとれ、細胞が壊れて調味液が浸み込みやすくなる

③水を切ったゴーヤーをポリ袋に入れて重さを量り、分量に応じた調味液（かこみ）を作る

④調味液を沸騰直前まで加熱し、ゴーヤーの入った袋に入れる。できるだけ袋の中の空気を追い出し、口をねじり、縛る。これで調味液が均等に浸み込む

⑤調味液が冷めたら、袋を2重にして冷蔵庫に入れる。冷蔵庫に入れて2～3日後からおいしく食べられる。加熱殺菌されているのでポリ袋を開封しなければ冷蔵庫で3カ月は保存できる

（元埼玉県醸造試験場　大島貞雄さん、撮影　田中康弘）

味噌風味の調味液の配合

（加温処理後のゴーヤー100gに対して）

醤油 10mℓ／赤味噌 15g／みりん風調味料 50mℓ／食酢 10mℓ／料理酒 15mℓ

※これで食塩濃度は約1.8%

ゴーヤーを温水に25分浸ける。ザルなどで押さえて完全に沈める。これでシャキシャキの食感がでる

ほんのり苦味がありシャキシャキして美味

もう一度、85℃以上で10分加温する。これでエグ味と苦みがとれる

個性的なキュウリ・ゴーヤ品種

かおり　普通のキュウリの1.5倍の大きさで、皮が薄く食味がよい。サラダや浅漬けにもよい。樹勢が強く、立体でも地這でも栽培できる（南国育種研究農場）

ラリーノ　ミニキュウリで食味がよい。完全節成りで多収。うどんこ病、べと病に耐病性あり。緑のカーテンにも適す（神田育種農場）

風神　露地栽培用で食味がよい。着果性が強く、側枝の1、2節に連続して実が着く。うどんこ病、べと病に強い（カネコ種苗）

四川　四葉系で、果実はやや短く曲がりが少ない。生食用として食味よく漬物にも向く。露地でも栽培しやすい（カネコ種苗）（撮影　本田進一郎）

ミニQ　ミニキュウリで果皮が薄く食味がよい。草勢は中で、草勢を維持するために孫づると親づるは摘心せず伸ばす（トキタ種苗）

シャキット　四葉系のイボキュウリで、食味、食感がよい。うどんこ病、べと病に強い（タキイ種苗）

純白ゴーヤー　果皮が白く肉厚で食味がよい。苦みは少ない（フタバ種苗）

島心（しまごころ）　果実は大型で薄くスライスしてサラダで食べられる。節成り性ではないが成り疲れしにくい（フタバ種苗）

にがにがくん　草勢が強く早生で着果良好。苦味がやや強く健康志向の人にもよい。苦味が少ない「ほろにがくん」もある（トキタ種苗）

ゴーヤ伯爵　樹がある程度生長した後に、果実が平均的に成るので、緑のカーテンに向く（久留米原種育成会）

汐風　沖縄県育成品種で、耐寒性が強く促成栽培に適する。高温期には果皮のツヤがなく、果色が薄くなる

節成ゴーヤ300　節成り性の多収型F1品種。苦みはマイルドで食べやすい（中原採種場）

白秀　果実が白く丸い。肉厚で食感よく、苦味も少なく食べやすい。結実個数を制限すると良形果が収穫できる（岡村農園　埼玉県児玉郡上里町）

白・緑せんぼん　イボの尖りがなく小型。苦みが少なく食味はよい。緑のカーテンには、白、緑の2種類を株間を詰めて混植するのがおすすめ（フタバ種苗）

アバシゴーヤー　沖縄の在来種。果形は丸みを帯び、苦味は少ない。薄くスライスして水にさらすだけで、生で食べられる（りぐり自然農園　高知県田野町）

キンキンゴーヤー　沖縄県本部町健堅（けんけん）集落で栽培されていた在来種。果実は50㎝と長大で果肉は厚く苦味が少ない（仲栄真雅宏　沖縄県本部町）

ひょうたんづくりは楽し

岐阜県高山市　大林　繁さん

撮影　田中康弘

（本文一八六頁参照）

全国大会「大物の部」で優勝したひょうたん

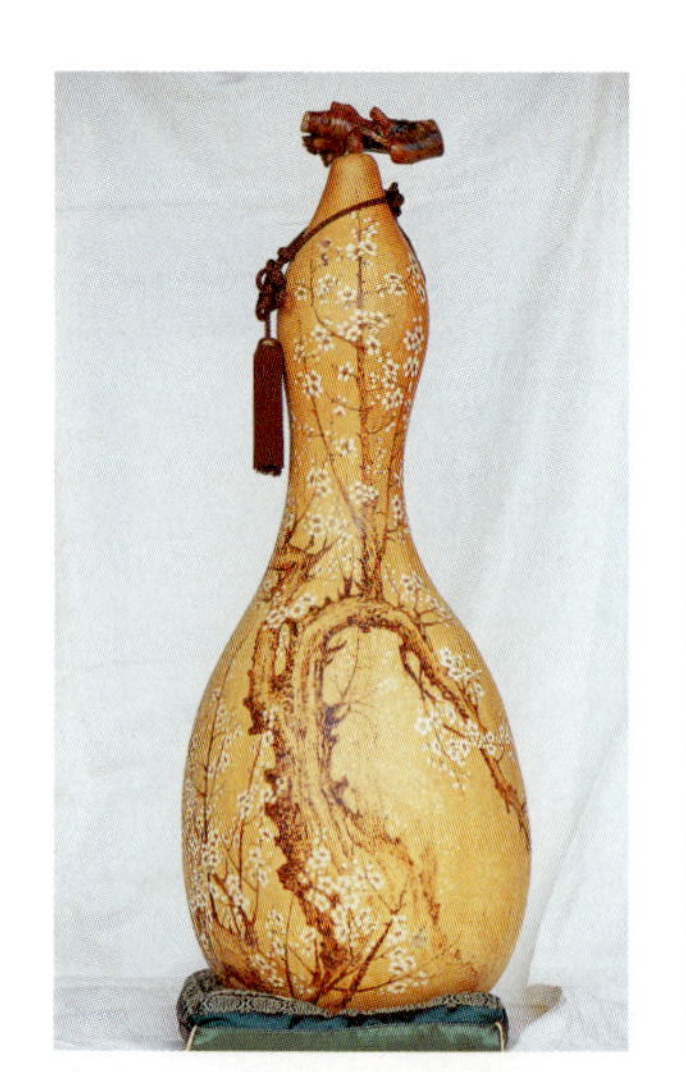
右のひょうたんの完成品

大物はロープで吊るす

大きいひょうたんをつくるには、1株に1個だけ成らせる

はじめに

　キュウリは、ヒマラヤ原産の植物と考えられており、栽培の歴史は非常に古い。古代メソポタミアで栽培されていたとされ、紀元前には、ローマや中国でも栽培されていた。トマトが世界的に普及するのは一八世紀以降であることを考えれば、キュウリがいかに長い間、人類に利用されてきたかがわかる。日本列島には、一〇世紀以前に伝わっていたが、全国的に普及し始めるのは江戸時代末からである。現在では、周年での供給体制が確立し、青果としても加工食品としても、一年をとおして食卓に上る重要な野菜のひとつとなっている。

　キュウリは、種播きから一か月半ほどで収穫が始まり、上手に管理すれば家庭菜園でも一株から数十本のキュウリを収穫できる。立体栽培なので場所もとらない。長い栽培の歴史の結果、素人でも安定して収穫を得られるような品種が育成されている。プロの栽培農家の中には、一株から二〇〇本、一〇a当たり年間三〇tもの収穫量をあげる篤農家もいる。

　ニガウリ（ゴーヤ）の原産地は、東インドもしくは熱帯アジアと考えられている。インドでは、古くから薬用植物として重要視され、中国には一四世紀ごろ伝わり珍重された。一五世紀には沖縄に伝播し、沖縄や九州地方で夏の食材として親しまれてきた。近年、薬効の高い健康野菜として、あるいは暑さを防ぐ緑のカーテンとして注目され、全国的に普及するようになった。日本では長年、地方野菜として扱われてきたため、品種は在来種が中心であったが、現在、多収穫品種や薬用品種など、さまざまな新品種が育成されつつある。

　ヘチマは東南アジアの原産とされ、インド、中国、東南アジアでは青果やたわし原料として栽培されている。日本でもかつては、たわしなど繊維採取のために経済栽培されていたが、現在では沖縄や南九州で食用に栽培されているにとどまる。ただしヘチマは、食用だけでなく、緑のカーテン、たわし、薬用、化粧水など、用途が多彩でユニークなために、学校菜園や家庭菜園では人気がある。

　ユウガオとヒョウタンは、生物学的には同一種である。ユウガオは、苦味成分の少ないヒョウタンが選抜育成されたものとされている。ヒョウタンは世界中で栽培されているが、苦味成分が食中毒をひきおこすため食用とはされず、容器などの道具として利用される。一方、ユウガオは、日本ではきわめて身近な食品の「かんぴょう」として、さかんに利用されている。

　アフリカ原産のヒョウタンは、人類が栽培化した最も古い植物のひとつである。日本では、縄文早期の粟津湖底遺跡から、九六〇〇年前のヒョウタン種子が出土している。またメキシコのグイラ・ナクイツ遺跡では、九九〇〇年前のヒョウタン種子が発見され、驚くべきことに、DNA分析によってアジア系のヒョウタンであったことが明らかにされている。

　本書では、キュウリ、ニガウリ、ヘチマ、ユウガオ（ヒョウタン）についての栽培法、利用法について収集しました。

農家が教える キュウリ・ウリ類つくり

目次

執筆者、取材対象者の肩書や市町村名は、原則として掲載時のままとしました。

〈カラー口絵〉

Part1 キュウリ栽培　プロのコツ

Part2 キュウリ栽培の基礎

Part3 ゴーヤを楽しむ、味わう

Part4 ニガウリ（ゴーヤ）栽培の基礎 田中義弘

Part5 ヘチマの利用と栽培

Part6 ユウガオ・ヒョウタンの利用と栽培

レイアウト・組版 ニシ工芸株式会社

自家製肥料で良食味キュウリを四〇年以上連作

茨城県古河市　松沼憲治

松沼憲治さん（撮影　赤松富仁）

栽培の概要

私の住む総和町（現古河市）は、関東平野のほぼ中央、茨城県の最西部に位置する。地形は、標高一三〜一五mの平坦でゆるやかな北高南低の台地上にある。年間平均気温は一四℃前後で、年間平均降水量は一三〇〇㎜、気候は内陸型である。地質はほとんど洪積層の軽しょう火山灰土である。数条の河川が水田をうるおし利根川に注いでいる。

現在の私の経営は、キュウリ二期栽培用の加温ハウスが二三a、露地野菜畑一二〇a、水田三二a、陸田三〇a、観光農園一〇aである。

親の代からトンネル露地キュウリを栽培していたが、前進栽培をするため昭和三六年に七aの鉄骨ハウスを建て、その後昭和四〇年には二三aに増設した。何回か建て替えをして、現在は自動天窓開閉、全自動加温と地中加温である。平成八年までに促成・抑制を合わせて計七〇作以上の連作をしてきたことになる。

手づくり肥料　化学肥料はほとんど使わず、すべて手づくりの堆肥と有機質肥料で栽培している。一年間に使う主な肥料は、籾がら三〇ha分、米ぬか二〇〇袋、カキがら二t、鶏ふん二tトラック三〇台、稲わら約一三〇a分、落葉五tで、産業廃棄物などただ同然のものばかりである。魚粉四〇〇kgと骨粉四〇〇kgは買っているが、たくさん使うものほど自分でつくることにしている。

土着菌の利用　竹林、雑木林、田んぼの土、稲株などには、土着菌（微生物）がすんでいる。この土着菌を使ってぼかし肥をつくり、元肥や追肥に使っている。土着菌は、竹林の乾いた竹の葉を除いて湿りのある葉が出てくるあたり、土と接するくらいのところから採る。厚さ一㎝、大きさは数㎝から二〇㎝

図1　竹林から採取した土着菌（撮影　小倉隆人）

あるいはそれ以上の白い菌糸のかたまりで、「ハンペン」と呼んでいる（図1）。

ハンペンは、わが家では四〇年以上前の父親の代から使っている。雑木林の落葉集めをすると落葉と土が接するあたりに菌糸がはりめぐらされていたり、ハンペンがあったりする。土つくりには、その土地の土からとったものを殖やすのが一番よいという考えで、現在まで利用してきている。市販の微生物資材は使っていない。

籾がらと鶏ふんの堆肥　キュウリに使う堆肥は、稲わら、落葉を主体に、生鶏ふんを加えて発酵させてつくることを約二〇年間つづけていた（昭和三〇〜五〇年）。しかしその後コンバインが普及し、稲わらは思うように手に入らず、都市化のために落葉も手に入らなくなった。そのために堆肥材料を籾がら主体に変えて約二〇年になる（昭和五〇年以降）。

籾がらと半生の鶏ふんを主体につくる堆肥は、わら、落葉のものと比べると手間と日数はかかるが、セルロースが多いのでよい堆肥になる。ただ鶏ふんが入っているので肥料成分が高く、使う量や養分のバランスに気をつかっている。

籾がらくん炭、籾酢　平成元年に籾がら焼機を購入した。水稲一〇ha分の籾がらをくん炭にして、ハウスや露地野菜、水田にも施している。籾酢も採り、除草や病害虫防除、土つくりに利用している。

病害虫防除　防除に、できるだけ化学農薬を使いたくないので、籾酢（七〇〇倍）、天恵緑汁（七〇〇倍）、水溶性カルシウム（二〇〇〇倍）の混合液を、月に三回は定期的に散布することにしている。これでかなり防げてはいるが、それでも病害虫が発生したときには、化学農薬を散布する。植物農薬は予防であって、病気を止める力は化学農薬よりも劣る。化学農薬は月に一回、計五回までの使用を目標にしており、ひどい病虫害がなければこれ以内ですませている。

促成キュウリの栽培技術

育苗

品種　促成キュウリの播種は十一月末〜十二月初めに行なっている。品種は約一〇年間シャープ1であったが、現在はアンコール8である。接ぎ木用台木は、取引先のスーパーの希望によって、ブルームレス品種の光パワーである。

播種　縦二五cm、横四〇cm、深さ六cmの木箱を十分に水をかけて湿らせてから、床土をやや多めに入れて、表面を平らにする。床土の湿り具合は、手でにぎってもまたパラッと広がる程度がよい。

播種三日前に、五〇〇Wの電熱温床線（六二m）を配線した上に木箱を三列に並べておき（幅四〇cm×三＝一二〇cm）、二八℃に床土温度を保っておく。

種子は夕方、薄い布に包み、水に一晩ひたす。翌朝、二八℃の床土に入れて二四時間おくと、種子から根が一㎜ぐらい伸びるので、それを一箱に四〇粒ぐらいばらまきする。一袋（二〇㎖）の種子で七～八箱にまく。一〇aの圃場に一四〇〇本の定植苗が必要なので、四〇箱用意する。

覆土は種子が見えなくなるくらいでよい。表面を平らな板で軽く押してから、じょろで少量の水をかける。さらに土が見えなくなる程度に、ふるいを使ってくん炭を散布する。

土中緑化で発芽 三〇℃で七五時間（あるいは二七℃で一〇〇時間）かけて発芽させるのがよい（品種によって多少ちがう）。発芽前日は太陽光線を当て、床土の中で子葉を緑化させてから、翌朝、緑色に発芽させる。これを「土中緑化」と呼んでいる（図2）。発芽揃いまでは昼夜ともに床土温度二八℃、床内温度二三℃に保つ。発芽後は床土温度を徐々に下げ、七～八日後に二〇℃くらいにする。床内温度も同様に下げ、夜温一三～一五℃、日中は二五～二八℃で管理する。

台木カボチャの播種 キュウリを播種して一昼夜後（二昼夜でもよい）に、台木用のカボチャをまく。播種には、三〇cm四方、深さ三cmの育苗トレイ（六×六の三六穴）を使う。それにキュウリと同じ床土をつめる。トレイ一枚で三六本できるので、一〇a当たり五〇枚で十分である。電熱温床線はキュウリのときと同様に設置し、二七℃七五時間で、土中緑化方式で発芽させる。

節位の決定 キュウリの発芽後四日目ぐらいに床土温度を二〇℃に下げ、やや乾燥させて、なお日照時間を少なくする。つまり健全な発育にブレーキをかけるのだが、これを二日間ぐらい行なう。このときの本葉第一葉の大きさは米粒ぐらいであり、目には見えないが、キュウリの生長点では本葉七枚目まで分化している。本葉、七～八枚目に最初の雌花をつけるのがよいので、生殖生長に転換するために行なうこの操作を「節位の決定」と呼んでいる。

図2 くん炭で覆土して土中緑化

接ぎ木 キュウリの発芽から七～八日目ごろ、子葉は二枚で大きさ八cm、草丈は七cmで、心葉（本葉第一葉）は長さ約五mmで少し開き始めたぐらいが理想である。この時が接ぎ木の適期である。台木用カボチャは生長が早く、一日遅れの播種でもキュウリと同じ大きさになる。接ぎ木は「呼び接ぎ」方式で、加温のできる育苗ハウス内で行なう。一人で朝八時から夕方四時までの間に六〇〇本接ぎ木し、なお移植をすることができる。

移植 移植は前もって準備しておいた育苗床（図3）に行なう。育苗床は、ハウスに幅一三〇cmにタル木（四cm×四・五cm）を配り、長さ二〇mにする。一三〇cm幅の内に温水パイプ（直径二五mm）を四条配管する。パイプが見えなくなるまで覆土し、上に多くの穴をあけた使い古しのポリフィルムを敷く。

四寸ポット（一二cm）に播種床と同じ床土を一杯につめ、一五〇〇鉢（三〇〇坪用）を並べておく（図3下）。床土の湿りは播種のときと同じでよい。接ぎ木後、ポットに移植する。

苗の管理 床内の温度は昼二五～二八℃、夜一三～一四℃を目安に管理する。床土温度は移植時は二五℃であるが、徐々に下げて一〇日後には夜温で二二℃くらいまで（昼間

図3　育苗床

はこれよりやや高温）下げる。

穂木の軸の切断　移植一二日目で本葉一枚半になる。このときが接ぎ木したキュウリの根元を切る適期である。

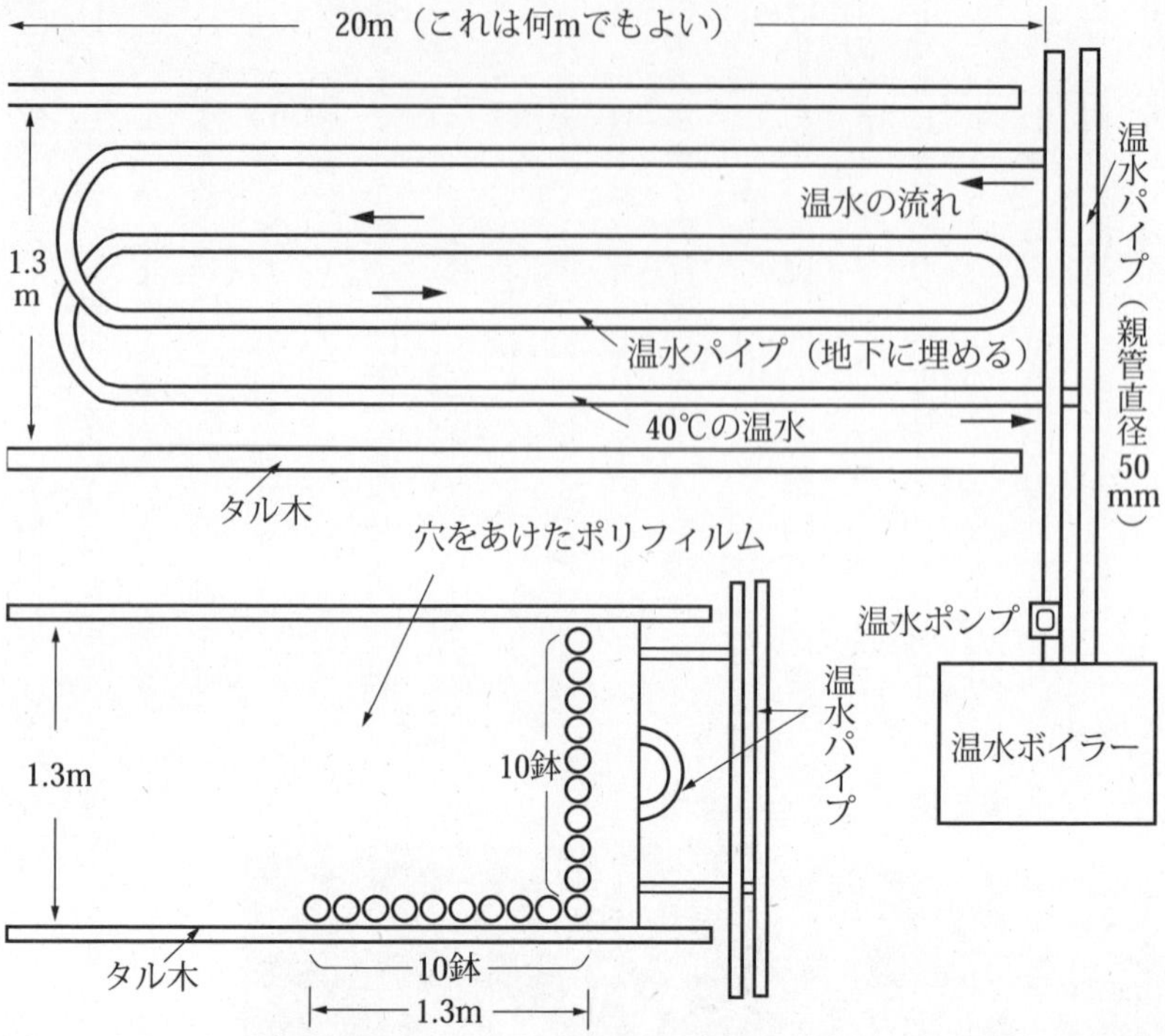

育苗用床土のつくり方

落葉集め　一～二月に山林の落葉をさらい、二tトラック二台分ほど集めてつくる。常緑広葉樹（ツバキ、シイ、カシ）が半分ぐらい混じっているのがよい。しかし私の地方では常緑広葉樹が少ないので、落葉広葉樹（ナラ、ケヤキ、エゴノキ、シデ）四〇％、常緑広葉樹（カシ、サカキ、茶、シエ）二〇％、針葉樹その他（松、竹の葉）二〇％ぐらいの割合とし、これに稲わら二〇％量としている。

堆積　これらを交互に混ぜ合わせながら高さ一m、幅二～三mぐらいに積み上げ、野ざらしにしておく。三月の彼岸の雨でよく湿ると発酵し始める。雨が少ない場合には水をかけてよく湿らせて発酵を促す。梅雨や秋雨で発酵（腐熟）が進み、葉の色はうす黒に変わる。

配合　十一月上旬に籾酢一ℓを五〇倍にうすめて散布してから、トラクターで堆積した上に乗ってロータリーをかけると、簡単に形がくずれ、フワフワの腐葉土になる。この腐葉土を一cm目のふるいにかける。

この腐葉土七〇％、くん炭二〇％、完熟おがくず一〇％を、よく切り返しながら混ぜ合わせると育苗用の床土ができ上がる。床土に窒素が多めに感じられたときには、床土二㎡に対し過燐酸石灰一〇kgを混ぜることもあるが、使うことはまれである。

本圃の土つくりと施肥

前作残渣　定植の二〇日前に、前作（抑制キュウリ）の片づけを始める。キュウリをひき抜き、そのまま二～三日乾かす。そのときのベッドは四か月前（八月）に抑制キュウリを定植したときとほとんど同じ状態で保たれており、土は少しも固まらず、深さ三〇cmぐらいまでなら手で簡単に掘れる。

ベッドか通路に、トレンチャーで幅三〇cm、深さ五〇cmに溝を掘り、その溝に前作キュウリのつるを踏み込む（図4）。つるの踏み込みは、ベッドと通路を一年ごとにかえて行なっている。殺菌のために一ℓの籾酢を五～六倍に薄めてじょろで散布する。さらに、籾がら二五〇ℓ（二五kg）を長さ八mに平らに散らしてよく踏みつけ、覆土する。籾がらは奥行五〇mの長さに六袋使うと、一〇aで三六袋（約一t）で水田一五a分の籾がらを使うことになる。

　このように、キュウリのつるは一切外には出さず、肥料にしている。この作業は二〇年間行なっているが、問題ない。キュウリについた多少のダニや病気はほとんど気にならない。病気の発生は別に原因があると考えている。

土壌消毒　籾がら散布後、一度全体を耕す。前作にネマトーダが多かったハウスは、臭化メチル（サンヒューム）で消毒することもある。三六〇cm幅、〇・〇五mm厚さのポリを使い、一〇a当たり二〇缶（一缶五〇〇g）で十分である（図5）。サンヒュームの場合にはやや除草効果もある。消毒が済んでポリを除けば、ガスなので土に毒は残らない。ネマトーダに対しては非常に殺虫効果がある。土中の微生物も殺すといわれているが、消毒中に白いカビが土の表面に生えていること、またその後にキノコも生える（図6）ので、害はあまり心配していない。

元肥　元肥は全層と踏込層の二通りに行な

図4　前作残渣を踏み込む

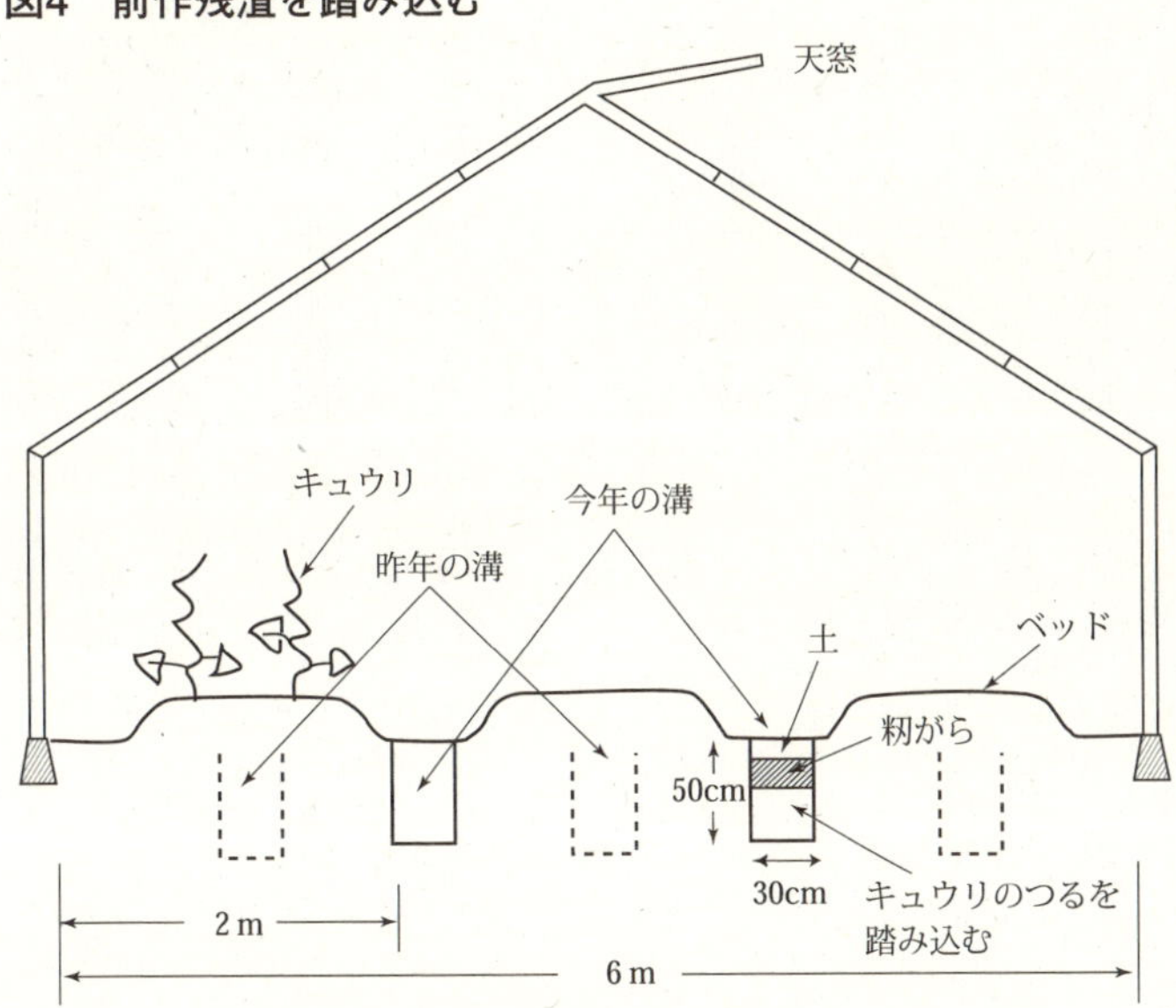

図5　サンヒュームによる土壌消毒

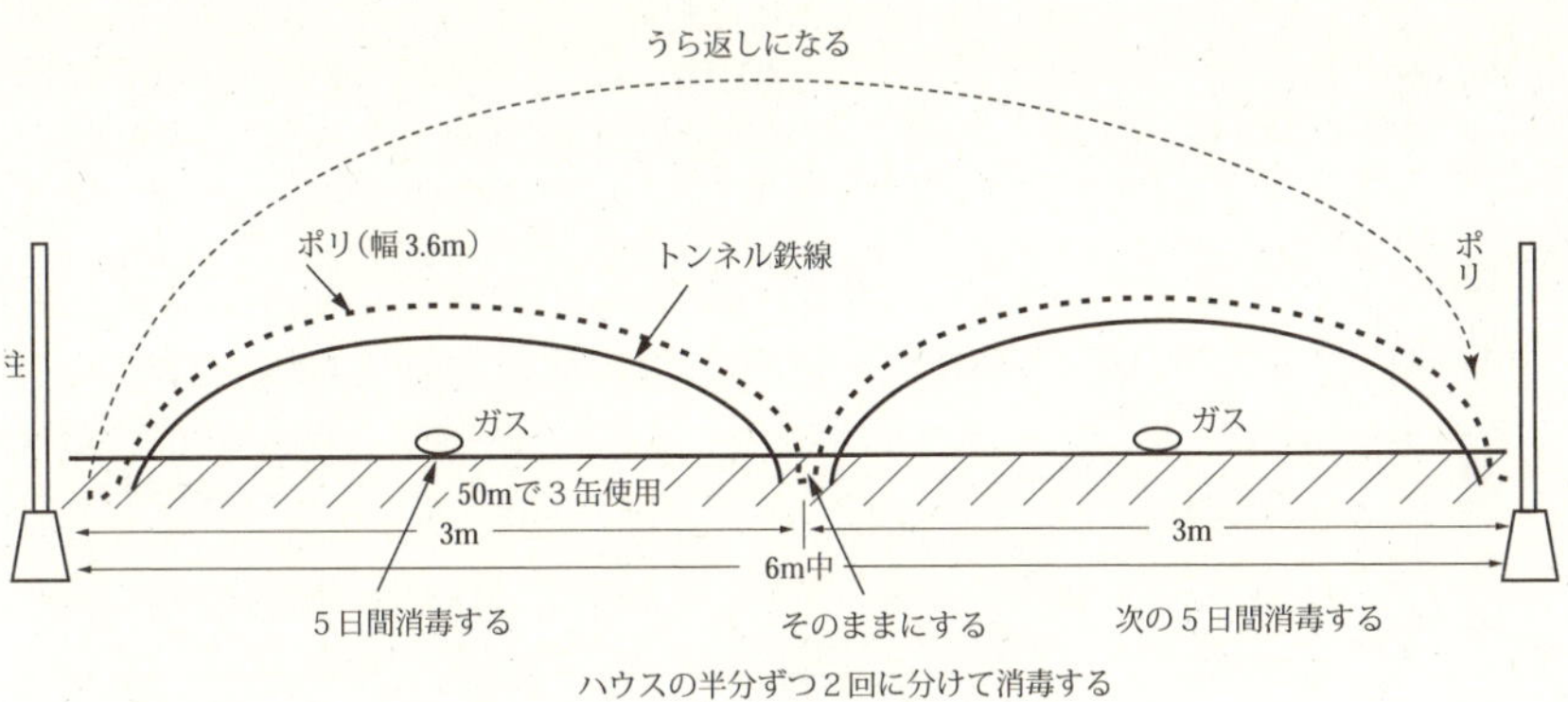

図6　圃場に生えたキノコ

う（表1）。全層は表に示した資材を散布してから耕す。この元肥は二〇年間つづけているが、その年により完熟堆肥を三t以上使うこともある。

踏込層への施肥は図7のとおりで、再度耕したところに幅五〇cm、深さ三〇cmの踏込溝を培土機で掘る。溝に、圃場一〇a当たり三〇~五〇a分の稲わらを入れて踏み込む。その上に籾がらを五〇mに一袋（二五kg）散らす。踏込みわらの両側に、すじ状にぼかし肥を五〇mに三袋（四〇kg）施す。

なお、くん炭一〇袋（一二〇kg）を施すこともある。踏み込んだ稲わらの上の中央に直径一インチの温水パイプを一本配管してから、通路になるところを培土機で掘ると、土が稲わらの上に飛び散る。その後、均らし板で定植床を仕上げる。ベッドとベッドの間が通路となるが、ここに籾がら二五kgを散らして通路マルチにする。ベッドの中央に灌水パイプを、それと平行して地上用温水パイプを配管する。

定植前の灌水は、一〇aで四〇ℓの籾酢（水溶性カルシウム入り）をポンプの元から吸わせ、五〇〇倍液にしながら二~三時間ぐらい灌水する。この水がだんだんと地下にしみこみ、踏込わらをぬらして発酵させ地温が上がる。

表1　促成用キュウリの施肥（ハウス10a当たり）

区分	資材	内訳	量
全　層	籾がら（生）	（25 kg×20袋）	500 kg
	籾がら，鶏ふんの完熟堆肥		2,000 kg
	カキがら	（20 kg×6袋）	120 kg
	くん炭	（12 kg×20袋）	240 kg
踏込層	ぼかし	（15 kg×25袋）	375 kg
	くん炭	（12 kg×10袋）	120 kg
	籾がら（生）	（20 kg×12袋）	240 kg
	貝化石	（20 kg×10袋）	200 kg
	稲わら	（40 a分）	2,000 kg
追肥（通路に）	ぼかし	（15 kg×40袋）	600 kg

定植

定植苗　播種から三〇日頃で、本葉三枚で一枚目が直径七cm、二枚目が八cmぐらい、三枚目は開き半ばで、草丈一五cmぐらいである。そのときが定植の適期である。根元から順に茎が太くなり、葉が大きくなっていくのがよい。苗の栄養生長と生殖生長のバランスは、乾燥と夜温でとっている。

植付け間隔　植え穴は、灌水パイプの両側に二条で七〇cm間隔に掘る（一〇a当たり

図7　踏込層への施肥

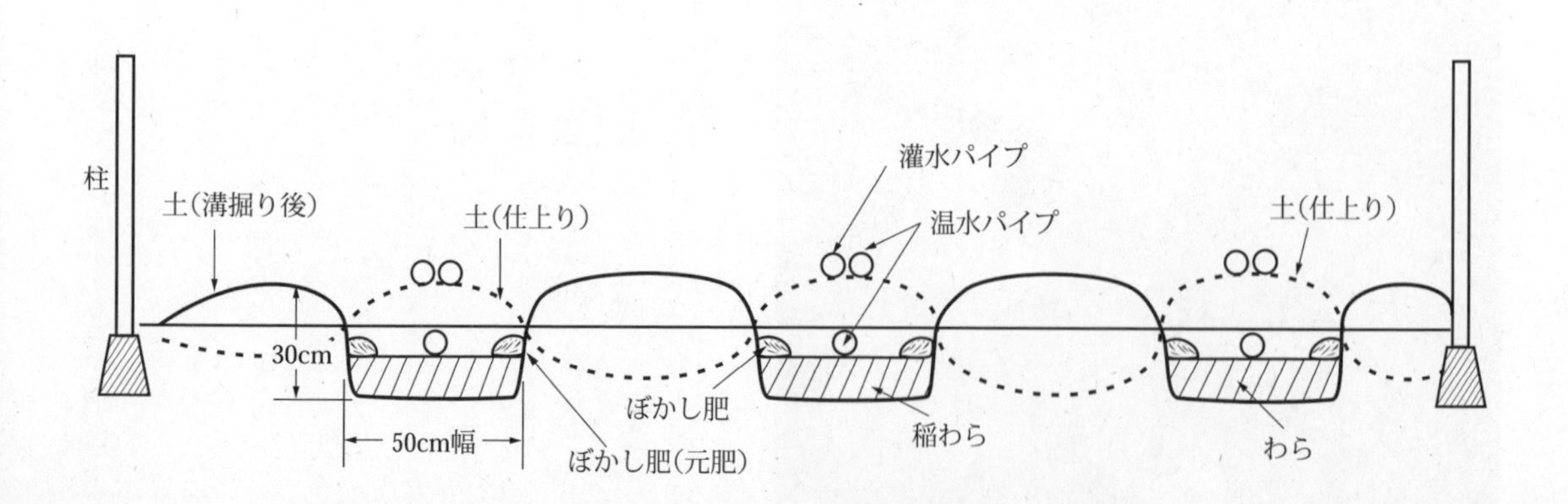

図8　定植

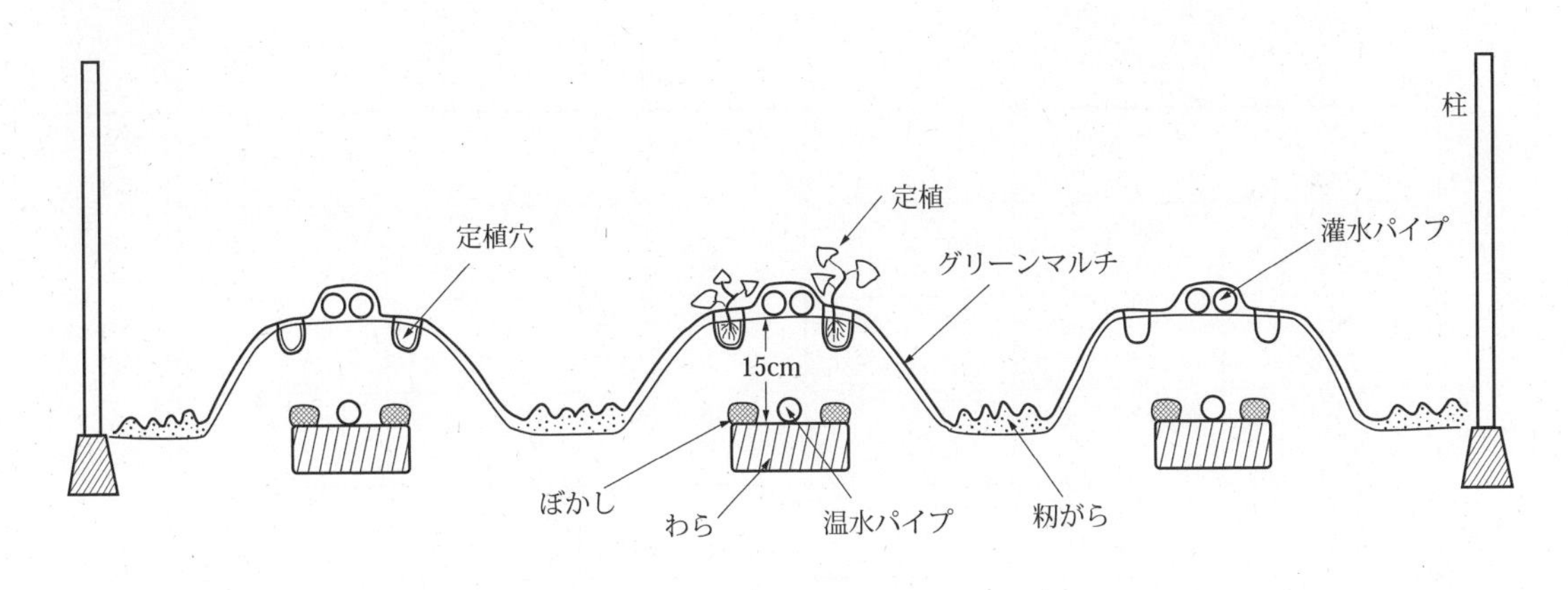

一四〇〇本）。その上に幅一五〇㎝のグリーンポリでマルチをする（図8）。マルチは地温を上げるためと、雑草防止のためである。マルチには植え穴の上の部分に一五㎝ぐらいの切れ目を入れておく。地温ボイラーを作動させ、地下パイプに温水（四五℃）を循環させて地温を二五℃に上げる。二～三日後に定植する。

灌水　定植後、萎れはほとんどないが、心配なときは葉がぬれるぐらいに灌水することもある。呼び接ぎのときに使ったクリップは、定植後はずすほうが苗の折れを防ぐのでよい。活着をよくするために、植物栄養剤（天恵緑汁、その他）を七〇〇倍液にして葉面散布する。減農薬なので、化学農薬はやむをえないとき以外は使用しない。

温度管理　ハウス内は昼温二五～二七℃で育てる。一月中は昼間でも外気温が六～八℃と寒いので、換気は少なくし、午前十一時から午後二時ごろまでに行なう。徒長を防ぐために、夕方はなるべく温度と湿度を下げるようにつとめる。夜間のハウス内カーテンは二重にしている。ハウス内夜温は、八時までは一四℃、その後夜明け前までは一二℃とし、朝は一五℃に上がるように加温機をセットして管理している。活着がよければ二週間で本葉七～八枚になる。このころになると本葉一枚目から側枝が生長するので、四～五枚目までの側枝はかき取ってしまう。

定植苗が無病で発育良好の場合には、定植後三〇日ごろの摘心までは病気の発生はほとんどない。しかし特別な悪天候のときは別である。

定植後の管理

つる上げ　定植から二〇日目頃には本葉が一二枚になり、七～八節に雌花の開花が見られる。そのころがつる上げの適期である。葉はパリッと上を向き、葉柄が短く葉のまわりがチクリと手に刺さる感じがするのが、よい生長である。草丈が目の高さ（地上一四〇㎝）ぐらいで、上にいくほど葉は大きく（直径一六㎝）、芯（生長点）が大きいのが理想である。

つる上げは、地上一・八ｍの高さに張った針金にポリテープをつり下げて行なう（図9）。本葉一五枚に生長したころに、側枝の生長が始まるので、地上五〇㎝に横テープを一本張り、その上に三〇㎝間隔に三本張る。縦テープは三ｍ間隔に吊るして横テープをからませネットのようにする。

主枝の摘心　定植後三五日で、本葉一八～二〇枚になる。このときに摘心して、親木を

図9　つる上げ

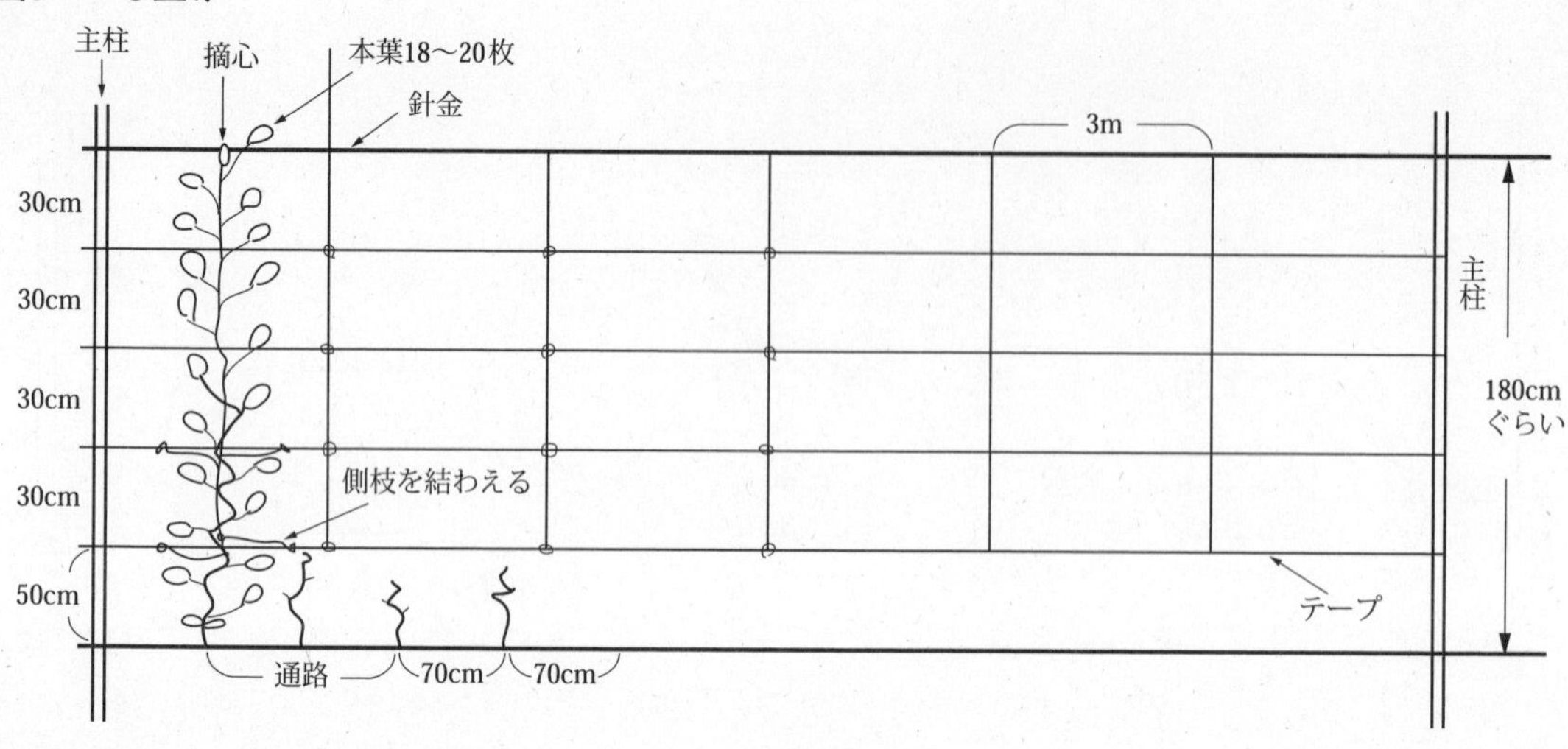

しっかりとポリテープか稲わらで上の針金に結ぶ。

側枝の摘心　主枝を摘心すると急に側枝の発育がよくなるので、次々に横テープに側枝を粘着紙テープで留め、葉二枚目で摘心する。白いぼキュウリは側枝どりであるが、親木にも五～六本成らせるのがよい。そのほうが栄養生長と生殖生長のバランスがとりやすい。そのほか灌水の量と夜温で生長のバランスをとるようにしている。摘心後は側枝と上葉が急生長して、大きくなるのが毎日わかる。このときに籾酢五〇〇倍と天恵緑汁七〇〇倍を混ぜて葉面散布すると、葉がパリッと硬く耐病性もできる。

図10　追肥

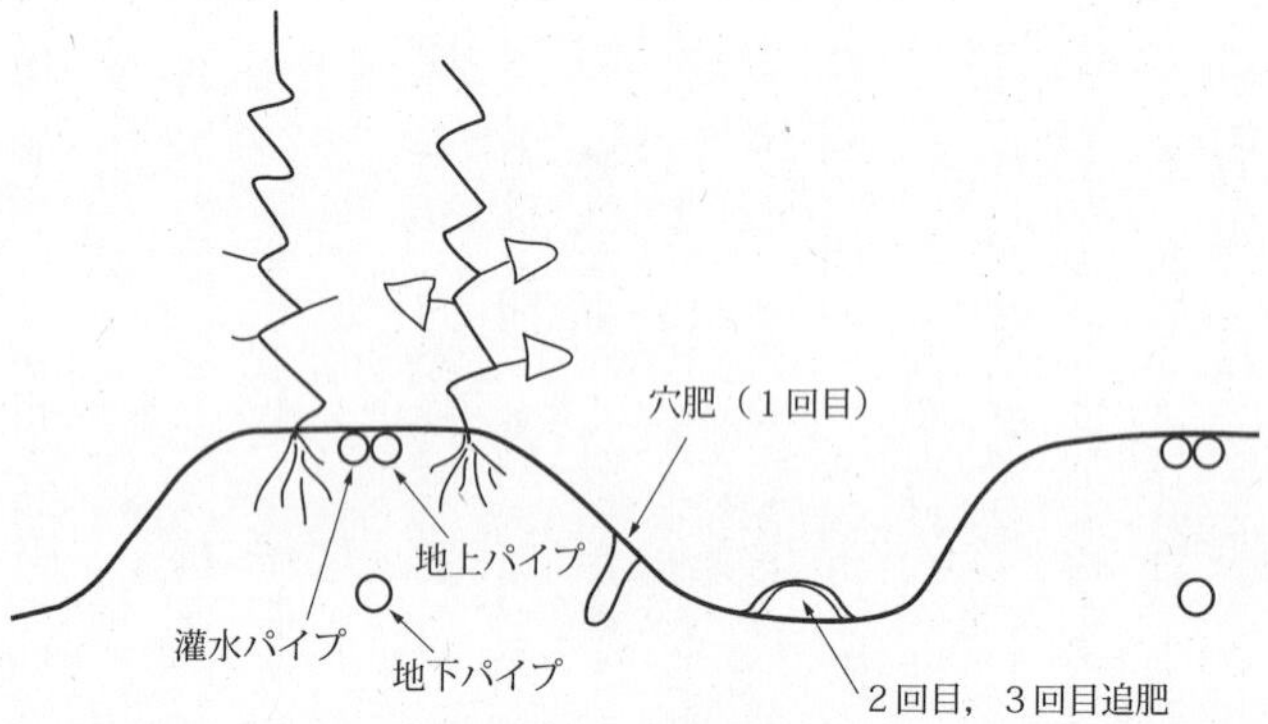

穴肥（1回目）
地上パイプ
灌水パイプ
地下パイプ
2回目，3回目追肥

追肥と収穫中の管理　摘心後一〇日（定植後四〇日）で収穫が始まるぐらいの管理が、一～二月の日照時間では適当であり、それがキュウリの一シーズンのよい生長につながる。このとき一回目の追肥をする。株元から四〇cmのところに一株一穴の施肥穴を穴施用の道具であけ、四株で一ℓのぼかし肥を入れて土で軽くふたをする（図10）。

収穫始めから二〇日で、収量がピークに達する（品種によって少しちがう）。このときは、側枝（子づる）は約一〇本テープに留め終わり、そのうちの二本は生長点（芯）を残し、他の八本は摘心する。側枝（子づる）からなお孫づるが伸び始めるが、孫づるで摘心するものと残すものは生長の具合で見きわめている。なお、収量のピークとは、一株から毎日一本のキュウリが収穫できることをいう。

収穫ピークになる三月上旬に、二回目の追肥として一ベッド（長さ五〇m）当たり一五kgのぼかし肥を、通路になるべく筋状に施す。このころには、通路を通り収穫すると、体に葉がチラチラと触れるぐらいになる。このピーク状態は多少の山谷はあるが三～四月とつづくので、追肥は四～五月に月一回ずつ最初の追肥と同量を通路に施す。

収量は、一本のキュウリの株からシーズン終わり（六月中旬）までに一〇〇本以上、一〇a当たり一五tくらいになる。その他、C品一・五tくらい。

灌水と根張り　シーズン中の灌水は天候によって左右されるが、定植のときはドップリと多めに、その後収穫まではひかえめに、ピークの三月中旬後はやや多めに、五月の高温時にはドップリとするように心がけている。キュウリはカッパと別名があるくらいに水を好むと同時に、根からの空気も好む作物である。一か月に六回平均の灌水が必要で、そのときに籾酢を一〇a当たり一〇kgぐらいずつまぜている。

私は、キュウリの根張りは「深く広く」がよいとは必ずしも思っていない。せまいところでも密に張ればよい。根を集中させておいたほうが、水や肥料によってコントロールしやすいし、ハウス内の土を一度に使ってしまわないので、シーズンが終わってから耕したときに土の若返りがよく、連作しやすいからである。

病害虫防除　収穫が始まる二月上旬ごろに菌核病が発生するのが常なので、その前に籾酢七〇〇倍の散布をする。発生が多い場合には農薬（スミレックス）を散布する。

三月の彼岸ごろに灰色かび病が発生しやすいが、籾酢七〇〇倍が効果的である。なお止まらないときには農薬（ロブラール）を散布する。

四月上旬のべと病の発生には、ダコニールまたはリドミルを使用している。

五月上旬に乾燥と高温がつづくと葉ダニの発生がある。そのときにはダニトロンを散布する。

温室コナジラミは定植後、常に発生している。防除の方法は天恵緑汁と、甘酒に日本酒を加えたものを同量に混ぜ合わせた液をつくり、それを二〇倍にうすめて、ハウスの入口近くに一〇a当たり一〇個くらい吊るす。容器は切って窓をあけたペットボトルを使う（図11）。よい香りにさそわれて、コナジラミが液に入って飛べなくなり死ぬ。

図11　コナジラミのトラップ

発生が多いときにはスプラサイド一〇〇〇倍液を散布すれば一か月以上効果がある。

五月末の高温時にはうどんこ病が発生しやすいので、籾酢五〇〇倍液を散布し、止まらないときには農薬を散布する。

抑制キュウリの栽培技術

「接ぎ木同時定植」

抑制キュウリは、八月上旬に播種する。品種はオナーで、台木用のカボチャ（光パワー）は促成用と同じである。播種の方法は両方とも三六穴の育苗トレイ同時まきし、自然発芽である。

八月は高温と長日のために生育が早く、発芽後四日目には呼び接ぎできる。接ぎ木は朝から夕方まで続けて行なうが、接ぎ木したキュウリは木箱にすきまなく（二五cm×四〇cmに五〇本）並べて日よけをし、十分に灌水して暑さを防いでおく。

そして、日中はハウス内が四〇℃以上と暑

いので、六m幅ハウスの中心二mをシルバータフベルで遮光しておき、夕方やや涼しくなるころに今日接ぎ木した苗を定植する。これを「接ぎ木同時定植」と呼んでいる。この方法は私の家の独特の方法であり、三〇年間つづけている。

連続うね利用栽培

ここ二年ほど、テスト的に一〇aを不耕起（連続うね利用）栽培にしている。前作の促成キュウリを片づけて通路に溝を掘り、キュウリのつるを埋める。そして、土をもどした後にベッドを太陽熱で消毒する。やり方は、前作の一ベッド単位に幅一五〇cmの透明ポリをマルチして三〇日間おく。地温は五五℃に上がる。三〇日後にマルチを取り除き、完熟堆肥を表面に一〇a当たり一・五t散布し、カキがら一二〇kg、くん炭一二〇kgを表面全体に散布する。通路には地温の上昇と乾燥を防ぐために、一ベッド（五〇m）に籾がら二五kgを散らしてマルチする。

ベッドの中心に灌水パイプを配管し、一〇aに籾酢（カルシウム入り）二〇ℓを五〇〇倍以上にうすめながら灌水すれば、すぐに定植できる。定植は灌水パイプの両側に二条に株間七二～七五cmで植える（品種により多少ちがうが坪当たり四・二～四・五本）。

一方、ベッドをつくり直すハウスは、前作のつるを通路に埋めてから、一〇a当たり完熟堆肥一・五t、カキがら一二〇kg、籾がら二五〇kg、くん炭一二〇kgを散布して耕す。一ベッドごとに、幅一五〇cmの透明ポリでマルチして太陽熱消毒する。ベッドは六m間口のハウスに二mごとに三ベッドつくる。この状態で三〇日間おく。地温は五五℃になる。三〇日後にマルチを取りはずし、不耕起と同様にして定植する。

つる上げ、ネット張り、摘心など、その後の管理は促成栽培と同様である。約三〇日で収穫が始まり、その後一〇日前後でピークになる。約三か月間収穫して十二月上旬に終わるが、その間に追肥を三回施す。ぼかしの量は四〇〇kgである。収量は、収穫期間が三か月のために、一〇a当たり六七五〇kgになる。

不耕起（連続うね利用）にしても生育や収量は全く変わらないので、抑制栽培の全面不耕起を検討している。

自家製の肥料づくり

ぼかし肥のつくり方

土着菌の採取　竹林や雑木林の湿りのある葉と土と接するところから、ハンペン（土着菌）を採取する。これを、増殖して使う。

ハンペンを小さくちぎり、両手一杯分くらい用意する。これと同量のご飯を鍋の中でよくかき混ぜ、水を加えてどろどろのおかゆ状にしてから、その後五〇℃くらいまであたためる。一晩そのままにしてさますと、ハンペンの菌がご飯に食い込む。

堆積　なるべく新しい米ぬか約二〇kgにハンペンご飯を加え、さらに水八～一〇ℓを加

図12　ぼかし肥つくり

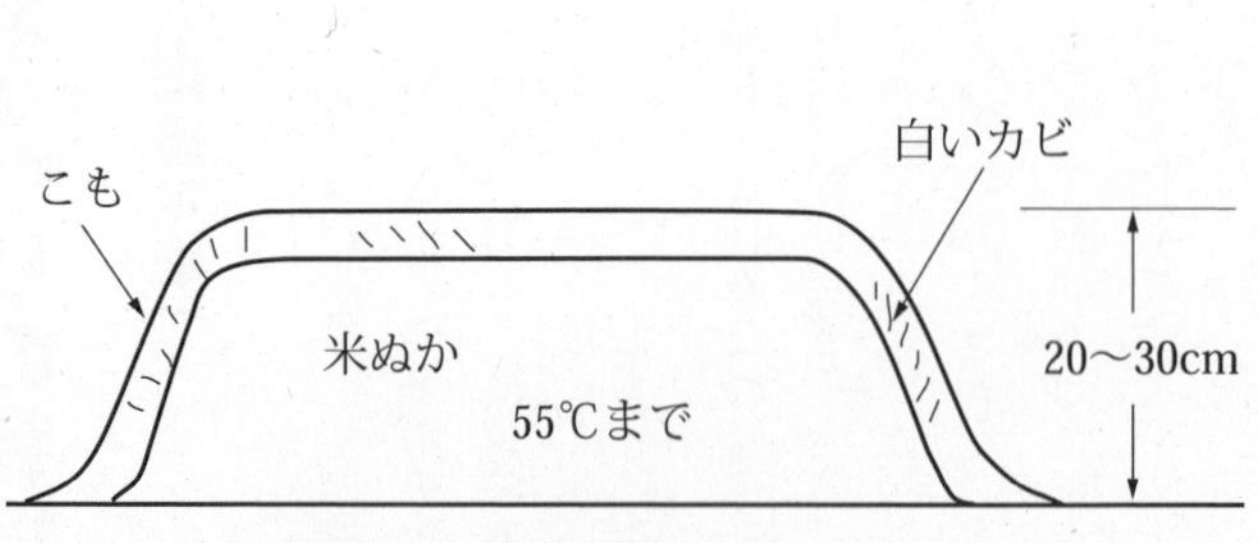

えてよく混ぜ合わせて積んでおく。積み場所は、水分が土に吸収されないように、必ずよく湿った土の上を選ぶ。屋根のあるところかビニールハウス内なら、さらによい。堆積の仕方はカマボコ状（図12）に積み、覆いをするが、好気性発酵なので、必ず通気性のよいこもで覆いをする。ビニールなどの通気の悪いものは使わない。

そして毎日一回、新しい空気を入れるため切返しをすれば四～五日で発酵し、点々と白いカビができ、米こうじのようなよい香りがし始める。その後米ぬかの周りが白いカビで覆われるようになるので、このときに一袋（二〇kg）の米ぬかと水七ℓを足して、よく混ぜながら切返しをする。量をふやすために毎日一袋の米ぬかと水を足し、よく切り返す。

発酵温度　この過程で注意する点は、発酵温度は五〇～五五℃に保つことである。これ以上温度が高くなるようなときは、堆積する米ぬかの高さを低くして温度を下げる。同時に、水分も蒸発した分量だけ補充する。

このような状態で一〇～一五日たつと、米ぬかの周り全体がまっ白なカビに覆われる。必要量になったら、日陰に薄く広げて乾燥させると、ぼかし肥ができ上がる。よい仕上がりは、乾いたときに表面だけでなく米ぬか全体が白いカビになり、握ったときにふわふわとカステラのような手ざわりがする。

種菌に使用　このぼかしは、作物に使用するぼかし肥料をつくるときの種菌にする。保管の方法は、乾いたぼかしを袋（ポリ袋でもよい）につめて口をあけたままにし、重ねないで日陰において、こもをかけておく。

この種菌は一年たっても変わらないが、虫が発生しやすく、ネズミも食べる。ハンペンは四季を通して採れるので、種菌ぼかしは必要なときにつくるのがよい。

キュウリ用ぼかしのつくり方

材料　表2の材料をよくまぜ合わせ、全体の重量の三分の一の水を加える。水の量が多すぎると嫌気発酵になり、悪臭がする。水分不足は急な高温発酵になり、これもよくない。

ぼかしづくりには、赤土や畑土を使うことも大切である。これは、ぼかしの材料の肥料が濃いために、発酵したときの肥料成分、特に窒素が失われないよう、それを土に吸収させておくためである。使用する土がしっとりとしていれば、水分量が適当であるから、水分の計算に入れなくてもよい。

堆積　材料に水を加えてよく混ぜ合わせ、堆積する。必ず湿った土の上でつくり、こもで覆う。毎日一回切返しをすると、四～五日で発酵して四〇～五〇℃になり、周りに白いカビが発生して、こうじの香りになる。一〇～一四日で全体が白いカビで覆われ、水分は蒸発してやや乾燥する。温度を五〇～五五℃を保つような管理が大切である。

一〇年前から、くん炭をぼかしづくりに使っている。くん炭を入れると微生物の増殖がよい。うまく仕上がると、こうじや酒のような、甘酢っぱい香りになる。一五日ぐらい発酵させたぼかしを、日陰にうすく広げて乾燥させると全体がカビで白くなる。

表2　キュウリ用ぼかし肥の材料

材料		量
土着菌入り元菌		20 kg
米ぬか	（15 kg × 7袋）	約100 kg
菜種かす	（20 kg × 3袋）	60 kg
骨粉	（20 kg × 3袋）	60 kg
魚粉	（20 kg × 2袋）	40 kg
くん炭	（10 kg × 2袋）	20 kg
計		300 kg

注　以上の材料に平均14％ぐらいの水分があるとして，
水の量は300kgの1/3＝100kg＝100l
土は一輪車２台ぐらい，約80～100kgを使用。土の水分は30～40％あると仮定する
過リン酸石灰を20kg入れることもある

保管　ポリ袋につめ、口を開いたまま、こもをかけて日陰に置く。

完熟堆肥のつくり方（ハウスキュウリ用）

材料　堆肥の材料は、鶏ふんと籾がら主体でつくっている。鶏ふんは半乾燥状態で、あまりベトベトせず、ホークや角スコップで簡単に扱えるものを利用している。つくり始める時期は一～二月で、特に乾燥状態がよい鶏ふん二〇tと、籾がら二tを用意する。体積は鶏ふんと籾がらで同じぐらいである。これを切り返しながら、よく混ぜ合わせる。鶏ふんが半生なので水分は十分あり、水を加える必要はない。これを幅一・五m、高さ一mくらいの土手状に積み、その上にトンネル用のパイプをさしてトンネル状にビニールシートで覆う。ビニールシートで覆うのは、雨のときに水分過剰になるのを防ぐためである。このときビニールの両端をあけて空気の流れをよくすることが大切である。

切返し　七～一〇日間で発酵が始まり、五〇℃以上の温度になる。アンモニア臭があまりしなくなったら、切返しを行なう。このとき、籾がらくん炭二〇〇kg（一〇kgは約一五〇ℓ）、過燐酸石灰または熔性燐肥二〇〇kg、土着菌入りぼかし一〇〇kg、カキがら二〇〇kgを加えてよく混ぜながら切り返し、前と同様に土手状に積む。このときの水分は四〇～五〇％が適量である。水分不足のときは、切返し時に水を加えるか、ビニールシートを張らずに雨を待ち、適度に湿らすのがよい。

混ぜて積んでから約一か月後に一回目の切返し、二か月後に二回目の切返しをする（七月上旬）。二回目の切返しのときに、自家採取木酢一〇ℓを一〇～一五倍にうすめ、じょろで全体に散布している。また二回目の切返しのときは水分不足になっているから、覆いはせずに適当な雨に当てるとよい。よい堆肥をつくるには、乾燥とやや多湿のくり返しが必要である。

三か月後に三回目の切返しを行なう。トラクターを使い、堆肥の上に乗ってゆっくりとロータリーでかき混ぜる。こうすると均一で扱いやすい堆肥になる。

使い方　三回目の切返しが終わった堆肥の半量を、抑制キュウリ（二三a）に元肥として施す。この堆肥は窒素が多いので、圃場一〇a当たりくん炭二四〇kg、カキがら一二〇kgを散布し、成分バランスをとってから耕す。

残りの堆肥は切返しせずに置いておけば十二月までには完熟になる。これを促成キュウリの元肥に使う。鶏ふん堆肥は、窒素成分が高いので、多く施すと徒長的な生育になる。したがって、一度に施しすぎないほうがよい。

ちなみに、露地の畑（一二〇a）には生鶏ふん四〇tと、籾がら（水稲三〇a分）でつくった堆肥を二〇年間使用している。

くん炭、籾酢のつくり方

くん炭は、籾がら焼機でつくる（図13）。籾酢を採らず、くん炭だけならば五時間で焼き終わる。籾酢を採るときは、籾がら焼機の煙突が斜めなために燃えが遅く、焼き終わるまでに七時間かかる。夕方点火すると翌朝には焼き上がり、同時に空気口が閉じるので、朝には火が消えて良質のくん炭ができ上がっている。

籾酢はバケツに溜まるので、別の精製タンクに入れておく。くん炭の取出しは簡単で、わずか二～三分ですむ。籾がら焼機は、少しの風や雨でも安心して使えるのが長所である。

一度に五〇〇ℓ焼くことができ、二回で一〇a分の籾がらが焼ける。籾酢は一回に三～四ℓとれ、年間七〇〇ℓ採取できる。良質の籾酢をとるためには、青竹をいっしょに焼くとよい。直径一〇cm長さ一m前後の青竹二～三本を掛矢で割り、籾がら焼機の中心に入れる。そこに籾がらを入れて焼くと、青竹も竹炭になるし、竹酢入りの良質籾酢がとれる。青竹が多いとくん炭が半焼きになるので、二～三本が適量である。

さらに、鶏の飼料に市販されている細かなカキがら二～三ℓを、籾がらに混ぜて焼いている。カキがらを高温（九〇〇℃）で焼くと、生石灰と、く溶性苦土に変わるので、くん炭づくりと同時にカルシウムや苦土の補給ができる（ただし籾がら焼機の温度は二〇〇～三〇〇℃なので、何％ぐらいが変化しているのかはわからない）。

稲一〇a分の籾がらは約一〇〇〇ℓ（一〇〇kg）で、これをくん炭にすると、一二〇ℓ（一二kg）入り袋で四袋、籾酢七ℓとなる。年間に四〇〇袋のくん炭ができるが、ハウスキュウリには一作一〇a当たり二五袋ぐらい散布している。

籾酢の精製には、くん炭と同時に焼いた竹炭を利用する。籾酢は強酸性（pH三～三・五）なので、ドラム缶型のポリ容器に入れている（金属製は腐食しやすい）。容器に粉状にした炭と籾酢を入れると、竹炭が籾酢のタールを吸着する。この状態で一か月以上静置しておく。その後、上液四〇％、下液四〇％ぐらいを土つくりと除草剤がわりに使い、中液二〇％を葉面散布に使っている。

図13　くん炭つくり（撮影　橋本紘二）

図14　カルシウム液をつくる

土つくり用の籾酢には、使用する7～10日前にカキがら2～3つかみを入れる。2～3分後には、カキがらが籾酢の酸（pH3.5）によって泡（炭酸ガス）を吹いて溶ける

籾酢の使い方

除草　籾酢を除草に使う場合は、原液を散布機で雑草にかけるが、市販の化学除草剤のような除草効果はないので、雑草の幼芽にかけるのがよい。雑草は一斉に発芽するのではなく、草の種類や種子の深さによりさまざまであるから、ある程度発芽が揃ったころに散布するのが効果的である。一度で全部枯らすことはできないが、枯れ残りには二回目を、それでもなお残ればさらに三度目を散布すれば、ほとんど枯らすことができる。

土つくり　除草には手間もかかり籾酢の量も使うが、草を枯らすと同時に土つくりができる。カキがらを加えることで、カルシウム、苦土、微量要素の補給ができる（図14）。

葉面散布　籾酢を使っての土つくりは病気対策の一つでもあるが、害虫対策、植物活性化には、七〇〇倍液で葉面散布をするのがよい。

農業技術大系土壌施肥編第八巻　実際家の施肥と土つくり　一九九七年

A品90% 無農薬キュウリのひみつ

埼玉県羽生市　町田滋雄さん

赤松富仁（まとめ）

町田滋雄さん（故人）はキュウリ栽培五〇年。奥さんと二人で、促成・抑制キュウリの無農薬栽培をしています。A級品率は九〇％以上と驚くばかりです。

育苗

育苗用培土づくり

田土　苗つくりは本圃と同じように土が肝心である。私は、播種床、ポットの培土も田の土を使う。畑の土は雑菌がいるので使ってはいけない。田土も、できれば今年イネをつくったところのものを使うこと。ついこの間まで水が入っていた土なので、畑の菌が少ない。ただし、残効性のある除草剤を使った田土は使わないほうがいい。さらに、倒伏防止剤を使用した田土は絶対に使ってはいけない（堆肥に使う稲わらも同じこと）。育苗はあくまで赤子を育てるのだから、障害も受けやすい。だから使う土については十分注意を払わないといけない。

苦土石灰　苗に使う田土を耕耘するときに、苦土石灰をふる。水田は酸性なので石灰による酸度矯正の意味もあるが、むしろ苦土（マグネシウム）を入れたい。苦土が入ったかどうかで、病気の発生が多くなるかどうかが決まる。太陽光線の力を補佐するものは苦土とカリしかないのだから、苦土はしっかり入れておかないといけない。そうすれば曇天続きのときなどにこの苦土が力を発揮してくれて、病気はきわめて出にくくなる。私にいわせたら、病気が出るのがおかしい。

堆肥　育苗用培土に使う堆肥は、稲わら堆肥。稲わらは刈り取ったあと、できるだけ長く田に置いて何度も雨に当て、くたくたにする。これに発酵剤を加えて五回ほど切り返しをしながら、二年ほど置く。土のようになった堆肥を、三年目に初めて育苗に使う。使う

町田滋雄さん（故人）と畑の土。年間に反当たり30tの堆肥を入れる。ハウスの面積は440坪（写真はすべて赤松富仁撮影）

ひと月かふた月前に、リン酸を堆肥一tに対し三～五kg施しておく。

配合　育苗の培土も、本圃と同じように孔隙（空気や水が入る隙間）が大事である。根をつくるには、土に孔隙がなければいけない。孔隙が多く乾きやすい土に植えれば、根は水分を求めて張っていく。水をくれてもサッとはけるような土なら、樹は徒長しない。播種床の培土は、堆肥7：田土3でつくる。これで孔隙率は、七二・五％ほどになる。

播種床の培土に、窒素肥料は入れない。育苗期間に窒素はいらないのである。

夕方、ポリをかけたところ。床に電熱線は入れるが過剰な保温はしない

呼び接ぎ中の苗

播種、接ぎ木、鉢上げ

播種　接ぎ木の方法は呼び接ぎで、播種する前の晩に、キュウリの種だけを風呂の残り湯に浸けておく。こうすることでキュウリとカボチャの発芽がそろい、種を同時播きすることができる。発芽温度は二八℃。発芽したら床温を二五℃に下げて、接ぎ木までに徐々に一五℃に落とす。

接ぎ木　接ぎ木の前日にキュウリのほうに少し水を与えて、双葉の下の茎を一～二cm長くしてやる。そうすると鉢上げしたとき、キュウリとカボチャの高さが一緒になり、カボチャを深く植えなくてすむ。

ポット用培土　呼び接ぎしたあと鉢上げするポットの培土は、堆肥5：田土5。これで孔隙量は六〇～六五％になるはずである。ポット培土の配合比を変えるのは、徐々に定植する本圃の土に近づける（順化させる）ためである。なお、定植する本圃の土は、土7：堆肥3で、孔隙量は三〇％が目安である。作土が二〇～二五cmとすると、堆肥は三〇t入れなくてはならない。

施肥　ポットの培土にも窒素肥料は入れないが、速効性のリン酸を入れる（うちではリン酸成分の高い液肥を使っている）。リン酸を入れたかどうかで、収量が反に五～七t違ってくる。つまり、ここでキュウリの基礎ができあがる。

穂木の軸の切断法

呼び接ぎ後にやるキュウリ（穂木）の軸の切断の仕方も、収量に大きく影響する。活着したからと、ハサミで切ってしまうのはいただけない。キュウリからカボチャ台木に養分の流れを変える、移行させる作業なのだから、五日間ぐらいかけてやるのが肝要だ。ていねいな人は一週間かけて穂木の軸を外す。こうすると、定植後にしおれるなんてことがなくなる。これをハサミでパチンと切ってしまうとしおれる。

肝心なところには、時間をかけることだ。接ぎ木という大手術をした後、傷口がふさがったからといって、ハサミで切られたらそ

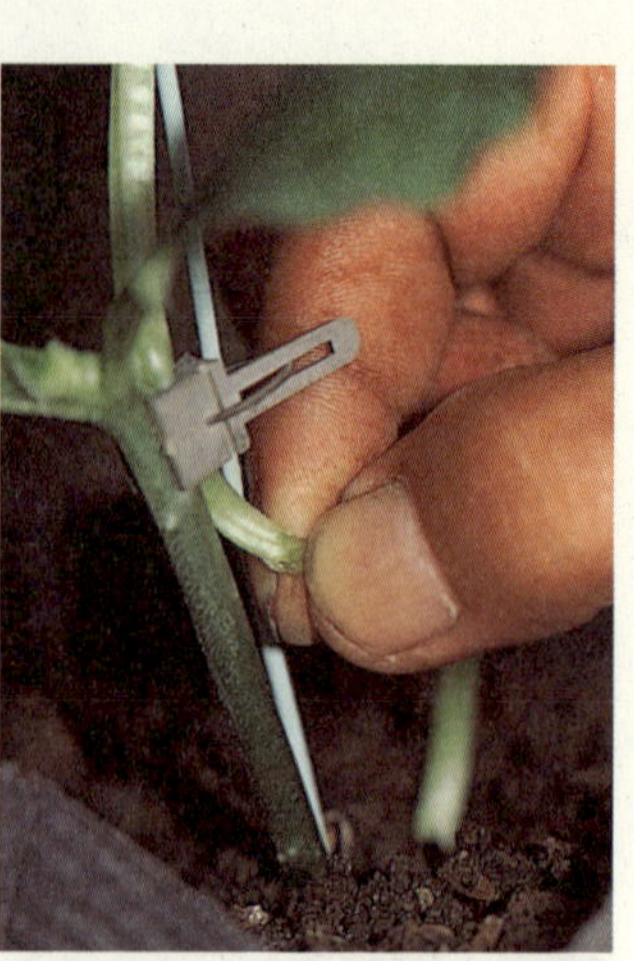

2日目に片方の指の爪を立ててつぶす

5日目には自然に外れる

のショックは計り知れない。軸外しを五日かけてやるとやらないとでは、第一回目の最盛期の収量で三tも違ってしまう。いかにストレスを与えないで素直な生育をさせるかということが大事なのである。

私の場合は、促成で、接ぎ木後四〜五日目に軸外しを開始する。軸外しのやり方は、一日目は親指と人指し指の腹で軸をつぶす。二日目に、片方の指の爪を立てて昨日と同じところをつぶす。三日目に指の腹でひねる。四日目に乾燥を早めるために、指に乾いた無菌の土を付けて、前日とは逆にひねる。こうすると五日目にキュウリの軸は自然に外れてくれる。ハサミは使わない。

育苗中は灌水を控えて根を伸ばす

苗姿は逆三角形に持っていく。盆栽苗（三角形）ではだめだ。水分と肥料がありすぎると盆栽苗になってしまい、下葉が大きくなってしまう。育苗の段階で、葉っぱをいかに小さく持っていくかが大事である。

そのためには、育苗の培土に窒素肥料を入れないことと夜温を下げること。葉っぱが大きくなるのは、夜温が高いことと、培土に肥料分があるからだ。日中はいくら温度が高くても、葉が大きくなる心配はない。昼間は蒸散しているから大きくならない。夜冷やせば、葉は小さく持っていける。

鉢上げしたポットの培土が堆肥5：田土5なので、ポットの水分は一週間しか持たない。水をくれて二〜三日で、表面が乾き始める。ここで表面が乾いたからと水をくれたら、根っこは伸びず、根量が増えない。一方、地上部は大きくなってしまう。こういう根っこができていない苗を植えるから、定植後にしおれるのである。

春の場合は、播種後一〇日後に接ぎ木し、その後約一八日で定植する。一週間から一〇日に一回水をくれればいいので、一八日なら、育苗中の灌水は多くて三回。私は二回しかやらない。晴天の日にいくぶん葉がだらりとしても、そこはガマン。日差しが強くてもシャンとしているようでは、根っこは張ってくれない。キュウリはしおれると、水を求めて外へ外へと根を出す。それが「支根（ささえね）」だ。

定植するとき、鉢土がボロボロ落ちるというのは根の量が少ないからだ。育苗では、支根をいかに数多く出させるかということが重要。支根を二、三本にするか、五、六本と多くできるかが、育苗の重要な問題なのである。肥料が最初からあると、支根の数が多くならず、子根（毛根）が増えてしまう。

支根というのはあくまで伸びていかなくてはいけない根。栄養を吸収する子根（毛根）は支根から発生するので、毛根を本当に多く発生させるには支根の本数を多くすることだ。

支根も毛根も同時に発生させるには、鉢上げの土は堆肥5：田土5の乾きやすい土でないといけない。この割合を厳守することが、支根の数を増やすことにつながる。鉢土が定植時ボロボロ落ちるというのは育苗中水が多すぎた、つまり孔隙の少ない鉢土だったということ。孔隙が少ないと根も張れないからボロボロと鉢土が崩れてしまう。孔隙が多ければ、どんどん根が張っていくので、鉢土が崩れるなんてことはない。

キュウリの生理と温度

　接ぎ木をして鉢上げしたあとは、四日間だけ二五℃を維持する。それから一四日かけて一四℃まで落とす。

　私の場合は、ハウス内の土間に鉢を並べてその下に電熱線が入るだけで、踏み込みの床つくりはしていない。トンネルをつくり、夜のみポリをかけておくだけ。だから私のキュウリは、よそのキュウリより夜の低温にあう。これにより自然と育苗のときから、花芽分化の態勢に向かう。接ぎ木後から生殖生長の環境が整っている。もちろん一日の平均温度一八℃以上の積算温度でいくわけだから、栄養生長のかたちなのだが、夜間が寒いのと湿度が少ないので、栄養生長と生殖生長が同時に進んでいるようになる。

　ところが、ほとんどの人がここでボタンの掛け違いをしてしまう。窒素分のある育苗培土に植え、夜温も高く持っていってしまうと、苗は育苗期間のあいだ生殖生長に傾かない。往々にして、本圃より環境をよくしすぎてしまって、定植後、苗床より厳しい環境におかれて生殖生長に傾いてしまう。そうすると、本葉八枚までに成った実をもぐなどということになる。

抑制栽培の苗

　苗のときに夜温を下げれば、生殖生長と栄養生長を交互にしながらしっかり花芽分化する。その後、栄養生長のサインである巻きヒゲが出てくる本葉四枚半のときに定植すれば、植え傷み、しおれなしで定植翌日から栄養生長に突っ走ってくれる。しかもしっかり花芽分化しているので、実もしっかり成って収穫できる。

　とにかくいろいろな面で、本圃より苗床の環境がよくてはいけない。

本葉八枚以降に着果させる温度管理

　本圃より苗床の環境がよくてはいけないということは、単に苗をいじめることとは違う。本葉八枚以降に、確実に花芽分化をさせる方法論である。

　一般の育苗を見ると、育苗中の灌水量が多すぎ、湿度が高い。収量が上がらない人ほど、育苗期に湿度過多である。私の場合は、接ぎ木してから三～四日はトンネルを被せるが、その後のトンネルはやらない。湿度を下げる必要があるからだ。

　一回目の収穫最盛期（毎日一株から一本の果実がとれるころ）までの収量は、育苗期間中の管理で決まってしまう。言い換えると、頂点ピンチまでの生育は育苗期間中に決まってしまう。

　キュウリは本葉一枚目が完全に開いたとき

には、すでに本葉七枚までの分化がすんでいる。頂点ピンチをするまでのキュウリというのは、まだ根張りが足りないので、早いうちから着果させると樹の負担が重くなりすぎる。できれば本葉七枚目以下には着果させたくない。だが、暖房があってもハウスの場所によって温度や環境は違ってくるので、全部の苗が均一には育たず、四枚目から花芽が出てきてしまうような苗もあれば、九枚目から花芽が出てきてしまう苗もある。

だから平均して、八枚目以降から成り芽が確実に出るような管理を育苗中にするのである。

八枚目以降の成り芽分化をどうするかということは、播種後一五日過ぎからの管理をどうするかということでもある。接ぎ木後三～四日を二五℃に保ったあと、もしくは本葉一枚目が完全に開ききったあとからが、ちょうどその時期に当たる。この時期から生殖生長管理に持っていかなくては八枚以降の成り芽の形成はできない。

キュウリの生殖生長管理の原則というのは、「低温・短日・少肥・乾燥」であるので、本葉一枚目が完全に開ききった後は、この四つの中ですでに「短日・少肥」は整っているので「乾燥・低温」を進めていき、より生殖生長管理にしていく。私は定植直前までに、夜温を一〇℃にまで下げてしまう。

ここでもう一度播種からの夜温の推移を復習しておくと、播種温度は二八℃、接ぎ木までの一〇日間に一四℃まで落とす。接ぎ木した段階で二五℃に上げ、三～四日後から定植までに一日に一℃ぐらいの見当で落としていき、一〇℃まで落とす。

白イボキュウリの場合で低温すぎると果形が短くなるという人は、一二℃までで止めるが、キュウリは定植後、花が咲いた段階で二℃温度を上げてやれば一cm伸びるので、実の長さはあとでどうにでも操作できる。

ただし、キュウリの品種には側枝型と主枝型があり、側枝の発生しにくい品種の場合は、生殖生長管理をあまり強くやりすぎると主枝ばかりに果実が付いてしまって、側枝が弱側枝になってしまう可能性がある。だから品種の特性を生かしたやり方をしなければならない。

「三寒四温」の温度管理で中段の側枝を強く

もう一つ大変重要なことは、鉢上げ後、温度を下げていく途中で、一度だけ「三寒四温」というような管理をすること。正確にいうと四寒三温だが、これは節成りにしないための方策である。節成りになったら中段の側枝に飛ばれてしまう。主枝で成り芽が飛ばれるのはたいしたことではないが、側枝に飛ばれては、これをあとから出させるということは一般的には苦労するからである。

やり方は、鉢上げ後（二五℃で三～四日持っていった後）温度を下げていく途中で、いったん温度を二五℃まで上げてやる。つまり、温度を下げて生殖生長管理をする途中で、三日ほどだけ栄養生長管理に持っていくのである（だから三温）。その後はまた下げるが、温度を下げるときは一日に三℃までが限度。上げるときは一日で二五℃まで持って

播種から定植までの温度管理

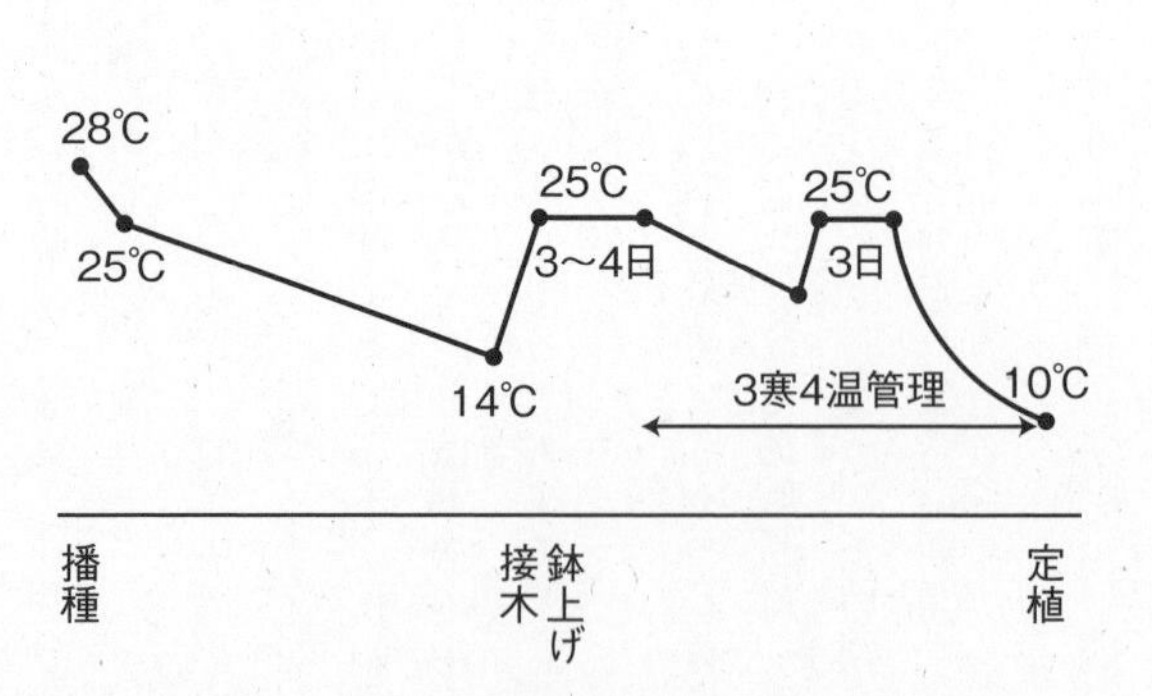

いっても問題はない。

こうして育苗期間中に一回三寒四温の管理をして、生殖生長、栄養生長、そしてまた生殖生長という波をつくることで、八枚から一〇枚目まで節成りに成り、かつその後わざと三~四枚成り芽を飛ばして、より強い中段の側枝を出させるのである。

頂点ピンチをするまではキュウリは根張りが足らず、まだ体力が備わってない。もし節成りで持っていってしまうと、キュウリは本来子孫をつくるために生きているので、側枝を出すことより果実を大きくするほうに全力をつぎ込むため、中断の側枝が出なくなってしまったり、弱側枝になってしまう。

育苗期間中に頂点ピンチまでの生育のコントロールを済ませてしまうかどうかで、初期収量が二t止まりか、六tかの違いが出る。育苗期間中に第一回の最盛期の収量は決まってしまうのである。定植してから後は、ただ肥培管理があるだけ。成った実を止めるか流してしまうかは肥培管理に左右される。

くどいようだが、育苗中低温・乾燥に持っていくというのは、単なる苗のいじめではなく、本葉八枚目以降に成り芽分化をさせるためである。

苗の姿。下葉が小さく、節間が長い。支柱を立て、節間を伸ばすと病気になりにくい

無農薬栽培を実現するポイント

接ぎ木後に支柱を立てる　病気を減らしたいと思う人は、育苗のとき、接ぎ木をしたら支柱を立てること。これで苗を土に触れさせないことができる。支柱を立てれば、灌水や風で倒れることもなくなる。わが家が無農薬へ大きく進んだのは、この支柱のおかげであった。

鉢ずらし　さらに、葉に擦り傷などを付けないように、大きくなるにしたがって鉢を広げて、隣の葉とぶつからないようにすること。病気は傷口から入ってくるのだから。

節間を伸ばし、株元に光を入れる　苗の背丈は、短いより長いほうがいい。本葉四枚までは節間をいくら伸ばしてもいい。私は接ぎ木後温度を上げるとき、たっぷりと水を与えて本葉一枚目と二枚目の間を伸ばす。こうすると側枝が出たときキュウリがぶら下がってマルチにつくことがない。それにひきかえ盆栽苗では、本葉四枚目に実が成ると、マルチについてしまい、売り物にならなくなる。

展葉してから六〇日たった葉は下から順に摘葉するが、盆栽苗では四枚摘葉してもベッドに日が当たらない。株元に光が入らない。ベッドに日が当たれば、その光は、グリーンマルチだと七〇%が反射する。葉の裏面機構に向かって反射する。これが大事。病気を出さない根元は、葉の裏面機構に光を当てること。それにより葉の裏面が乾き、殺菌されることになる。そのために苗の背丈を伸ばしているのである。

病気というのは頂点ピンチまでは下葉から出る。その後は上のほうの葉から出る。

反収三〇tの壁が越えられなかった理由

「苗は節間を伸ばしたほうがいい」といったが、過去の私の経験を少しお話しする。今から二十数年前、どうしても反収三〇tの壁が越えられなかった。オレもここまでが限界かなあと思っていた。

当時は、下のほうの節間の長さが下から二cm、三cm、四cmという具合に堅く育てたつもりの苗が、定植した途端、本葉四枚目、五枚目と上にいくにしたがって、ツーッ、ツーッと節間が伸びてしまった。当時は切りわら堆肥を入れていたこともあって、ベッドが乾いて苗がしおれやすく、四～五日ごとに灌水した。すると葉が上にいくほどゾウの耳のように大きくなってしまい、定植して一カ月頃から、下のほうの葉から病気が出てきた。

このときはじめて、教科書どおりに育苗時に窒素を入れていては、三〇tの壁を打ち破ることはできないのだと気づいた。気づくのに五年ほどかかった。

つまり当時は、苗の床土に窒素を入れて、真っ黒な葉の苗をつくっていた。そんな苗は、見た目はいいが、絶対に収量が上がらない。ここ北埼地区というのは、だいたいの農家は二〇～三〇tとっている地域だが、窒素が多量に含まれているような苗をつくっていたら一五tが限界だ。

窒素なしで本葉三枚までの節間を伸ばす

要するに本葉三枚まで（定植前までにつく葉まで）は、いくら節間を伸ばしても問題ない。だがもちろん、床土に窒素は入れない。リン酸とマグネシウムを入れるだけ。わざと水分をたっぷり与えて人の二倍もある節間にするのだが、リン酸とマグネシウムでつくった苗は、見た目はヒョロ苗だが、強い光線が当たってもダレない。まるでマラソン選手みたいに、七月の作の終わりまで走り抜く骨格ができている。

それに引き替え、床土に窒素を入れて節間を伸ばしてしまった苗は、軟らかすぎて、強い光線に当たったらダラーンとしてしまう。窒素を入れた上に低温管理をしたら軸が太くなってしまう。軸の太い苗はとてもマラソン選手にはなれない。頂点ピンチすれば、おのずと軸は太るから、それまでは軸は細く持っていくことが肝要だ。

また、本葉三枚までの節間は、伸ばせば伸ばすほど第一節二節の側枝は出なくなって、あとで芽かきする手間も省けるし、出ても指でもげる弱いものになる。下の節で成った実も、節間が長ければベッドに着かないので収穫できる。なにより三節まで節間を伸ばすことで株元の環境がすこぶるよくなり、風も通り、光線も十分に当たることになる。ひいては病気も出なくなる、といいことずくめ。無農薬多収をめざそうと思うなら、三枚までの節間は伸ばすにこしたことはない。

定植

本圃のベッドつくり

定植する本圃のベッドの土の基本は、固相、気相、液相の三相がそれぞれ三分の一であること。なおかつ、この三相の割合が作の終わりまで変わらないこと。うちのベッドは、かまぼこ形。こうすることで構造的にも沈まなくなるが、重要なことは、堆肥の微粉末で土の粒子ひとつひとつをくるんでしまうこと。これで作の終わりまで三相を維持できる。だからわが家のベッドは作の終わりまでで、せいぜい一cmぐらいしか沈まない。ベッドに亀裂が走ったり、陥没したりするようなベッドでは、多収は望めないと断言できる。

ベッドができあがったら、作土と心土の境まで届くように二昼夜ほど灌水をして、「水みち」を付けてやる。特にベッドの肩の部分は自動灌水では水が届きにくいので、入念に

促成のうね立ては12月下旬。30ｔの完熟堆肥を入れて、培土機で土を跳ね上げる

ベッドの形はかまぼこ形

定植苗の根

灌水をし、肩の部分の水みちも付けておくことが肝心。肩の部分に水みちができれば（地下から水が供給されるので）肩が乾くことがなく、キュウリはベッド全体に根を張ってくれることになり、肥料もムダなく吸われる。

ベッドができあがったら、マルチを張って地温を上げる。地温を上げるにも四〜五日はかかる。それを急いで、ベッドができたよ、翌日植えたよ、ということでは苗はしおれる。その間、暖房は設定温度（最低温度）を一〇℃にしておく。それで地下三〇㎝まで一八℃になったら、やっと定植できる。そうなる前に定植しても（低温で根が伸びないので）意味がない。

二日間乾燥させ根毛を出してから定植

地温が上がったら、定植の三日前に苗をハウスに運び、水にドブ漬けした苗鉢をベッドの上に並べる。そのまま中二日ほど放置し、鉢が乾燥したら初めて定植に入る。乾燥により根毛が大量発生する。根毛が大量に発生した状態で定植することにより、一度もしおれることなく、即栄養生長にキュウリを突っ走らせることができる。定植後にしおれがくる苗では多収はできない。

定植したら直後に水をやり、そのあとは、ベッドをやや乾かすような状態に持っていく。ただし、乾かすというのはベッドの表面を白くするということではない。作の終わりまで絶対白く乾かしたらだめだ。土壌中の液相の割合はふつう三分の一が理想だが、それを四分の一程度に水分を落としていく。私は、水分の保持力が強く保肥力もある完熟堆肥を入れるので、定植後一〇日、年によっては二週間は水をくれない。すると自然に水分が落ちていき、苗を乾かしたときと同じように、今度はベッド全体に根がまわる。

ここでたとえしおれたとしても（私の場合はしおれないが）、水ばかりやると、水分生長になるし、根は株元しかないか、ベッドの外に伸びだすかだ。晴天で湿度のない日が来ると葉っぱがダラーンとなり、そんな葉っぱから出た側枝や、そこの主枝に付いている果実は曲がり果になってしまう。

本葉八〜一〇枚までは栄養生長期

キュウリは本葉八〜一〇枚までは、栄養生長管理をしなければならない。まだ根張りが足りない生育初期に果実を成らせると、樹の負担が重くなりすぎるからである。これからお話しする、定植直後から本葉八枚ないし一〇枚までの栄養生長管理がうまくできるかどうかが、収量を決める大きな鍵となる。

本葉三枚半で定植して葉が八枚になるまでには、一枚の葉が展開するのに三日かかるとして約二週間しかない。この短い間に栄養生長を十分させないといけない。定植してからしおれたり、活着するのに一週間もかかっていては、十分な栄養生長は期待できない。

定植をして一週間もたつと、キュウリの個体差が出てくる。この時期にその手直しを一株一株調節していく。私の場合、四四〇坪に三〇〇〇本の苗を植えて、一〇〇本ぐらいは手直しをしなくてはいけないものが出る。

手直しが必要かどうかは、葉っぱの伸びや、巻きひげの伸び方を見極める。巻きひげが早く巻きつくような樹は、栄養生長をしていない。ちゃんと栄養生長していれば、巻きひげが三〇cm伸びても巻きつかず、スーッと伸びるだけである。

生育が遅れていたり、巻きヒゲがすぐからみつくような株には、窒素がリン酸の半分ぐ

定植は本葉3枚半〜 4枚が原則

定植後10日間は灌水しない。本葉1 〜 2枚目が障害葉のようになる。これくらいのほうが根が張る

らいのリン酸が強い液肥をやるといい。私はリン安液肥を使っている。これを二五〇倍に薄めて、ヤカンで一株あたり〇・二ℓほど株元にくれていく。まわりの樹に追いつくまでこのヤカンで手直しをする。

一回で直るものもあれば、二回三回とやらなくてはいけないものもあるが、たいして時間がかかるものではない。これを毎日やり、全体の生育をそろえることが肝心だ。最初に一〇〇本ほど手直しすると、二回目三回目は手直しが必要な株は一〇本か一五本になる。時間にしてせいぜい一〇分か一五分のことなので、おっくうがらずにやること。これをやったかやらなかったかで、大きな差が出てくる。個体差を定植初期に手直ししないと、樹勢の弱いやつは樹勢の強いやつに追いまくられてしまうし、当然根の張りも縮こまってしまう。

定植後の温度管理

温度管理は、活着するまでは一七～一八℃で持っていき、その後一五℃まで落とす。頂点ピンチするまでは、暖房機のサーモセンサーを、必ず生長点の高さに置くこと。つまり生育にしたがって、サーモの位置を上げていかなくてはいけないということだ。これをしないと、適温からずれて、中間の側枝に飛ばれるなんてことになる。

もう一つ肝心なことは、温度の見極め方。品種によっても適正温度はみな違う。朝起きて（日の出直前）、葉っぱがおっ立っているようだと、ちょっと低温が強すぎる。そのようなときは設定温度を二℃ぐらい上げる。逆に葉が垂れ下がっているようなら、温度が高すぎるので下げてやる。頂点ピンチするまでは、この見方は必要だ。あくまでキュウリは夏の作物なので、低温が強すぎてはいけない。温度設定が高いか低いかは、巻きひげでは判断できない。

本葉8～10枚までは栄養生長期。巻きひげが巻きつかず、スーッと伸びる

窒素と水分ではなく、リン酸で栄養生長

灌水は、本葉八枚が展開するまでは絶対くれてはいけない。この時期はベッド全体に根を張らせることを優先させるためだ。八枚までに、水をくれなくてはいけなくなるということは、ベッドと地下水の間の水みちがつながっていないということ。定植一週間以前に、二昼夜ほどたっぷり灌水して作土と心土の水みちをつなげておくことは先述したが、二昼夜灌水するのは、灌水によって元肥を二〇〇倍以上に薄めて、定植したらすぐ肥料が食えるようにしてやる意味もある。八枚までの栄養生長管理が終わったら、ここではじめてたっぷり水をくれてやる。

八枚展開までに水や窒素をくれる人がいるが、栄養生長はあくまでリン酸主体の樹づくりなのだ。窒素と水で「水分生長」してしまうと、ぺたーっとした平らな葉っぱになってしまう。リン酸主体の葉っぱは葉脈がはっきりとして波打つものだ。窒素が強すぎた場合は中間の側枝に飛ばれるが、リン酸主体の栄養生長をしていれば側枝に飛ばれることはない。

マグネシウムが欠かせない

リン酸主体の樹をつくるには、マグネシウムが切り離せない。マグネシウムは、いかに元肥に大量に入れておくかが大切だと思っている。過剰害を心配する人がいるかもしれないが、マグネシウムは土壌水分が多いとカリのほうが優先して吸収されてしまうのか吸収が抑えられるから、心配な人は土を湿らせておけばよいと思う。

マグネシウムは生育後半にも欠かせない。特に長期作物の場合、後半で収量やA品率が下がる大きな原因が、後半のマグネシウム欠乏だ。側枝どりのキュウリの場合、子づるで収穫し、孫、ひ孫、玄孫といけば収量は後半に行くほど伸びなければおかしい。どんな作物でも成功したといわれる人は、マグネシウムを大量に使っている人だ。そうしなければ、絶対に成功することはない。

ところが、私はマグネシウム肥料としておもに苦土炭カルを使うが、苦土炭カルの追肥というのは絶対に効かない。私が知る限り、施してすぐに効くマグネシウム肥料は見当たらない。マグネシウム欠乏だといって、苦土炭カルの追肥をしても間に合わない。

定植後、生育が遅れた株に、ヤカンで液肥を施用する

そこで私は、遅効性のマグネシウム肥料をずいぶん探した。その結果、今では、粉状苦土石灰、顆粒状苦土炭カル、粒状苦土炭カル（商品名カルミン＝村樫石灰工業（株））を元肥に大量に入れて、速く、かつ遅くまで効くようにしている。これらを使うことで、うちでは最後まで若い樹でもっていけるようになった。苦土炭カルは圃場のpHが上がってしまうからアルカリ畑には向かないという人もいるが、堆肥（腐植）がしっかり入っている圃場ではその心配はない。

リン酸とマグネシウムと窒素の関係

キュウリをリン酸主体の栄養生長に持っていくのはマグネシウムだが、生殖生長に持っていくのもマグネシウムだ。マグネシウムが効くことによってリン酸も効く。マグネシウムがなかったら、リン酸の吸収は三％にしかならない。リン酸が吸収されることで、くれた窒素もリン酸とセットで吸収されるようになる。

「うちはリン酸過剰だから」といってリン酸をくれるのをいやがる人がよくいるが、土壌診断で測られたリン酸は作物が吸収できない難溶性のリン酸だから、その都度入れたほうがいいと思う。

元肥に窒素を大量に入れる人がいるが、間違っている。本来窒素が必要になるのは、花がいっぱい咲き出してから、実を太らせるときである。窒素はすぐ効いてくれるから、花がいっぱい咲き出してから入れても十分に間に合う。

あくまでリン酸主体で育てること。リン酸主体で育てることが、耐病性を高め、無農薬キュウリをつくる根本原理である。リン酸主体で育てたキュウリの葉は真っ黒にはならない。窒素でつくったキュウリは、やれカビが入ったよ、やれウドンコで白くなったよと、農薬漬けの道に進んでいく。

湿度…朝の葉つゆたっぷりは病気のもと

湿度管理について。定植後活着するまでは二重カーテンを閉め切っていてもいい。とにかく湿度を保つこと。七、八枚目が展開する頃になると、日中五時間ほど二重カーテンを開けるようになる。

栄養生長期の湿度は、早朝、葉っぱの外輪の尖っている部分だけに水滴が七~八つ付いている程度がベスト。水滴が外輪全体に付いているのは湿度が高すぎる。土づくりができていなくて、ベッドの中の水分が多すぎるからだ。そういうキュウリは、樹姿を楽しむキュウリづくり。立毛共進会で一等を取っても仕方ない。あくまで、いかに実を多く収穫するかがキュウリ栽培者の命題だ。

朝に水滴が多すぎるのは、病気のもと、葉っぱを大きくさせるもと。要するに樹が軟弱だということである。私も今から三五、六年前は、水滴が葉の外輪全体に付いているのが見栄えがいいと思っていた。しかし、こういう樹は収量が上がらなかった。

元肥の有機質からの炭酸ガス

ところで、本葉八枚までの栄養生長を助ける、縁の下の力持ちの話をしよう。縁の下の力持ちとは炭酸ガスである。

堆肥は入れず、刈ったワラをそのまま入れるような人のキュウリつくりはダメだ。安定した収量は絶対に得られない。ワラは少なくとも一回は発酵させて、バクテリアを十分持ってから入れればよくなる。

うちの場合は土のようになった堆肥（腐植）を入れる。要するに肥料をくれたら、多すぎた肥料はしっかりとつかまえ、リンの不溶化を防ぎ、孔隙を確保してくれることが大事。これには腐植以外にない。

ただし、腐植は分解がほぼ終わったものだから、そこから炭酸ガスが発生せず、キュウリにとって必要な炭酸ガスが足らなくなる。そこで有機のものを入れる。大豆、ナタネカス、魚粉、血粉等々を入れて、ハウス内の炭酸ガスが通常の一・五倍から二倍になるようにする。うちでは、割れ大豆だけでも反当一t入っている。これでさっきの炭酸ガス濃度を確保することができる。ハウスを閉めている生育初期のうちは、この炭酸ガスが絶対必要なのである。

天窓やサイドを開けるようになるとその効果は薄まるが、その代わり、雨が続いたり寒波が来たりして、ハウスを閉め切ったときには炭酸ガスの効果が出る。三日や四日雨が降り続いても、病気の発生を防いでくれるし、光合成を促進してくれる。

わが家では、元肥として入れる有機質は肥料の意味というよりは、炭酸ガスを発生させるためという意味のほうが強い。有機質も、分解の速いものと遅いものを組み合わせて、生育期間じゅう炭酸ガスが発生するようにしている。

本葉八枚目からの管理

本葉八枚のときの姿

本葉八枚までの管理がうまくいっていれば、八枚目の葉が展開したときに、下のほうから、二~三本の側枝が出ている。第二、第三、第四の節から側枝が出ていれば順調に初期の生育を乗り切ったと見てよい。姿としては、第一節から側枝が出るのは遅れるが、第二節の側枝が一枚半ぐらい伸び、第三節の側枝が一枚ぐらい。第四節は芽が見え始める、という感じ。

もし、本葉八枚が展開した段階でも、側枝が一本も見えなかったら、栄養生長管理がうまくいかなかった証拠で、リン酸が効いていないということになる。

また、八節までは側枝が出ても、九、一〇、一一、一二節という中間のところで側枝に飛ばれる人が多い。強い栄養生長のまま、頂点ピンチまでいってしまったからである。そうすると、その反動がでて、上の三枚ないし四枚目まで強めの側枝が出る。上が強く下は弱い側枝しか出なくなってしまう。そして肝心な、いちばん稼いでもらわなくてはいけない中間の側枝に飛ばれてしまう。

それを防ぐには、先述したように栄養生長と生殖生長をくり返す温度管理をする。具体的には、八枚目の葉が見えたら、生殖生長管理と栄養生長管理を交互にやる。たとえば、三日間低温ぎみにしたら四日間高温ぎみにするといった三寒四温管理を一週間ぐらいする。八枚目の葉が完全に展開し終わったら、今度は生殖生長管理に完全に切り替える。

つまり、八枚目の葉が見えたら、もう頂点までの主枝の栄養生長管理はすんでいる。八枚目の葉が全開になったら、あとはもう生殖生長管理だけでよいということである。

上の葉と下の葉の大きさを同じにする

八枚展開後に生殖生長管理をやれば、頂点の葉っぱの大きさと下のほうの葉っぱの大きさを同じにつくることができる。それを栄養生長のままで頂点ピンチまで持っていってしまうと、上にいくほど葉っぱが大きくなって、樹姿が逆三角形になる。

上のほうの葉が大きいと、節々やベッドに光が当たらず、下のほうの側枝の働きが悪く、地温も上がらなくなる。そうすると、初期収量（第一回の最盛期）だけはあっても、第二回、第三回といくにしたがって収量が落ちていくという現象に見舞われることになる。そのうえ、頂点まで栄養生長管理をし、そのあとも栄養生長管理をやってしまうと、下のほうの側枝が死んでしまうという最悪の状況になってしまう。これまでにも書いたが、生殖生長管理というのは「低温・短日・少肥・乾燥」という四つの条件から見えてくる姿である。

頂点ピンチがすでに終わり、側枝のピンチが始まっている（促成のキュウリ）

サーモセンサーを花の位置に移動する

頂点ピンチをすると、上からも下からも側枝がどんどん出てくる。このとき、高温管理（栄養生長管理）をしてしまうと、最初の一本は成り花になるが、そのあとがムダ花になってしまう。低温管理（生殖生長管理）をすれば、すべてを成り花に変えることができる。

ただし、低温管理をあまり徹底してしまうと、ムダ花がなくなる。ムダ花も若干ないと受粉のための雄花がないことになってしまう。キュウリはいくら単為結果性（受粉しなくても果実が太る）の作物だといっても、受粉したほうが病気にかからない。受粉したものは、灰色かび病の菌があったとしても灰かびにならない。だから、生殖生長管理を徹底して行なう人は、受粉樹を一〇坪に一本ぐらい植えておけばいいと思う。そうすれば灰かびは出なくなる。出たとしても、一日五〇〇kg収穫する中で、二本くらいですむ。受粉した花は、実の肥大も早い。

一五枚か一六枚で頂点ピンチをしてから一週間ほどすると、主枝の第二節から出た側枝の花が咲き始める。そうなったら、今まで生長点の高さに置いてあったサーモセンサーを、一気に第二節の花の咲いた位置に下ろす。そのあと三日ほどで第三節の側枝の花が咲くので、今度は第三節の高さにサーモセンサーを移動させる。こうして側枝の花の咲く位置に合わせて、だんだん上へ移動させる。

サーモの設定温度（最低温度）を一五℃で管理した場合、三日に一度ぐらいの割合で上の節に移動しなくてはいけないが、重いものではないので、こまめにやること。これがやれないという人は、キュウリはつくれない。これがキュウリつくりの肝心カナメのことなのだ。

外気温と違って、ハウスの中は上と下の温度差が極端にある。ひどい場合は二〇cmで一℃違うなんていう結果も出ている。下のほうに短いキュウリが成るというのは温度不足が原因。実を育てる適温は平均二〇℃。それには、夜温一五℃の設定で、サーモを花の咲く位置に持っていけば、長いキュウリが下から成る。しかし、サーモを低い位置のままにしておくと、今度は上のほうの側枝のキュウリが長く成りすぎてしまうから、花の咲く位置に合わせてサーモを上げていくことが肝心。そうすれば、上でも下でも同じ長さのキュウリが収穫できる。

確認のためにいうと、これまでの管理で、サーモを二回上下に動かしたことになる。定植後に主枝の生長点の位置に合わせて移動させたのと、側枝の花の咲く位置に合わせて移動させたのとで二回である。設定温度によって違うが、主枝の生長点は早い人で三日、遅い人で五日で一枚の葉が展開するので、それに合わせてサーモを上げていく。側枝の花はもっと早く咲くが、だいたい三日に一節ずつ上げていく感じになる。

側枝をピンチして株を大きくしない

私のキュウリは株間四〇cmと狭い。それでも作の終わりまで株元や節々に光をたくさん当てることができる。それには六節から七節までは一節ピンチで持っていく。樹勢の強い人は頂点の下までは二節ピンチでも結構だが、五節より下はいくら樹勢が強くても一節ピンチで、頂点も一節ピンチとする。

一節で摘む場合も、二節で摘む場合も、節間に指が入るようになったら直ちに摘み取ることが肝心。こうすれば力のある孫側枝が次々出る。一節ピンチのときに、「二節目の葉が展開してから」なんていっていると、節間が伸びてしまい、側枝も細くなって、孫側枝が弱側枝になる。何よりも株が大きくなり、ひいては株元や節々の光線不足を引き起こす結果になる。

ピンチをしたら誘引するわけだが、側枝は絶対に垂れ下げないこと。最低でも真横に誘引する。できれば四五度の角度で上に向けることが肝要だ。そうすれば強い孫側枝が出る。側枝を下に下げてしまうと、一節はA品

中間の節の姿。側枝を2節残してピンチする。側枝は斜め上に誘引する

が出るがそのあとはダメ。孫側枝の発生も遅れるし、弱い側枝になってしまう。側枝を平ら以上の角度にしていれば、収量の谷間はせいぜい長くて一週間ですむ。

なお、側枝のピンチの段階で、よく病気を出す人がいるが、それはピンチ作業を午後にしているからである。ピンチした切り口が乾かずに夜を迎えると、そこから病気が入る。病気は夜繁殖する。したがって、ピンチは午後にはしないこと。太陽光線が斜光になる二時頃（冬場）までには、摘んだ側枝の先端が乾くようにすること。昼のうちに乾かしてしまえば病気は入らない。夕方摘んだりすると翌日ヨダレを出しているなんてことになる。せっかくつくった養分を垂れ流していることになるし、病気の蔓延を助長していることになる。

地上部を乾燥させる

キュウリの生殖生長というものは、「低温・短日・少肥・乾燥」という四つの条件で見えてくるのだが、このうち乾燥というのは土の中まで乾燥させるわけではない。土の中の水分量というのは三〇％でいつも安定していなくてはいけない。栄養生長のときも、生殖生長のときも、一定でなくてはいけない。

側枝、孫側枝のピンチのタイミング。左は側枝、右は孫側枝。節間に指が入るようになったら直ちに摘み取る

乾燥させるのは地上部である。

そのためには、二重カーテンを閉める時間に注意したい。気温が二〇℃前後に下がってくると、燃料がもったいないからと、早くから二重カーテンを閉める人がいるが、それだと生殖生長管理（乾燥）をしなければいけないときに栄養生長管理（多湿）をしていることになってしまう。二重カーテンを閉めるのは、暖房機が回り出す寸前でいい。

朝早くカーテンを開けて光線不足を補う

いくら生殖生長管理といっても、促成栽培の時期というのはもともと低温短日なので、低温や短日にする必要は、三月いっぱいはない。反対にこの時期は、日長が短すぎるので、光線不足である。これが原因で短いキュウリになる。

したがって、くもりなどで日長時間が足らないときなどは、朝早く二重カーテンを開けて朝日を当ててやる。温度が下がり暖房機が回ってもいいから、早く換気してやって新鮮な空気をハウス内に入れる。新しい光も入れて、日照を八時間保ってやる。

追肥は窒素一kgを四日おきに

生殖生長管理のときは、窒素の強いものはあまり与えないこと。頂点ピンチをする頃はまだ一本の樹で五〜六花が咲くくらいだから、まだ追肥をやる必要はない。追肥時期の目安は、七〜八節の側枝の花が咲き、だいぶ咲いてきたなあというときだ。ここで、速効性の窒素を与える。ただし、一株に一五花も咲いてからだと遅い。これでは、実の太りのほうが早いから追いかけきれない。

やり方は、少量で回数を多くやること。一回に成分で一〇a当たり窒素一kgぐらいを、四日おきにやるのを標準にしたらいい。そうすれば二週間で二tとっても大丈夫。リン酸やカリは元肥に入っているから、この時点では窒素だけの計算でいい。あくまで速効性の液肥を与えること。

ただ、液肥は普通の肥料と比べると倍から三倍もの値段がする。これでは採算ベースに乗らないので、安いリン酸二アンモニウムを使うといい。日本で販売されているのは、「窒素ホスカ」「ラサホスカ」「アンモホスカ」の三種類。これをプールで二〇〇～二五〇倍に薄めてやる。私のプールはコンクリート製で、大量の液肥の濃度を均一に整えるためには絶対必要だ。均一に薄めることで、根焼けを絶対起こさせない。プールを設けただけで増収した産地があるほどだ。

町田さんのプール。パイプから地下水が勢いよく入るので肥料が自然に混ざる

なお、まだ寒い時期の灌水は、絶対に大量にやってはいけない。地温が下がってしまい、真冬では一日たっても元の地温には戻らない。すると生育がそこで止まり、今まで長いキュウリができたのが短いキュウリになってしまう。少量多灌水が原則。最低二日ぐらい天気であるということを見極めて、灌水することが肝要だ。

収量を増やす技術

一日に栄養生長管理と生殖生長管理をする

キュウリは、高温にして栄養生長管理だけを続けると、先細りのキュウリになってしまう。反対に低温短日の生殖生長管理だけを続ければ、側枝は大発生するが、その時点で咲いている果実は2Sの短いキュウリばかりになってしまう。A級率九〇％以上のキュウリを多収するには、一日の中で明確な変化をつけること。つまり栄養生長と生殖生長を完全に分離して、一日のうちに四時間ずつ与えることである。そうすることで、収量は三割アップできるであろう。

この温度管理をする時期は、一回目の収穫ピークの期間中で、あらかた半分収穫した頃の、満月を前後して二週間である。満月を境に前後一週間ずつでやるわけは、この時期がいちばん夜温が下がるからである。栄養生長と生殖生長をはっきり区別させるのに適した時期というわけだ。やり方はいたって簡単。朝は栄養生長管理をし、夜は生殖生長管理をすればよい。

朝の栄養生長管理

キュウリの樹は、夕方に養分を転流する。すると翌日の朝には腹が減っている。腹が減っていれば否が応でも朝飯（養水分）を食わなくてはいけない。だから朝は暖かくしなければならない。具体的には、夜明けの三〇分前から計算して四時間、栄養生長管理に持っていく。つまりこの間は早朝加温などにより高温と多湿の管理をしていく。大事なのは時間で、四時間より短いと効果が出ない。なお、高温多湿は細い側枝をつくるということにもなるので四時間以上にしないように注意が必要だ。細い側枝からは弱い側枝しか出ないという原則があるからである。

朝に栄養生長させるということは、実を太らすことにもつながる。キュウリの実は、早朝から四時間の間が一番肥大する。高温で多湿の状態は、実の肥大にも好条件になるのである。

四時間経過した後は、暑いからといって急激に外気を入れ温度変化を極端にやると、「横リング」のキュウリになったり、曲がり果の原因になったりもする。その後、昼間は一般的な管理をする。

夜の生殖生長管理

キュウリは、日中蓄えた光合成産物を、日没後四時間の間に転流させる。だからこの間、ハウスを閉めるのを遅らせて、低温と乾燥を与えてやる。

この場合も、たとえば暖かい夜なら低温管理時間を一時間延ばしてもかまわないが、温度を下げすぎると、翌日のキュウリが短くなってしまう。また、朝の場合と同じように、四時間より短いと効果がない。あくまで四時間は必要である。その辺は側枝の太さなど、キュウリと相談して温度と時間を決めること。

こうした温度管理を、収穫のピークごとにしていく。

肥培管理のポイント

この時期、実をとりながら側枝を出させるということは、かなりのエネルギーが必要である。キュウリを三〇tどりするときの施肥量は、一〇a当たり窒素二四kg、リン酸一二kg、カリ一五kgを守らないといけない。そうでないと、栄養生長管理をする際に「高温・長日・多肥・多湿」の多肥にはならない。朝、栄養生長させようとしても、いうことをきかない。

また、多湿といっても、毎日水を与えられるような土壌でなくてはこの方法はできない。たとえば、水を朝与えたら、夕方には表面が白く乾くような土壌でなければ絶対できない。このことは、前もって肝に銘じておいていただきたい。

次々と側枝が伸び出している

リン酸と苦土を効かせる

さて、これから一日のうちで栄養生長管理と生殖生長管理をしようというときに、まずリン酸の強い液肥を与える。これは一回目のピークをとるためではなく、二回目のピークの側枝の花芽をつくるためである。

先を見越した施肥をしないとキュウリはとれない。私の場合は、反当三〇kgのリン酸を入れる。一般的には一〇kgが限度だろう。入れられるリン酸の量は収量にもよるが、土の包容力（保肥力）と耕土の深さに比例する。土に包容力がないのに、多収をしようというのは間違いである。

また、ここで与えたリン酸が十分に働いてくれるには、元肥にマグネシウム（苦土）がちゃんと入っていなくてはいけない。私の場合は、元肥に窒素と同量のマグネシウムを入れてあるので、リン酸を入れると十分働いてくれる。リン酸主体の樹姿はあくまで維持していく。

収穫ピークごとに土壌養分をリセット

　そして、この一日二回の温度管理をしている中で、大量の灌水をする。すなわち、一回の収穫のピークごとに、土壌中の肥料分を原点（ゼロ）に戻す。「前作の肥料がこれだけ残っているはずだから今回はこれだけ追肥すればいい」という考えは捨てる。今まであった肥料をぜんぶ、地下に一旦ぶっ込んでしまえ、という発想である（その肥料は毛管水により地下からゆっくり上昇してくるので再利用する）。

　大量灌水した翌日に、土壌分析をする。次の収穫のピークをめざし、基本施肥量を与え、窒素二四kg、リン酸一二kg、カリ一五kgに整えてやる。これで第一回のピークと同じように、第二回のピークもとれる。収量は倍になるのである。

　こういうことをしないで、「二回目のピークは地力がなくなって樹が疲れるから、曲がりが多くなるんだよね」なんていうのは、あまりにもキュウリに対して失礼。以上の管理は、四～五回くるピークごとに同じようにやっていく。

孫側枝を上まで伸ばし、その各節に実を成らす

促成栽培から抑制栽培へのスムーズな移行

　まず、キュウリを倒す予定日の一カ月前に、ハウスの中の一番乾きやすいところの土壌分析をしてEC値を測る。そして、作の終わりまでにECを〇・四まで下げるべく灌水をしていく。もちろんマルチは取り除き、ハウスのすみずみまで届くように大量灌水をしていく。週三回ぐらい灌水して、一週間後にまた土壌分析をしてECの下がり具合を見る。その具合を参考に、あとの期間の灌水量を調整する。

　ちなみにECを〇・一下げるには一〇〇㎜の雨量が必要。つまり反当たり一〇〇tが必要となる。「肥料をやらないで水ばかりやったら収量が落ちるのでは？」なんて考える必要はない。むしろ残肥がきれいにキュウリに吸われて、収量の落ち込みは起きない。

＊

　これまでお話ししてきたことはあくまで原則論である。この原則の上にそれぞれの農家の技術が積み重なっていくことで、四〇t、五〇tの反収を上げることは不可能でなくなる。しかも無農薬が可能となる。わが家では四〇年以上キュウリつくりをしているが、いまだにキュウリの収量の限界が見えていない。

※町田滋雄さんは、平成二一年にお亡くなりになりました。ご冥福をお祈りいたします。

現代農業二〇〇二年一一月号～二〇〇四年一月号　A品90％無農薬町田キュウリのひみつ

夏秋キュウリ

浅植えにすると夏バテしない

寺沢美作穂　カネコ種苗

ほったらかしの自家用キュウリはバテない

私が種苗会社に入ったのが昭和五十七年、そこで初めて携わったのがキュウリです。当時は埼玉・群馬のハウスキュウリ農家を回りました。その後は関東甲信越や東北の多くの農家の方々から勉強の機会をいただき、現在に至っています。

同じキュウリ品種でも畑や育て方によって結果が違い、農家の満足度もさまざまです。収益が多ければよしとする方もいますし、収量を追求する方もいます。また、「安心・安全」「有機農産物」というこだわりをもって栽培する方もいます。また、栽培技術についても、土質や地下水の違い（高うねにする農家、平うねにする農家）、苗の姿の違い（若苗を好む農家、大苗を好む農家）、栽植密度の違い、生育中の葉の大きさの違い（大小それぞれを好む農家がいる、現在は小葉好みが多い）、生育中の枝の発生の違い（旺盛な生育を好む、おとなしい生育を好む）など多様です。

そんなとき、出荷用のキュウリのそばに自家用のキュウリを偶然に見かけ、不思議に思いした。暑い夏の頃で、手間をかけている出荷用キュウリがよくバテる（萎れる）のに、ほったかしの自家用キュウリはピンピンしているのです。もちろん、いろいろな条件が違うので、同じに見てはいけないのでしょうが、従来、あたりまえと思われてきた基本技術とは別のところに、キュウリの本来の生育があるのではと感じたのです。

すると、今まで見えなかったことが、少し違って見えてくるようになりました。そのひとつが浅植えです。ただし、私よりもっと以前から浅植えがいいことを体で感じていた農家の方々がたくさんいたことは、後々わかったことですが…。

浅く植えるのですから、株元は乾きやすくなります。萎れが強くならないうちに株元に灌水します。こんな世話をしている農家のキュウリの根は、トウモロコシの株元に力強く出ている気根のように太く、緑色になり、真夏にも元気な顔を覗かせていました。

浅植えだと高温乾燥に強い根張り

最近は温暖化の影響もあり、涼しいはずの夏秋キュウリ産地も高温乾燥に遭遇する機会が多く、栽培にも苦労しています。とくに夜の高温がキュウリをバテさせます。こうした条件下では太めのキュウリが収穫されやすく、曲がり・尻太り・尻細り・流れ果等が発生して、収量が減少します。浅植えの場合でも、同じ環境下では同一の症状が見られるわけですが、しかし、回復が早いのです。これは、植え付けが浅いせいで、高温乾燥の環境に強い根張りをするからだと思います。

浅植えでは、株元が剥き出されているため乾きやすく、土壌条件を問わず、多くの根はポットの下から畑に張っていきます。その後、上部の乾燥を経験した根が地中へ張っていくことになります。ポットの下から上への順です。

いっぽう、普通に植えた場合は、株元にしっかり土が寄せられており、水分をもらうとポット上部の根が早めに張り出し、その後、ポットの下の根が張りはじめます。植え付け初期の株元灌水の量が多い場合は、より上根が張りやすく、底根は張りにくくなります。深植えした場合、この傾向がなお助長され、夏バテしやすくなります。敷きワラを早期に行なった場合にも似たような傾向が見られます。

　要するに、浅植えすることで働き頭になる根（吸収根）が土中二〇～三〇cmの深さまで早くに広がるということです（早い活着）。もちろん、全体の根域は土中六〇～八〇cmの深さに達しますが、活発に新陳代謝を繰り返す働き頭の根は、土中三〇cmくらいに広がった根です。普通に植え付けした場合も、もちろん似たような根域に根が張るわけですが、水分や土壌条件により、上根になりやすい傾向にあるといえます。ほんの少しの差ですが、これが気象変化に影響されにくい安定収量栽培に繋がるのです。

ポットを3分の1ほど上に出して浅植えしたキュウリ（写真提供：㈱ジャット東北支店・管原）

定植時間も半分、灌水量も半分

　植え付け作業は、浅いために比較的簡単で、従来の半分の時間で終えることが可能です。

　植え付けの仕方は、ポットの肩を二～三cmほど、うね表面より上に出し、ポット回りの土を寄せて手で押さえる程度です。植え付け後は、すぐに株元灌水します。一度の灌水量は一株当たり三〇〇～五〇〇cc程度。従来は一株一ℓと言われてきたので、少ないと思われる方が多いと思いますが、これで十分。半分以下でよいのですから、灌水時間も半分以下で済むわけです。水量が少なく乾きやすいので一日置きくらいで施します。少量多灌水の世話、ここが作業のポイントです。

　ほどよい水分があったり、乾いたりする条件が交互に土中に訪れることで、ポット下の変化を受けにくい底根がいち早く畑に張るのです。ちょっとの我慢を知っている苗は、しっかり根を下ろします。

株元が白く乾いたときに灌水

　活着には、概ね一〇日ほど必要といわれています。灌水のタイミングは株元を見ますが、植え付け間もないころは土も落ち着いていないので（ポットの土と畑の間に隙間ができている）、水分が少なくなると株元の表面の土が白く乾いてきます。そう見えたときに灌水。回数を重ねるうちに、根が畑に下り始め、株元も乾かなくなってきます。そして、活着が完了します。

　慣れないうちは、ポットを上に出しすぎないように注意しながら、一度試してみてはいかがでしょうか。「三つ子の魂百までも」、あやしたり、なだめたり、泣かしたり、キュウリにもいろいろな経験を積ませて、収穫に至りたいものです。すると夏バテしにくく、回復も早くなるのです。キュウリは最初が肝心です。

現代農業二〇〇七年四月号　夏秋キュウリは浅植えだと夏バテしない

酢酸カルシウムでキュウリの秀品率が上がりっぱなし

栃木県小山市　鈴木秀行

カルシウムの効果に注目

わが家は、ハウスで夏秋と冬春のトマト、抑制キュウリ、冬に露地でレタスをつくり、一部を地元の直売所やスーパーの地場コーナーに出荷しています。近頃はカルシウムの葉面散布にハマっています。果菜類の追肥について調べていたとき、次のようなカルシウムの効果を知りました。

①三大要素に次ぐ中量要素、②果菜では生育後半に要求量が増える、③不足すると生長点が白化し、根の生長が抑制される、④葉でできた炭水化物の移動に強く関与している、⑤難溶性で遅効性のものが多い、⑥転流しにくい、⑦pHの調整に使われる。

私のハウスでも、トマトの尻腐れやキュウリの曲がり果が出たり、食味も低下していたので、カルシウムの重要性を再確認し、特に栽培後半での追肥に使おうと考えました。

カルシウムを葉面散布で追肥したい

ただ、カルシウムは、元肥での施用例はたくさんあっても、追肥としての使い方は少ないようです。カルシウムを追肥したらどうなるのか興味がわき、さらに調べてみると、使うのが難しい肥料であることもわかりました。

①石灰過剰は出にくいが、土壌pHが上がることにより微量要素が溶出しづらくなり、その欠乏症が生じる（遅効性だからといって、元肥として大量に一発で施用できない）。

②土壌中でリン酸、苦土、カリと拮抗する。

そこで、カルシウムを土壌に追肥しないで、葉面散布しようと考えました。しかし、一般の石灰資材はクセのあるものが多いです。苦土石灰は水溶性ではないため葉面散布には向きません。塩化カルシウムは薬害が気になります。過リン酸石灰はリン酸が効いてしまいます。硝酸カルシウムは窒素が効いてしまいます。硫酸カルシウムは吸収されやすさに難があります。最後に残ったのが酢酸カルシウムです。

酢酸カルシウム液を自作

酢酸カルシウム（$(CH_3COO)_2Ca$）はなかなかのスグレモノで、他の肥料成分を含まないため、追肥の施肥設計が容易で、キレート質カルシウムのため吸収が他の資材に比べて早いという特徴があります。ただ、酢酸カルシウムは市販のもので一〇ℓで六〇〇〇円もします。とても気軽に使える値段ではないので、たとえ効果が劣っても自作してみようと思い立ちました。そしたら、あっさり作れてしまいました。

とはいえ、最初は何をどうすればいいのかわからなかったので、食酢に卵の殻や貝殻を溶かして作る方法を参考に、薬局で購入した氷酢酸（純度九九％以上の酢酸）と資材屋で売っている苦土生石灰（CaO・MgO）で作りました。本当は普通の生石灰（CaO）を使いたかったのですが、近所では扱っていませんでした。

まず、酢酸濃度を食酢程度にするため、氷酢酸（CH_3COOH）を水で薄め（濃度五％くらい）、さらに苦土生石灰を入れて、反応が終われば完成です。反応時に熱が出るので、やけどに要注意です。

ミネラル補給など目的に合わせて苦土生石灰や生石灰の代わりに、カキ殻、卵の殻、炭酸カルシウム（$CaCO_3$）でもいいかもしれませんし、食酢でもいいかもしれません（※カキ殻や炭酸カルシウムは酸と反応すると炭酸ガスが発生するので注意）。

あくまで自己責任の自作ですから、経済性優先で多少大雑把に作りました。一〇ℓ作るのに、九〇〇円でおつりがきます。

キュウリがピカピカ、曲がりも減った

自作した酢酸カルシウムを、抑制キュウリの後半から二週間おきに一〇〇〇倍で、亜リン酸カリ液肥「ホストップ」二〇〇〇倍とともに葉面散布してみました。カルシウム、苦土、リン酸による効果でしょうか、窒素とは違う葉の黒さと硬さ、力強さを感じる樹になりました。

さらに驚いたのは、秀品率が上がりっぱなしで、霜が降りる最後までA品率七五％以上のピカピカのキュウリになったのです。今年は豊作年だったのだろうと思い、後日、まわりに聞いてみたところ、後半のA品率は四〇％程度だったそうで、二度ビックリさせられました。

現代農業二〇一三年一〇月号　激安！「氷酢酸カルシウム」でキュウリの秀品率が上がりっぱなし

①材料は氷酢酸（500mℓ）、苦土生石灰（20kg）、水

②2ℓのペットボトルに氷酢酸を100ccくらい入れ、水を7分目まで入れる

③苦土生石灰を100g入れる（分量を正確にやりたい人はモル計算してください）

④よく振る。なお、貝殻や炭酸カルシウムを使う場合は炭酸ガスが発生するので、密閉容器に入れない

⑤化学反応して発熱するので、水を張ったタライに入れておく（そのままにしておくと、熱でペットボトルが溶けてしまう）。冷めたら、ペットボトルに水を足す。しばらくすると石灰が沈殿するので、使うときにまた振る

※周囲の安全に十分注意して、自己責任でお願いします

ホモプシス根腐病

露地キュウリ産地のクロピク以外の闘い方

編集部

木酢・キトサンでホモプシスに耐える

福島県須賀川市　根本栄一さん

根本栄一さんの畑は、ホモプシス根腐病の被害がでた畑のすぐ隣にある。しかし、根本さんの畑のキュウリは、葉がゴワゴワと硬くて元気そうな樹が立ち並ぶ。今年もホモプシスを抑えたようだ。

根本さんは、クロピクでの消毒は一度もしたことがない。「高校を卒業してからすぐに就農して四〇年。毎年せっせと堆肥を入れて、ようやく微生物がいっぱいのいい畑になってきた。それを土壌消毒で皆殺ししたくない」からだ。

今のところ、根本さん自身のキュウリはホモプシスでしおれたことはない。が、ホモプシスの病原菌は確実に自分の畑にもいると根本さんは見ている。「収穫が終わった後に根を掘りだすと赤茶けた色になって細根もなくなってる。でも、新しい根もたくさん出てるんだ」。古い根が菌に侵されても新しい根をつくることで樹勢を保ち、収穫終わりまで逃げきっているのではないか、と想像している。

根本さんが使っているのは、木酢とキトサン。水に木酢が二〇〇倍、キトサンが三〇〇倍になるように混ぜ、定植後は一週間に一回ほど、一本当たり五〇〇ccを目安に株元にかけていく。収穫が始まると二週間に一回、通路からのチューブでの灌水に混ぜる。

ホモプシス根腐病でしおれた葉

黒ダネカボチャ台木は強い

福島県須賀川市　森　文男さん

根本さんの近所でキュウリを栽培する森文男さんは周囲ではただ一軒、黒ダネカボチャの台木でブルームキュウリを栽培している。

おそれいります
が切手をはって
お出し下さい

郵便はがき

1078668

(受取人)
東京都港区
赤坂郵便局
私書箱第十五号

農文協
http://www.ruralnet.or.jp/
読者カード係　行

◎ このカードは当会の今後の刊行計画及び、新刊等の案内に役だたせていただきたいと思います。　はじめての方は○印を（　）

ご住所	（〒　－　） TEL： FAX：
お名前	男・女　歳
E-mail：	
ご職業	公務員・会社員・自営業・自由業・主婦・農漁業・教職員(大学・短大・高校・中学・小学・他) 研究生・学生・団体職員・その他（　）
お勤め先・学校名	日頃ご覧の新聞・雑誌名

※この葉書にお書きいただいた個人情報は、新刊案内や見本誌送付、ご注文品の配送、確認等の連絡のために使用し、その目的以外での利用はいたしません。

● ご感想をインターネット等で紹介させていただく場合がございます。ご了承下さい。

● 送料無料・農文協以外の書籍も注文できる会員制通販書店「田舎の本屋さん」入会募集中！
案内進呈します。　希望□

■毎月抽選で10名様に見本誌を1冊進呈■ (ご希望の雑誌名ひとつに○を)

①現代農業　②季刊 地 域　③うかたま　④のらのら

お客様コード □□□□□□□□□□

014.07

お買上げの本

■ ご購入いただいた書店（　　　　書 店）

●本書についてご感想など

●今後の出版物についてのご希望など

この本をお求めの動機	広告を見て（紙・誌名）	書店で見て	書評を見て（紙・誌名）	出版ダイジェストを見て	知人・先生のすすめで	図書館で見て

◇ 新規注文書 ◇　郵送ご希望の場合、送料をご負担いただきます。

購入希望の図書がありましたら、下記へご記入下さい。お支払いは郵便振替でお願いします。

(書名)	(定価) ¥	(部数) 部
(書名)	(定価) ¥	(部数) 部

460

森さんも土壌消毒をまったくしないが、ホモプシスのような症状は出ていない。

平成九年頃、須賀川では黒ダネカボチャの台木を使ったブルームキュウリの栽培が奨励された。キュウリ産地の競争が激しくなるなかで品数を増やし、他の産地との色分けをはっきりさせるのが狙いだった。ところが市場では見栄えが悪いなどの理由で折り合いがつかず、出荷先が定まらなくなってきた。売り先のなくなった農家がブルームレスに戻っていったのが五年後の平成十四年。ホモプシスが大流行し始めたのが平成十五年頃。「周囲ではブルームからブルームレスに戻った途端に被害が増えたような気がする」というのが森さんの実感だ。

最近の研究では、黒ダネカボチャの台木はホモプシスに強いとわかっている。さらにもっと強い台木もあるそうだ。森さんの隣の地区でもホモプシスに困り、ブルームに戻した農家もいるそうだ。

ホモプシス根腐病

初めは葉が生気を失い、晴天の日中には萎凋するが、朝夕や曇雨天日には回復する。これをくり返して下葉から枯れ上がり、草勢が衰える。根は初め淡褐色ないし褐色になり、進行すると部分的に黒色に変わる。病原菌は子嚢菌門もしくは不完全菌類に属し、いわゆる「カビ」の仲間である。キュウリ、スイカ、カボチャなどウリ科作物全般を特異的に侵す。土壌中での分布は地表から地下30cmで、地表下20cmまでの浅層部に密度が高い。菌の生育適温は24～28℃、最低限界8℃、生育最高温度は32℃付近にある。土壌中における病原菌の死滅温度は38～40℃・24時間、42℃・6時間、44℃・3時間、46℃・60分間、48～50℃・10分間であり、熱には比較的弱い。

染圃場の最も効果的な対策は、施設の太陽熱利用または土壌くん蒸剤を使用した土壌消毒であるため、いずれかの対策を講ずる。また、床土もくん蒸剤で消毒する。

カボチャ台に接ぎ木した場合にも相当の被害をみる場合もあるが、免疫性の種類はない。しかし、新土佐系、鉄かぶと、キング土佐、クロダネは耐病性があるので、それらを利用する。

（編集部　参考　農業総覧診断防除編、防除資材編）

ホモプシス根腐病菌がキュウリの台木としたウリ科植物の発病度に与える影響

（「平成21年度岩手県農業研究センター試験研究成果書」）

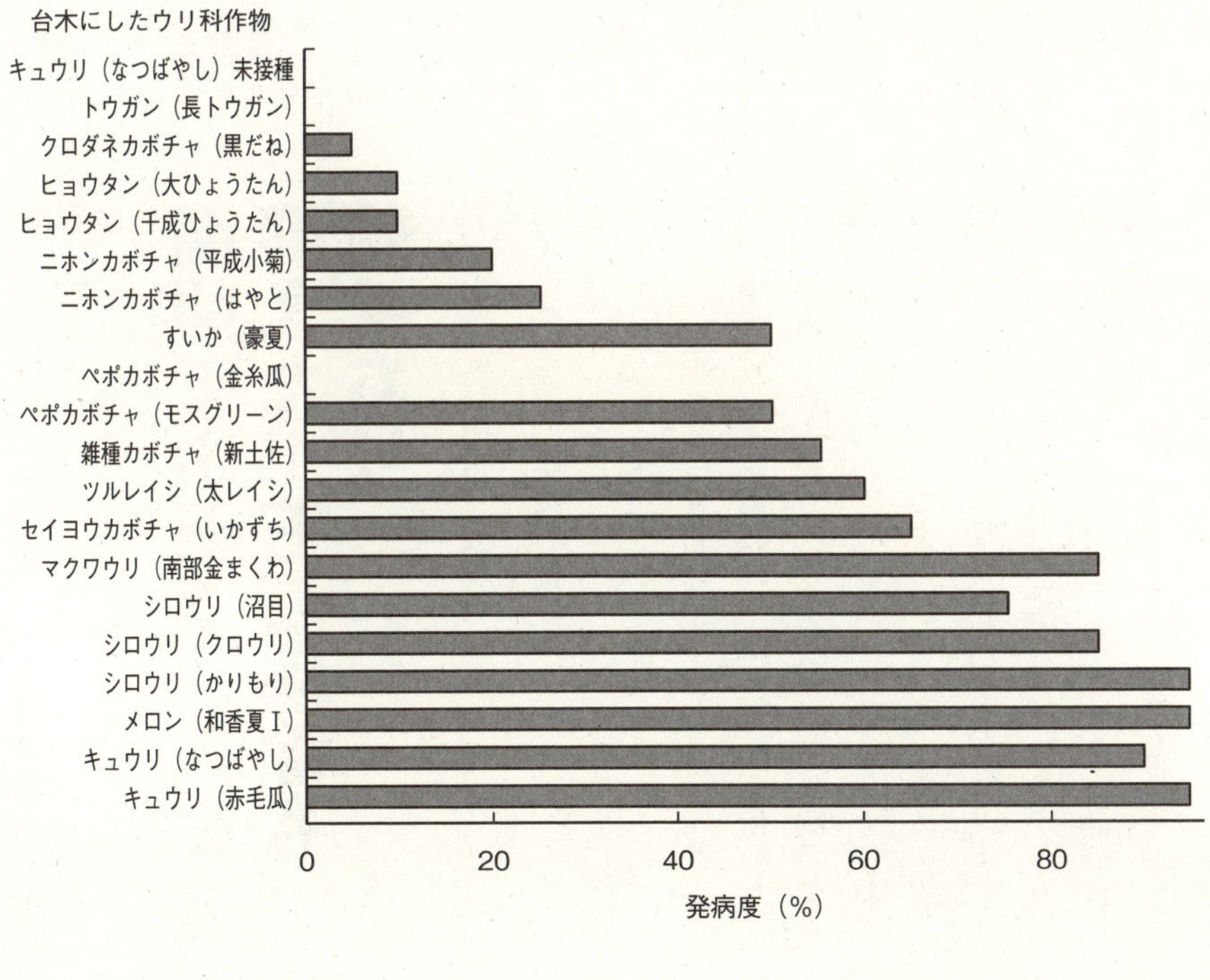

台木にしたウリ科作物
キュウリ（なつばやし）未接種
トウガン（長トウガン）
クロダネカボチャ（黒だね）
ヒョウタン（大ひょうたん）
ヒョウタン（千成ひょうたん）
ニホンカボチャ（平成小菊）
ニホンカボチャ（はやと）
すいか（豪夏）
ペポカボチャ（金糸瓜）
ペポカボチャ（モスグリーン）
雑種カボチャ（新土佐）
ツルレイシ（太レイシ）
セイヨウカボチャ（いかずち）
マクワウリ（南部金まくわ）
シロウリ（沼目）
シロウリ（クロウリ）
シロウリ（かりもり）
メロン（和香夏Ⅰ）
キュウリ（なつばやし）
キュウリ（赤毛瓜）
0　20　40　60　80
発病度（%）

土中で稲わら発酵 地温四五℃で殺菌

福島県須賀川市　真壁信幸さん

ホモプシスは熱に弱い。四〇℃の熱なら二日で死滅することがわかっているし、実際にも神奈川県三浦市の露地スイカ地帯では、太陽熱処理のみでホモプシスを抑えている農家もいる。

しかし、須賀川市の夏秋キュウリの作型（六月中旬定植）では、露地での太陽熱処理は日程の関係で難しいといわれている。

須賀川の真壁信幸さんは、五年前から太陽熱処理ではない方法で地温を高め、たくさん出ていたホモプシスの害を見事に抑えている。

「この辺りの農家は発芽をよくするために、タネを土中緑化させる人が多い。それを広めたのが三年前に亡くなった上野悦夫さんという農家。その上野さんに聞いた方法でホモプシスの被害がほとんどなくなったもんだから、今はすべての畑でやってる」

稲わら土中発酵の方法（材料は反当り）

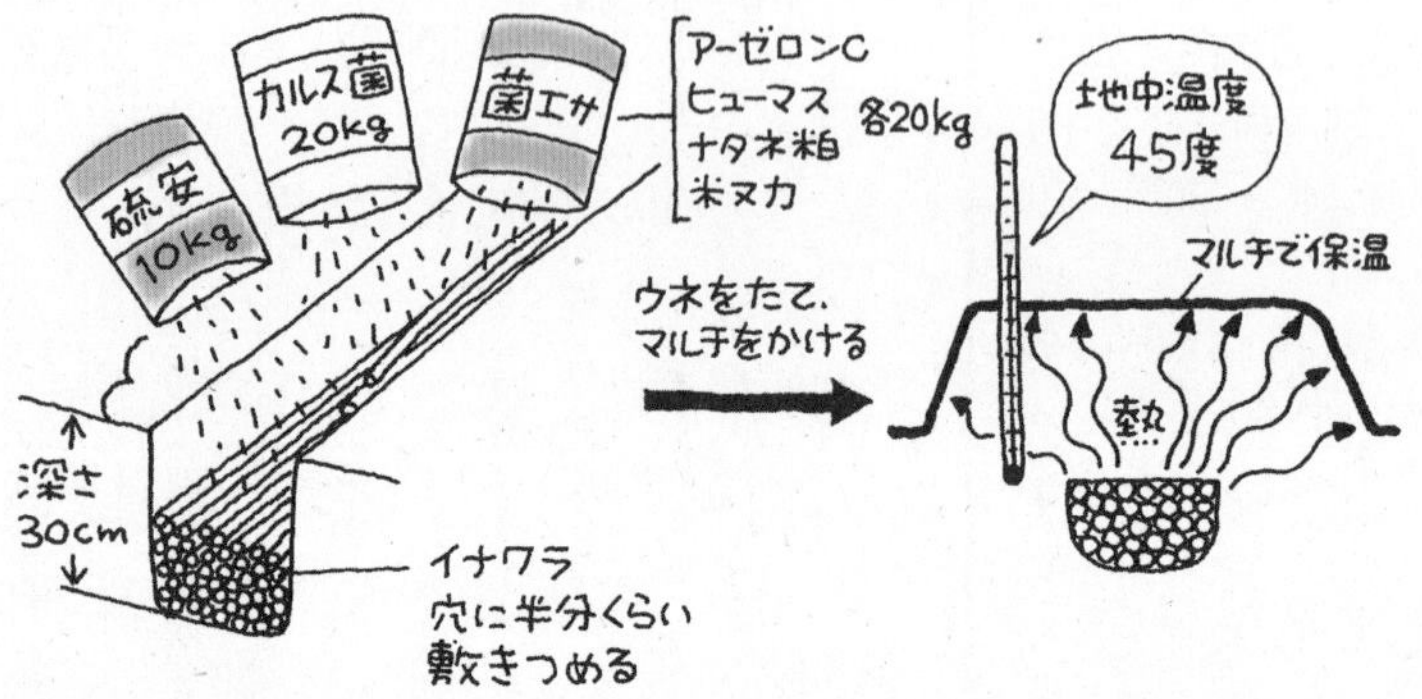

定植の一カ月前に、管理機で深さ三〇cm程度の溝を掘り、その穴の半分を埋めるくらい稲わらを入れていく（図）。ワラの上にカルス菌二〇kg、菌のエサとして米ぬかなどを反当たり二〇kg、硫安も一〇kg入れる。土を戻してたっぷり灌水すると発酵が始まる。そのあとうねを立て、マルチで保温。発酵熱のピークを定植直前に持っていく。

もともとは畑の水はけが悪く、暗渠を入れるよりも稲わらを入れて排水性をよくするというのが狙いだった。稲わらを早く分解するためにやり始めた土中発酵だったが、どうもその発酵熱がホモプシスに効いているようだ。

上野さんが遺した資料には「地中温度四五℃を確認」と書いてある。もしそうだとすると、少なくともうね内のホモプシスは熱で死滅しているはずだ。

高pHでホモプシスを抑えた、石灰防除も効果あり

岩手県陸前高田市　大場　桂さん
岩手県紫波町　漆澤宥蔵さん

岩手県でも、ホモプシスは猛威を振るっている。自根キュウリを栽培する大場桂さんは、ホモプシス対策にカキがら石灰を使ったことがあるそうだ。「加工食品の商品開発部に勤務していたので、殺菌には強アルカリがいいことはわかってました。ホモプシスも菌類なので石灰でも効果があると踏みました」。そんな考えで、元肥としてカキがら石灰を地面が真っ白になるくらいまき、活着後は一週間に一度、石灰上澄み液をかん注する。そんなことを繰り返しているうちに土壌pHは七・五まで上がった。「ホモプシスは完全に抑えられました…が、あまりにpHが高かったのか生育も抑えられました」。

強酸でも殺菌できるはずだと、木酢を原液で株元に徹底的にかん注したこともあるが、

これは効果なし。

同じく岩手県の農家、漆澤宥蔵さんは豚糞堆肥に生石灰を混ぜて水分を飛ばした石灰資材（グリーンパワー）を一五年間使っている。元肥の牛糞堆肥四tに加え、グリーンパワーを一t入れて土壌pHを六・七に保つ。そのせいかホモプシスはもう一五年間一度も出たことがない。キュウリの最適pH（六前後）から外れた数値なので指導員に注意されることもあったが、それでも高品質のキュウリがとれて収量も悪くないので続けている。

転炉スラグでホモプシス根腐病が軽減

転炉スラグ（「てんろ石灰」）で土壌上層部のpHを改良することで、露地夏秋キュウリ（カボチャ台木）地帯での萎凋株率を、二～四％に抑えることができる（二〇一三年、岩手県農業研究センター）。土壌pHが八を超えると生理障害が発生するので、目標pHは七・五、改良土層の深さは一〇cmとする。

転炉スラグを、手散布、ブロードキャスター、ライムソワーなどで散布し、ロータリーで浅く耕うんする。散布後二～三週間後に土壌pHを測定し、七・五に達していなければ、追加散布する。なお、カルシウムとの拮抗作用でマグネシウム欠乏が出るので、水酸化マグネシウムを一〇kg／a散布する。

（参考　岩手県農業研究センター研究レポート№６４６）

米ぬかで真っ白にカビを生やす

福島県須賀川市　安田幸徳さん

畑に徹底的に米ぬかをふる須賀川のキュウリ農家・安田幸徳さんの畑にも、ホモプシスは出ていないそうだ。

「周りではたくさん出てるけど、うちでは出ないね。米ぬかを使いはじめてからネコブセンチュウを土壌消毒なしで抑えられるようになった。米ぬかはホモプシスにもいいのかもしれない」。安田さんは一月中旬に米ぬかをブロードキャスターで一・三反の畑に大量（八〇袋）にまき、灌水する。すると一カ月後には菌糸の長さ二～三cmの立派なカビが一面にびっしり広がる。

安田さんだけでなく、今回お話を聞かせてもらった農家は皆、それぞれの対策に加えて土壌の菌体バランスもかなり意識していた。ホモプシスもカビの仲間だ。菌類同士の競合によって病原菌の繁殖を抑えているのかもしれない。

現代農業二〇一〇年一〇月号　現場農家のクロピク以外の闘い方

米ぬかを大量に散布

天敵利用でキュウリ黄化えそ病を抑える

松本宏司　高知県中央西農業振興センター

防除が難しい黄化えそ病に天敵を利用

キュウリでは、ミナミキイロアザミウマ（以下アザミウマ）で媒介される黄化えそ病が、全国的に問題になっています。黄化えそ病を保毒したアザミウマは、いくら防除しても農薬のかかりにくい生長点付近で生き残ります。暖かくなると殖えて、黄化えそ病を圃場に蔓延させ、保毒虫が外に飛び出します。これを圃場間で繰り返すことで、次作で自分の圃場にまた保毒虫が入ってくることになります。アザミウマへの防除回数が増えることで、経費がかさみ、管理作業にも影響が出てきます。

土佐市はキュウリやメロン、スイカなどウリ科作物のハウスが密集しており、常に感染作物が地域内にあるため、黄化えそ病がまん延しやすい環境です。

キュウリ農家は防除対策として、開口部への〇・八㎜目合い以下の防虫ネットの設置や、紫外線カットフィルム、粘着資材の設置、定期的な農薬散布、感染株の早期除去、栽培終了時の蒸し込みといった総合的病害虫雑草管理（IPM）に取り組んできました。しかし、黄化えそ病を完全に抑え込むことはできず、地域によっては甚大な被害を出すこともありました。

そこで、ウリ科作物全体で取り組め、省力低コストな防除技術として、アザミウマやタバココナジラミを食べる、スワルスキーカブリダニの利用に取り組みました。

スワルスキー利用のメリットは、農薬との併用が可能で、防除効果が持続し、栽培後期の防除が楽になること。デメリットは、農薬の使用に工夫が必要なこと（天敵に影響の小さい農薬に制限される）、外部からの新たな害虫の侵入を防ぎ、安定した防除効果を得るため、開口部への防虫ネットの設置が必須なことです。

一年目、七〇%の被害が五%以下に

スワルスキーの導入は、秋と春の二つの時期で行ない、結果を比べることにしました。

秋放飼　秋放飼は、栽培初期からのスワルスキー導入で、黄化えそ病の発生を軽減させようというねらいです。一年目の二〇〇九年度は、キュウリ定植直後の十月十八、十九日にスワルスキーを一〇aあたり二ボトル（五万頭）、生長点付近に放飼しました。三月十二日までの調査で、黄化えそ病やアザミウマの発生を軽減できました。ある農家では前作で七〇%程度の株で発病していた黄化えそ病が五%以下になり、十分な効果がありました。

春放飼　例年、暖かくなる四月からアザミウマが増加し、農薬散布回数も増えて農家の負担になっています。春放飼は、栽培初期は農薬できっちり黄化えそ病を予防し、春は天敵で防除を楽にしたいという農家向けです。次作の黄化えそ病発生の抑制も目指しています。

一年目は二月下旬から三月下旬にかけ、六農家で一〇aあたり二ボトルのスワルスキーを、上位五葉以上に散布。八〇%程度の農家で、アザミウマが前作より減って防除回数を減らせました。

二年目、低温時は放飼方法を工夫

スワルスキーカブリダニを導入したハウスの調査結果（2010園芸年度、土佐）

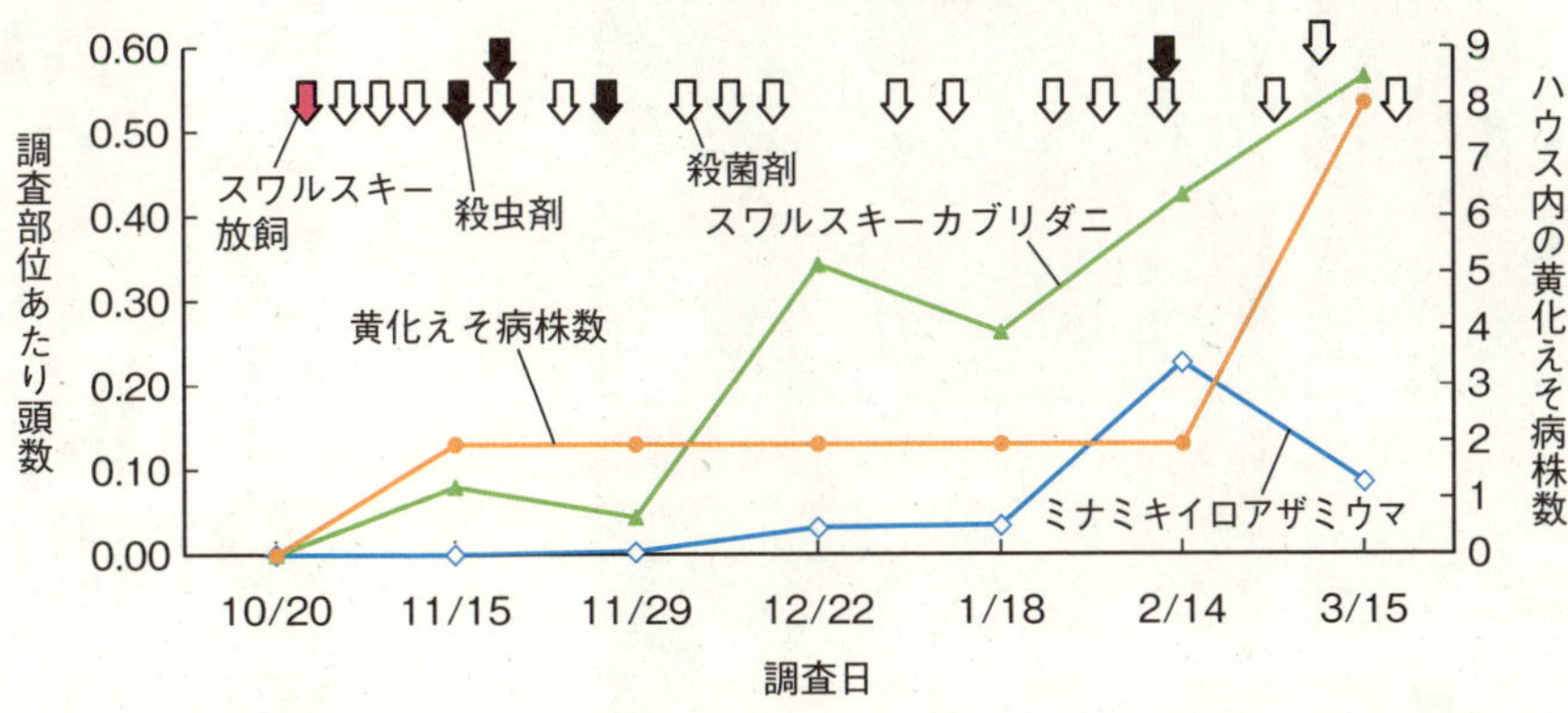

7aのハウス内の640株で調査。各株につき4つの生長点とその下部の2葉で虫の数を調べ、平均値をとった。アザミウマは1部位あたり1頭未満に抑えられ、黄化えそ病も5%程度の発生だった（2009園芸年度は約70％の株で発生）

二年目の二〇一〇年度は、十月中旬から十二月上旬に六農家が秋放飼を行ないました。スワルスキーは暑さには強いですが、低温には弱い天敵です。気温の下がる十一月以降に放飼する際は、スワルスキーの安定増殖のため、放飼方法を工夫しました。

やり方は、フスマ、黒砂糖、乾燥酵母を二〇対一対一で混ぜ袋に入れ、それにスワルスキーを一回振り入れます。スワルスキーのエサとなるサトウダニを殖やし、増殖を安定させます。この袋をキュウリのツルを誘引する番線等に設置する方法で、導入しました。

コーヒーフィルターにフスマ等のエサとスワルスキーを入れてキュウリのツルに固定。スワルスキーが中で増殖しながら少しずつ出てくる

今回初めて放飼した農家でも、前年黄化えそ病が多発した圃場で、かなりの効果があがりました。

天敵に影響のある農薬は控える

スワルスキー利用で失敗しないためには、十分な準備が必要です。とくに重要なのが農薬です。天敵に影響のある農薬は天敵導入後だけではなく、導入前も使用を控えないと、残効がスワルスキーに影響してしまいます。

一例を挙げますと、キュウリでよく使用する殺菌剤のマンゼブ水和剤（ジマンダイセンなど）、モレスタン水和剤や殺虫剤のハチハチ乳剤、スピノエース顆粒水和剤などは、スワルスキーに影響があるので、導入一カ月前までの使用となります。それ以外にも影響の大きい化学合成農薬が多くありますので、必ず販売元のアリスタライフサイエンスが提供する、最新の情報を確認してください。

ウリ科作物でのスワルスキーの利用はキュウリ農家から始まりましたが、高知県内のメロンやスイカでも試験的に始まっています。

（この原稿は幡多農業振興センターの下八川裕司氏と共同執筆しました）

現代農業二〇一一年六月号　黄化えそ病は確実に抑えられる

45℃一時間のヒートショックでキュウリの病害虫が抑えられる

佐藤達雄　神奈川県農業総合研究所

ヒートショック処理

無処理

ヒートショック処理の方法

当研究所では、施設内気温を四五℃まで上げる処理「ヒートショック処理」によって、キュウリの病害虫が画期的に抑制できることを発見しました。

作型など　この方法は、施設栽培のキュウリが対象となります。処理可能な時期は、施設を閉めきると四五℃まで内気温が上がる時期（関東地方では梅雨明けから九月頃まで）です。

作型は、促成トマト裏作のキュウリなどがこの時期にあたります。暑い時期でもあり、一～二カ月と短期の収穫で一〇a当たり五t程度の収量を目標とする場合なら導入しやすいと思います。また、軒高の高いハウスでは施設を密閉しても内気温はあまり上がらないので、処理が難しくなります。

品種　キュウリは比較的、耐暑性が強い植物ですが、四五℃一時間の処理を行なってもよく生育し、落花や下物果の発生が少ない品種を用いる必要があります。当研究所では六年間、品種比較を行ない、もっとも安定して良好な生育・収量が得られたのは「大将」でした。露地栽培や半促成栽培向けの品種は概して暑さに弱く、処理には適しません。

温度　播種から定植までの作業は、通常どおり行ないます。夏期は定植後一～二週間で雌花が咲き始めるので、この頃からヒートショック処理を始めます。晴天日ならば、午前中の管理作業終了後、施設を密閉すると、みるみるうちに内気温は上昇し、三〇分ほどで四〇℃に達します。一時間ほど四〇℃を維持した後、すべての窓を開放して内気温を下げます。この処理を五～七日程度繰り返してキュウリが高温に慣れた後、今度は四五℃まで温度を上げてやり、一時間後に元に戻す処理を数日行ないます（図1）。

施設には少なからず温度ムラがあるので、内気温が四五℃を超えぬよう、まず四〇℃くらいの処理で様子を見て、徐々に処理温度を調節します。

この時点で、病害虫がほぼ抑制できていることが重要です。もし病害虫が出ているようなら、早めに農薬を散布する必要があります。あとは病害虫の発生をみながら、七～

図1　ヒートショック処理による施設内気温の推移

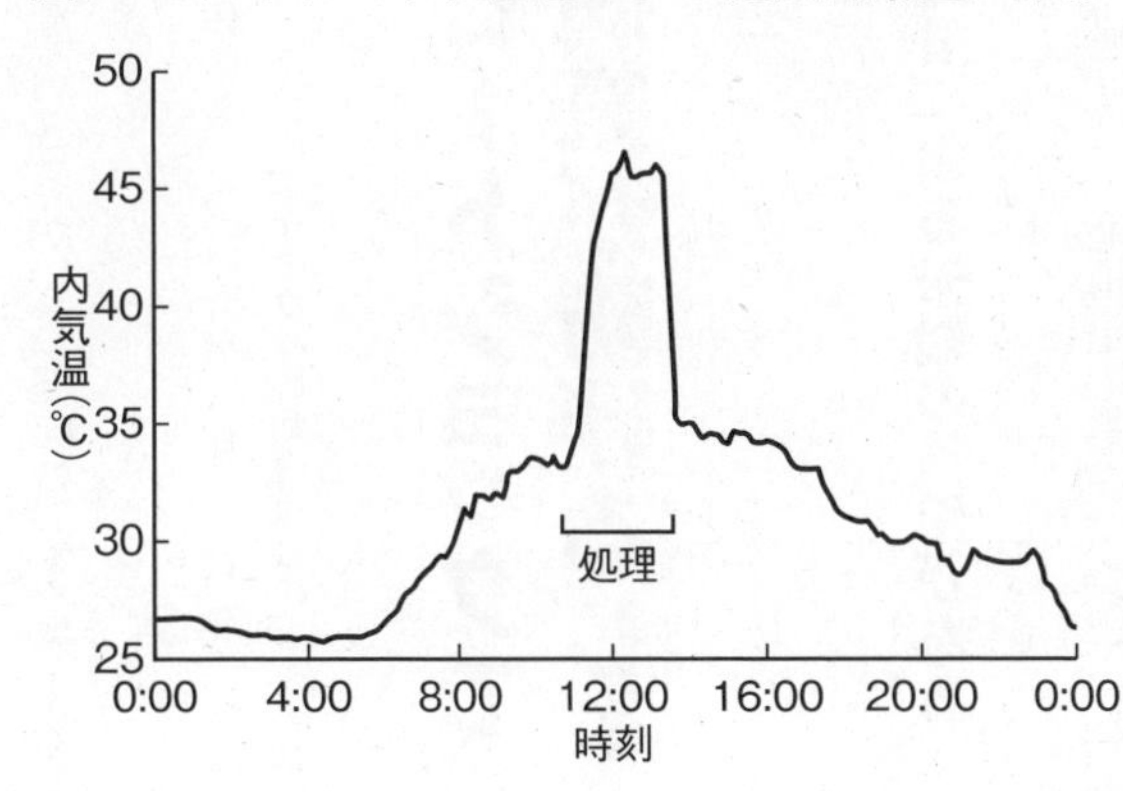

図2　ヒートショック処理による抑制効果

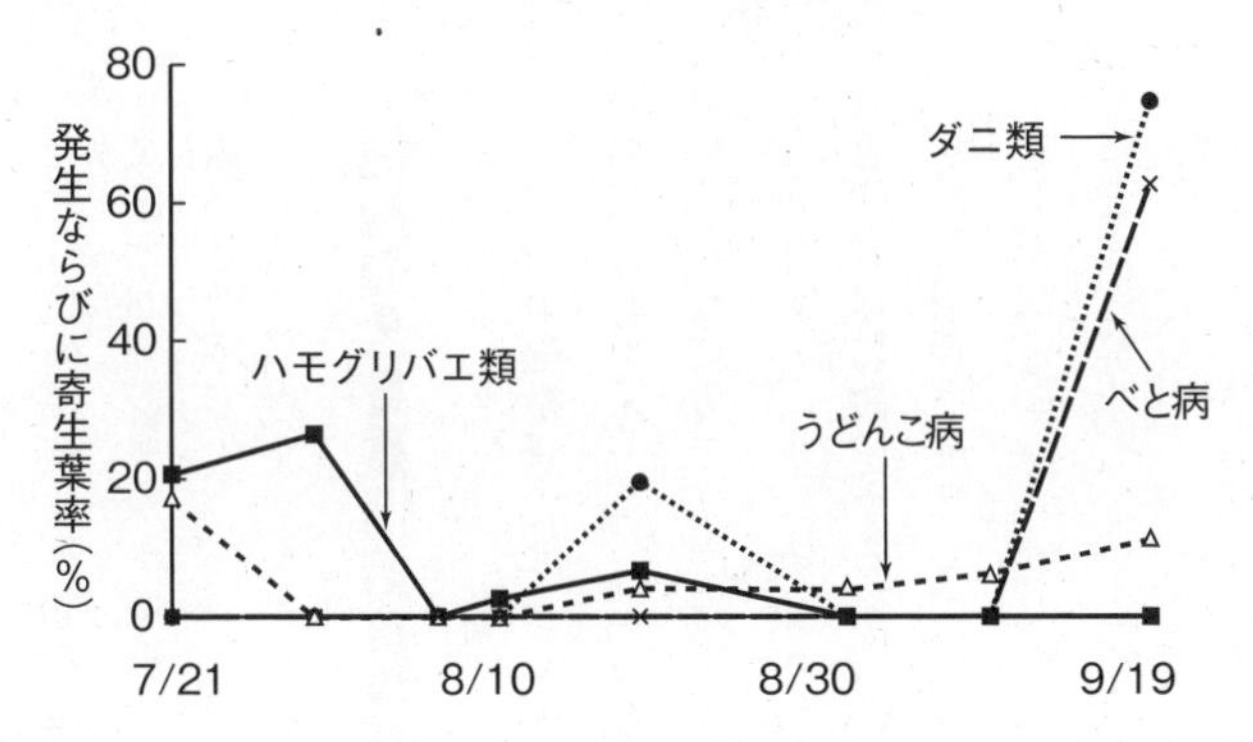

表1　ヒートショック処理によるキュウリの収量

総収穫果数	上物果数	上物果重	上物果割合
6643果/a	5844果/a	578kg/a	88.0%

注）品種：「大将」、収穫期間：2002年7月28日～9月28日

一〇日に一～二日程度の割合で、四五℃の処理を行ないます。

収量・品質に悪影響を及ぼさぬよう、収穫が軌道に乗った後は、生育や病害虫の発生状況を見ながら、高温処理の頻度を一〇日につき一～二回にします。

葉やけ対策　キュウリは施設が密閉され、湿度が高く保たれていれば四〇～四五℃でも葉やけは発生しません。しかし、このときに窓が開いていると湿度が上がらないため、葉の蒸散に吸水が追いつかず、ひどく葉やけが出ます。このため、処理中は内気温が四〇～四五℃に達した後、それ以上に温度が上がらぬよう不織布の保温カーテンなどで遮光するとともに、できるだけ窓が開かないようにします。

落花対策　花や若い果実は葉よりも高温に弱いため、五日おきに一回処理するよりも、一日一回ずつ二日間処理し、あとの八日間は無処理としたほうが落花（果）が少なくなります。

病害虫防除の効果が高い

夏期のキュウリ栽培はダニ類、オンシツコナジラミ、ワタヘリクロノメイガ、ヨトウムシ、アブラムシ類、アザミウマ類、ハモグリバエ類、うどんこ病、べと病、褐斑病など、たいへん多くの病害虫が発生します。当研究所の試験結果では、四五℃一時間の処理を確実に行なえば、ダニ類以外の病害虫は一回の処理でかなり抑制できます（図２）。

ただし、病害虫の発生前や発生初期に処理を開始することが重要です。うどんこ病やべと病の病斑が広がってから処理しても、治療するほどの効果は期待できません。また、一般にダニ類は高温に強く、処理の効果は劣ります。天敵が先に死んでしまうことも原因と考えられます。発生が見られたら、早めに殺ダニ剤を散布したほうがよいでしょう。

側枝発生が多くなり、草勢も強くなる

栽培試験の上物果収量は二カ月で一〇a当たり五～六t程度で、現地慣行栽培と同等でした（表1）。なお、処理を行なうと側枝の発生が多くなり、通常の夏キュウリに比べて草勢が強くなります。長すぎや曲がり、着色不良果の発生が多くなる場合は、処理の温度

が高過ぎるか、処理回数が多過ぎる可能性があります。

現代農業二〇〇三年六月号　45℃一時間のヒートショック！でキュウリの病害虫はほとんど抑えられる

ヒートショックで病気が防げるしくみ

佐藤達雄

温度による未知の作用がある

　私が昔、北海道の農業試験場に勤めていたとき、「ダイコンの密閉マルチ栽培」という現地技術がありました。これは春ダイコンを溝底に播種し、マルチで密閉することによって抽苔を抑えるという技術で、たとえ気温がダイコンの花芽分化を起こす五℃以下に下がっても、日中、マルチ内が二五℃以上の高温になれば花芽分化は打ち消されるというものでした。この技術によってダイコンは抽苔することなく素晴らしく育ちますが、晴天日のマルチ内の温度は五〇℃近くになっているという話を聞いて、たいへん驚きました。

　このように低温や高温は、単に生育が促進される、抑制されるというだけではなくて、花芽分化のような質的な変化をもたらす、文字どおりショック療法的な未知の作用が多数ありそうです。

植物の全身獲得抵抗性発現の引き金に

　神奈川農総研では一〇年近く前、夏季の栽培に適したキュウリの品種をテストするため、真夏にガラス温室でキュウリを栽培し、午前中いっぱい、あるいは午後まで換気温度を四五℃に設定する密閉処理を試みました。すると予想に反して、ある品種では密閉処理をしたほうがキュウリがよく育ち、病害虫もほとんど発生しないということがわかりました。

　害虫に関しては、和歌山農試ですでにナスのビニールハウスで同様の技術を発表しており、別の実験では四〇℃の高温下で、ミナミキイロアザミウマでは一時間以内、ミカンキイロアザミウマでは二時間以内、タバココナジラミは五時間以内、オンシツコナジラミは三時間以内に死滅することも明らかになっています。

　いっぽう、病害が発生しないという現象については、うどんこ病のように高温に弱いものもありますが、それだけでは説明できません。そこで思い出したのが、前述のダイコンの例であり、熱ショックによってキュウリに何か質的な変化が起きているのではないかということでした。

　そこで、過去の研究を当たったところ、一九六〇年代に、作物体を数秒から数時間、高温処理することによって病害抵抗性を誘導できたとする報告が海外でいくつかありました。その後、基礎研究が進み、作物に何か人為的な処理を施すことによって作物体全体に得られる病害抵抗性は、「全身獲得抵抗性」と呼ばれるようになりました。私たちの研究では、熱ショックが全身獲得抵抗性発現の引き金になることがわかってきました。

　病原体が作物に感染すると、作物はサリチル酸という物質を速やかに合成し、これが抵抗性に関連するさまざまなタンパク質（病原体感染特異的タンパク質）の合成を促すことが明らかにされています。人為的な全身獲得抵抗性の誘導では、病原体の代わりに、ある種の化合物や植物ホルモンを処理しても同様の反応が起きます。

　私たちの場合も、温湯に苗を漬けて熱ショックを与える、精密な実験系を作って解析したところ、熱ショック処理をしたキュウリではサリチル酸の濃度が急激に上昇し、病原体感染特異的タンパク質の遺伝子が発現することがわかりました。熱ショックはショッ

トマトに対する灰色かび病接種試験。下は45℃の温湯に2分間、浸漬（高温処理）し、翌日、葉を採取して灰色かび病菌を接種。上は高温処理を行なっていない葉に灰色かび病菌を接種

クであり物質ではありませんが、このことから全身獲得抵抗性を誘導する要因のひとつとして考えられます。

次に、接種試験を行なったところ、熱ショックはキュウリのうどんこ病、炭そ病、黒星病、斑点細菌病に対して抵抗性を誘導することがわかりました。トマトでも灰色かび病に対して有効でした。

いっぽう、キュウリの褐斑病に対しては今のところ、効果が認められません。褐斑病は病徴の進展が早く、全身獲得抵抗性の発現だけでは発病を阻止できない可能性も考えられますが、褐斑病菌が他の菌と異なる感染メカニズムを持っているのかもしれません。

なお、同じような病害抵抗性反応を誘導する農薬として、オリゼメート粒剤（有効成分プロベナゾール）が古くから使われております。これは今でも水稲のイモチ病の基幹防除薬剤となっているほか、キュウリでは斑点細菌病に対して登録があります。接種試験を行なったわけではありませんが、熱ショックとの相乗的な効果もあるようです。

湿度を低くしない、感染前に処理する

熱ショックによる病害抵抗性誘導の研究は、端緒が開かれたばかりで、まだ多くが明らかになっていませんが、私たちの経験からいくつかポイントを述べます。

まず、ハウスを密閉して高温処理を施す場合には、決して湿度を低くしないことです。温度が予想よりも上がりそうなときは、窓は開けずに遮光資材を使うとよいと思います。

次に、熱ショックは、作物の免疫的な効果を上げる作用はありますが、病原体が感染してからの治療効果はまったくないと考えるべきです。したがって、たとえばキュウリでは、一度うどんこ病が発生してしまうと、何度、高温処理を行なっても根絶は難しく、褐斑病の発病が見られるときはさらに逆効果になるおそれがあります。

全身獲得抵抗性が発現する強さは、日射や温度、作物体の栄養状態などのさまざまな条件によって影響を受けます。安定的な効果を得るためには、まずは健全な作物体を育成することが基本です。

現代農業二〇〇五年六月号　ヒートショックで病気が防げるしくみ

キュウリの「昼休みだけ33℃」高温管理法

川城英夫　千葉県農林総合研究センター

高温・高湿度ハウスでの作業はつらい

キュウリの光合成適温は二八～三五℃。湿度は高いほど生育に好適とされ、促成栽培では午前中の栽培施設内を高温・高湿度に管理する「蒸し込み栽培」が行なわれている。

しかし、このような環境は作業者にとってはたいへん不快なものである。特に、午前中は、連日収穫が行なわれる時間。この収穫時間帯のハウス内作業環境の快適化が求められている。キュウリの初期収量を低下させることなく、施設内の作業の快適化をはかることができないかと考えた。

午前中は二五℃、昼休みに高温管理

ガラス室を二棟使用しての試験を、二カ年実施した。試験区は、ガラス室の天窓の換気設定温度を変えた慣行区・変温区の二区を設けた。

変温区は、キュウリの収穫時間帯である九時三十分～十一時三十分の二時間を、慣行区の施設内温度よりも低い二五℃を目標に温度管理し、収穫中の作業負担を大幅に軽減することを狙った。また、昼休みの時間帯である十三時三十分までの二時間を昇温管理することで、慣行と同等の収量を得られると考えた。

慣行区は両年とも同一の温度設定だが、変温区は昇温管理の設定温度を三八℃変温区（二〇〇二）、三三℃変温区（二〇〇三）と年度ごとに変えた。設定温度は図1のとおり。

作業者の心拍数増加せず

収穫作業を行なう九時三十分～十一時三十分の温熱環境を調査したところ、慣行区ではWBGT（熱中症予防の指標）が「激しい運動を中止すべき」とされる数値を超え、「運動を中止すべき」とされる数値にまで推移した。これに対して、変温区ではそれよりも危険性の低いとされる範囲で数値が推移し、環境は大幅に改善された。

また、作業者の心拍数は慣行区では作業開始後から徐々に増加し、慣行区での作業負担は大きいものと推察されたが、変温区では大きな変化はなかった。

33℃変温管理のキュウリ。うどんこ病、べと病の被害が減った

三三℃区は慣行並み品質・収量

三八℃変温区では、慣行区に比べてキュウリの子ヅルの伸張が抑制され、曲がり果が多くなり上物収量が減少するとともに、果皮色は淡くなった。一方、翌年の三三℃変温区では、生育、収量、品質は慣行区と同等であり、初期収量の減少も認められなかった。

うどんこ病・べと病・褐斑病激減

二〇〇二年度には収穫後期にうどんこ病の発生がみられたが、三八℃変温区では慣行区に比べて発病率や発病程度が低かった。翌年の二〇〇三年度、慣行区ではうどんこ病に加えてべと病が発生したが、三三℃変温区ではべと病がまったく見られず、うどんこ病の被害もわずかであった。

うどんこ病は、三五℃以上では分生胞子が発芽せず、菌そうの分生胞子形成量も極めてわずかであるとされている。一日二時間の昇温ではあるが、この変温管理により胞子形成が抑制されたことで、発病率や発病程度が低下したものと推察される。

また、べと病は感染の適温が二〇～二五℃。多湿条件下で多発しやすいが、変温区での午前中の換気による湿度低下および正午前後の高温が発病を抑制したものと推察される。

さらに、その後も温度管理の試験を続けるなかで、三三℃変温管理により褐斑病や灰色かび病の発生が抑制されることも観察している。

現代農業二〇一〇年一一月号　キュウリの「昼休みだけ三三℃」高温管理法

図1　各試験区の設定温度

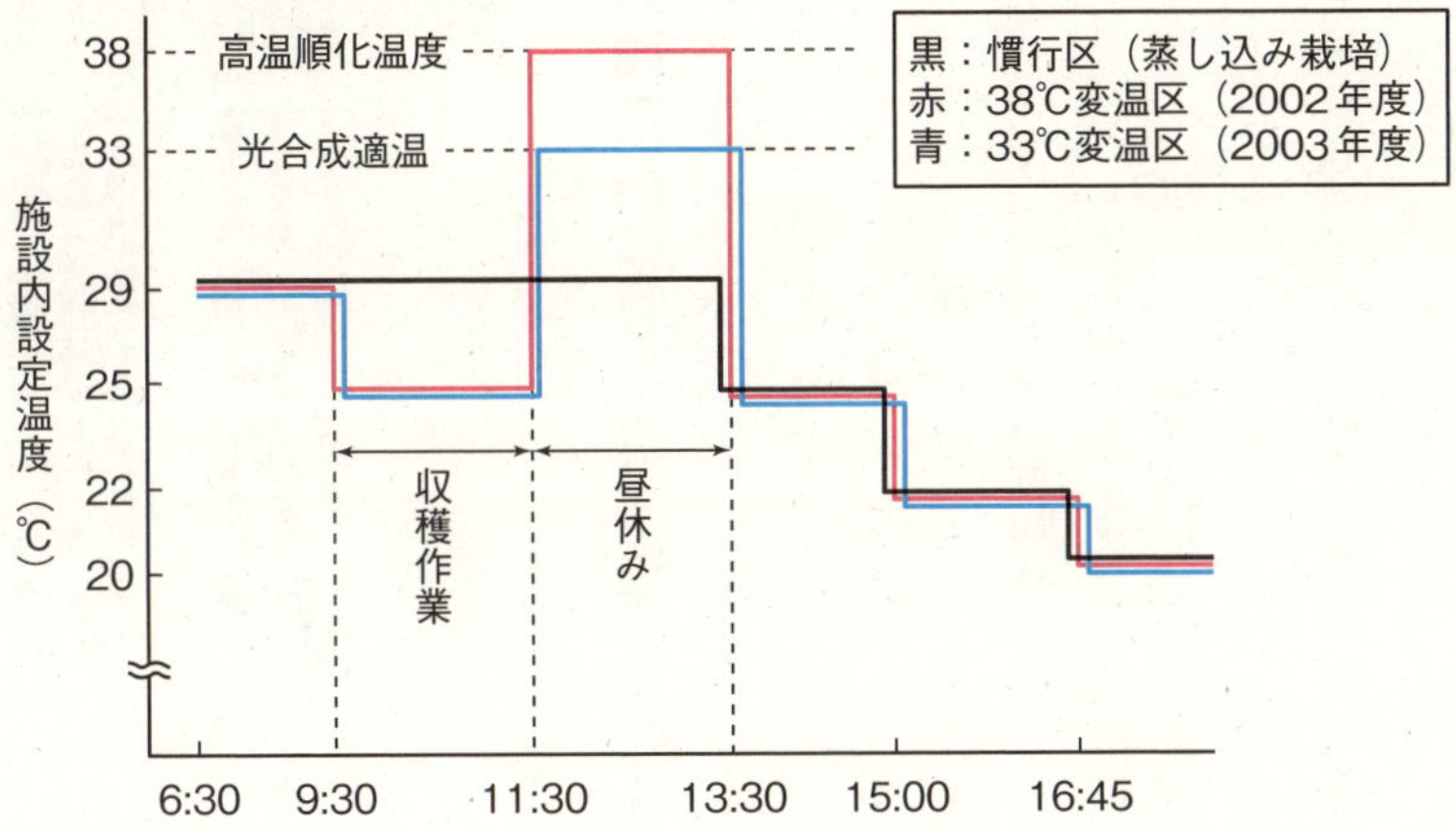

黒：慣行区（蒸し込み栽培）
赤：38℃変温区（2002年度）
青：33℃変温区（2003年度）

縦軸：施設内設定温度（℃）　38 高温順化温度、33 光合成適温、29、25、22、20
横軸：6:30、9:30、11:30、13:30、15:00、16:45
9:30～11:30 収穫作業、11:30～13:30 昼休み

3区とも16時45分以降は20℃を維持。変温管理は収穫開始日から収穫終了日まで

表1　上物収量と総収量（kg /10a）

試験区	12月		1月		2月		3月		4月	
	上物	総収量	上物	総収量	上物	総収量	上物	総収量	上物	総収量
33℃変温区	600	630	2,290	2,430	3,670	3,870	4,160	4,310	5,080	5,590
慣行区	690	730	2,320	2,410	3,540	3,720	3,950	4,090	5,400	5,860

収穫期間は 2003 年 12 月 11 日～ 2004 年 4 月 30 日

試験区	合計	
	上物	総収量
33℃変温区	15,800	16,800
慣行区	15,900	16,800

月ごとにばらつきはあるものの、合計収量としては上物収量・総収量ともにほぼ同等

表2　べと病およびうどんこ病の発病葉率

試験区	べと病	うどんこ病
	発病葉率（%）	発病葉率（%）
33℃変温区	0.0	7.3
慣行区	17.8	24.3

べと病は 2004 年 3 月 24 日、うどんこ病は 2004 年 4 月 22 日に調査

CO_2低濃度五〇〇ｐｐｍの長時間施用で増収・低コスト

川城英夫　千葉県農林総合研究センター

短時間一〇〇〇ppmより長時間五〇〇ppm

高温・高湿度管理をするキュウリの促成栽培では、増収を図るために炭酸ガス施用が行なわれている。ハウスキュウリ・トマトにおけるわが国の炭酸ガス施用基準は、日の出三〇分後から換気開始までの二〜三時間、晴天時で一〇〇〇〜一五〇〇ｐｐｍ、曇天時で五〇〇〜一〇〇〇ｐｐｍとされている。

通常の栽植密度および日射量における炭酸ガス飽和点は、この濃度の範囲にあり、増収効果も高いとされる。また、植物が日射を受けてから気孔が全開するまでに三〇〜五〇分を要すること、晴れた日では日の出後三〇〜四〇分経過した頃に光合成が盛んになって施設内の炭酸ガス濃度が急激に減少すること、換気をともなう日中に炭酸ガスを施用しても室外に散逸して不経済とされること…などの考えに基づいて施用時間が設定されている。

いっぽう換気をしている時間帯でも、作物の群落内や葉面周辺では炭酸ガス濃度が大気より低下することから、換気後も炭酸ガスを施用すれば、さらに増収する可能性があると考えられる。オランダなどで行なわれているように大気中の濃度（約三七〇ｐｐｍ）よりやや高い五〇〇〜八〇〇ｐｐｍ程度に施用すれば、換気による室外への放出割合が低下し、施用した炭酸ガスの利用率は高まると考えられる。また、Slack・Hand（一九八五）は、換気を頻繁にする夏季の施設栽培でも炭酸ガス濃度を四五〇ｐｐｍに高めることによってキュウリの果実収量が二二％増加し、費用対効果が高いことを報告している。これらのことから、低濃度の炭酸ガスを換気中にも施用する方法は、一〇〇〇ｐｐｍ前後で短時間施用する方法に比べてキュウリの増収効果が高く、炭酸ガスの室外への散逸が少ない経済的な施用法ではないかと考えた。

そこで、大気中の濃度よりやや高い五〇〇ｐｐｍを目標に炭酸ガスを換気中にも施用する管理法が、促成キュウリの生育と果実収量に及ぼす影響を明らかにするとともに、その経済性評価を行なった。

試験は、一室（三三・六㎡）のガラス温室で、十一月二十日にキュウリ定植。試験区は以下の三区。

①五〇〇ｐｐｍ区　七時三十分〜十四時三十分の七時間にわたって炭酸ガス濃度を五〇〇ｐｐｍに制御

②一〇〇〇ｐｐｍ区　七時三十分〜十時三十分の三時間を一〇〇〇ｐｐｍに制御

③無施用区

炭酸ガスは液化炭酸ガス（生ガス）を用い、高さ一ｍの位置に一室二本、小さな穴を開けたビニールチューブを設置して施用した。十二月十九日、七節目の雌花開花期に施用を開始し、収穫終了日まで施用した。キュウリの果実は一月一日から三月十日まで毎日収穫し、粗収益は月別上物収量に、平均四年の東京都中央卸売市場の月別平均単価を乗じて算出した。

試験の結果をまとめると、キュウリの促成栽培において、五〇〇ｐｐｍもしくは一〇〇〇ｐｐｍを維持するように炭酸ガスを施用することで、果実収量は無施用に対して三九〜五五%増加した（図1）。

また、換気中も含めて炭酸ガス濃度五〇〇ppmを目標に七時間施用する方法は、同一〇〇〇ppmで三時間施用するのに比べてキュウリの増収効果が高く、炭酸ガス施用量も少ない、費用対効果の高い効率的な施用法であった（表1）。

堆肥三tから一時間三kgの炭酸ガス

堆肥等の有機物を施用すると土壌微生物が繁殖し、微生物の呼吸によって熱および炭酸ガスが発生する。施設内に稲わら堆肥を一〇a三t施用した場合の、炭酸ガス発生量をみたのが図2である。

施用後四〜五日で、一時間当たり三kgもの炭酸ガスが発生する。しかし、その後徐々に減少し、三〇〜四〇日後には作物の光合成量をまかなえなくなる。このように堆肥の施用には、土壌改良、養分の補給のみではなく、炭酸ガス施用効果もある。土壌表面からの炭酸ガスの放出量は、施用される有機物の量に支配されるため、施用量を多くすれば炭酸ガス発生量はさらに多く、長期に及ぶと考えられる。

現代農業二〇〇九年一二月号　低濃度五〇〇ppmで昼間も施用。キュウリ増収、おまけに低コスト

表1　炭酸ガス施用の経済性

項　目	500ppm区	1,000ppm区
炭酸ガス施用による粗収益増	127,900	92,500
炭酸ガス施用に要する経費	31,800	34,280
（炭酸ガス施用装置原価償却費）	8,000	8,000
（液化炭酸ガス代）	23,800	26,280
差し引き収益増（円/a）	96,100	58,220

1a当たり粗収益は500ppm区のほうが3万5400円多かった。その他、ガス代なども含めると収益は3万7880円も高かった

図1　収量

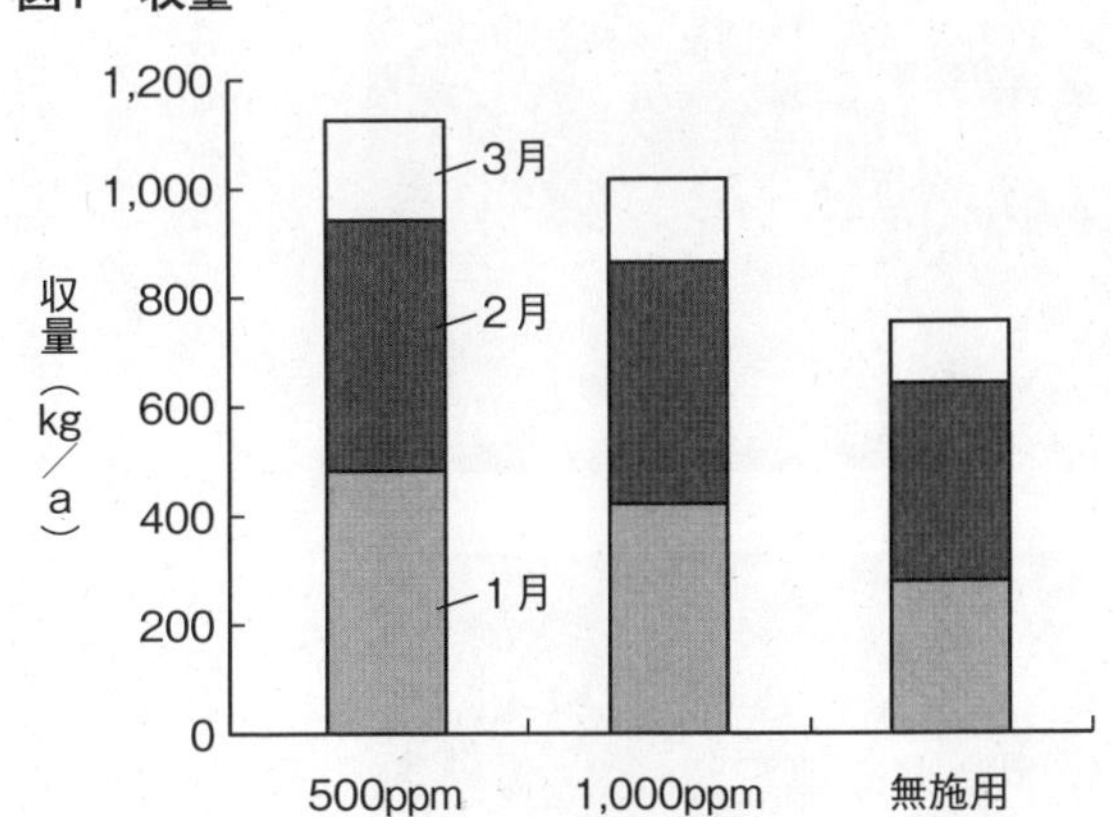

上物率、総収量とも500ppm区が最高

図2　堆肥施用後の炭酸ガスの発生量
（伊東、1977. 2〜3月、昼夜平均）

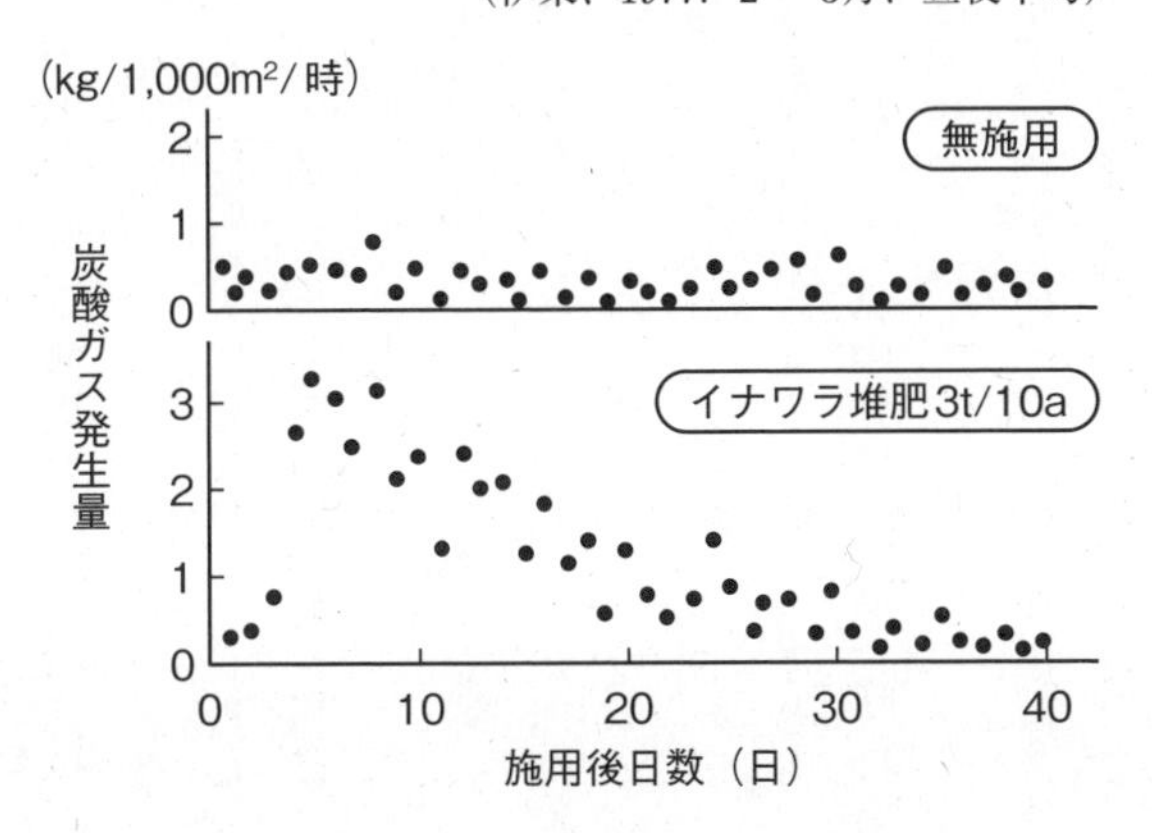

10aに3tの堆肥を入れると4〜5日で1時間当たり3kgの炭酸ガスが発生する。ハウス構造によって違うので一概にはいえないが、比較的小さな密閉度の高いハウスなら、明け方1000ppmくらいにはなりそうだ。持続はしていないようだが、無施用より格段に多い

えひめAI（あい）がキュウリのうどんこ病に効果

宮崎県串間市　吉松綱紀

キュウリ三〇a、水稲一四〇a、ミニトマトを少し栽培しています。三年ほど前、キュウリ部会の先輩が「キュウリの病気にこれいいよ！」と『DVDでもっとわかる　えひめAIの作り方使い方』（農文協）という本を貸してくれました。すぐに書店に注文し、キュウリの選別をしながら何十回とDVDを見ました。自作してさっそくキュウリのうどんこ病にスプレーしてみました。すると、なんとうどんこ病の胞子が流れ落ちていくのです。乾くとうっすら跡が浮かび上がってきますが、それは農薬でも同じことです。

そこで、一棟のキュウリには農薬（トリフミン水和剤）だけを散布し、隣の一棟には思い切ってえひめAIだけを一〇〇倍で散布して比べてみました。七日ほど過ぎ、様子を見ると、えひめAIのほうがうどんこ病の再発生が遅いようです。やはり、えひめAIに入っている納豆菌の効果でしょうか。えひめAIを定期散布している私のハウスでは、うどんこ病だけでなく灰色かび病や菌核病がほとんど出なくなりました。

えひめAIは以下のように使っています。週一回のかん水には、一〇a当たり四ℓのえひめAIと、同量の液肥を混合して使っています。農薬散布や葉面散布のときも、毎回、えひめAIを混合しています。いずれも五〇〇〜一〇〇〇倍の割合です。

土づくりのときには、残渣をハウスの外へ持ち出し、土がズブズブになるくらい水を溜めた状態から、液肥混入器を使い一〇a当たり五〇〜六〇ℓのえひめAIを水と一緒にチューブかん水します。水が引いてトラクタが入れるまで土が乾いたら、ロータリで耕耘して酸素を土に供給します。すると土が団粒化し、サラサラな状態になります。

農薬は以前の三分の一ほどに減らせていますが、まだ完璧とはいかず、失敗することもあります。また、十一月中旬に、天敵のスワルスキーカブリダニをカップ放飼しています。殺虫剤や殺菌剤と比べ、えひめAIはスワルスキーが住む環境にもいいような気がします。えひめAIとスワルスキーのあわせ技でかなりコストを下げられています。

現代農業二〇一四年六月号

うどんこ病が発生したキュウリ（上）にえひめAIをスプレーしたら、うどんこの胞子が流れ落ちた（下）

えひめAIのつくり方

ヨーグルト1ℓ、砂糖1kg、イースト100g、納豆3.5パックを19ℓのお湯（35〜42℃）で解いて保温する。なめてみて、酸っぱければ完成（pH3.5前後）。20ℓ分の費用は500円程度

露地夏秋キュウリ20tどり

大分県玖珠郡玖珠町　梶原隆則さん

長谷部国男　大分県玖珠農業改良普及所　一九九二年記

経営の概要

玖珠町清田川地域は、標高四〇〇mで内陸性気候に属し、夏期は昼夜の温度差が大きく夏秋野菜の栽培に適した準高冷地帯である。

そうしたなかで、梶原さんはキュウリを主幹作物に水稲や繁殖牛などの複合経営を行なっている。昭和三五年高校を卒業と同時に就農し、水稲、乾椎茸、肉用牛の複合経営を営んできたが、昭和六〇年から夏秋キュウリの栽培を始めた。

標高 400m の中山間地帯
年平均気温　13.2℃
年間降水量　1768mm
経営規模　夏秋キュウリ 12a、イネ 60a、飼料 40a
繁殖和牛　５頭、椎茸
品種　ときわ南極１号
播種期　４月下旬
定植期　６月上旬
収穫期　７月上中旬～ 10 月下旬
収量　10a 当たり 20t
家族労力　本人・妻の２人

夏秋キュウリの栽培を始めるにあたり、地力増進を基本とし、肉用牛五頭と原野草を利用した良質堆肥の確保に努め、まず土つくりに専念した。栽培を始めて六年で一〇a当たり二〇tと驚異的な収量をあげることができた。多収技術のポイントとして、つぎの五項目が考えられる。

①野草堆肥一一t施用による土つくり。一回目の堆肥の施用を十一～十二月に行ない、その後も数回堆肥を施し地力を高めている。

「この年内の土つくり開始が、次年度の収量へ大きく影響している」と考えている。

②南極1号の場合、主枝着果率は二〇%程度と少ないため、主枝着果はすべて摘果し、強い子づるの発生を促すとともに、初期の樹づくりに力を入れている。また、樹勢をみながら必要に応じ整枝、摘葉を行ない、樹勢のバランスをとっている。

③収穫最盛期のことを考えて、株間を七〇cmと広くとり、受光態勢を確保するように努めている。

④基盤整備田であるために作土は浅く、排水も悪いため、暗きょ排水はもとより中央排水溝を設け排水対策に万全を期している（図1）。露地栽培においては、六月の梅雨と九月の秋雨による停滞水は初期生育のおくれ、さらには根腐れの要因となり、収量にも大きく影響する。

⑤収穫最盛期には収穫や選果箱詰作業、薬剤散布におわれ睡眠時間も少なくなる。そこで個人選果機や防除ロボットを導入し、作業の省力化を図っている。

図1　排水溝の設置

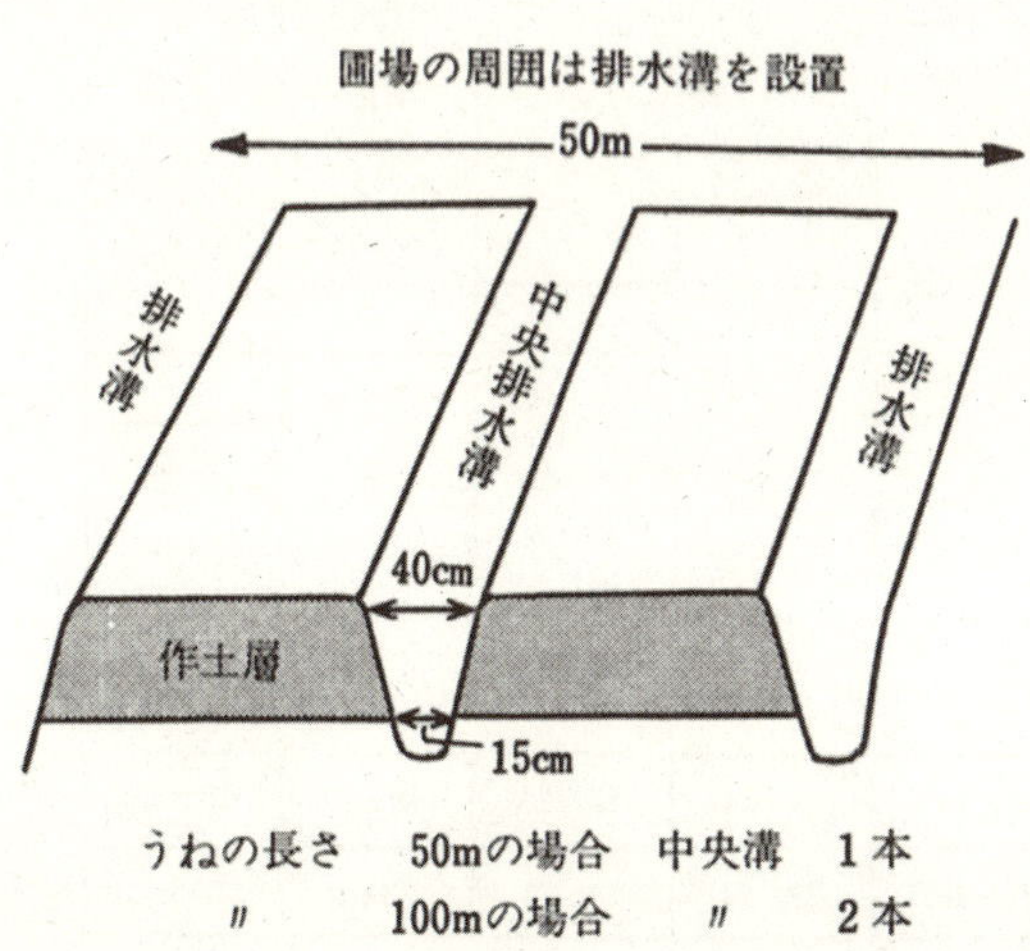

育苗

品種　この地域の露地夏秋キュウリ栽培に向く品種は、樹勢が強く、中・後期の側枝、孫枝の発生がよいことに加えて耐暑性があることが大切と考え、産地の統一品種でもある南極1号を五年前より栽培している。台木は、台木カボチャのひかりパワーを用いている。「根量が多く、発芽揃い良好で、そのうえ、胚軸が太く接ぎやすい」ためとり入れた。

床土づくり　育苗床土は、完熟堆肥2に対し山土を5、くん炭を3の割合とし、これに重焼燐を一㎥当たり二kg加えた速成床土で、通気性がよいため、根張りのよい苗ができあがる。これが終わると床土を農業改良普及所へ持ち込み、pHとECの分析を行なう。この診断結果に基づいて苦土石灰やCDU S222などの化成肥料の施用量を決めている。

床土の最適pHは六～六・五で、ECについては〇・六～〇・八mS／cmと考え、この最適値になるように施肥を行ない、土とよく混和した後、ポットに床土を詰める作業へはいっている。

播種　播種は、育苗ハウスの中でトロ箱を利用して行なっている。このトロ箱に床土を七cmの厚さに敷き詰め、これに播種をしていく。この場合、前述したポットの床土より、ややECの値が低いもの（EC〇・三～〇・五mS／cm）を用いている。

穂木の播種は、定植日より逆算して四〇日前に行なっている。播種間隔は四cm×六cmで一箱八〇本と粗播きにする。台木の播種は穂木より二日おくれで行なっている。播種間隔は四cm×九cmで一箱五六本。

播種前に床土に灌水を行ない、播種後に覆土が湿る程度に行なう。播種灌水したトロ箱を、電熱線入りの床に並べ、新聞紙とシルバーポリをべたがけし、二八℃の地温の状態で発芽させる。発芽後は、シルバーポリと新聞紙を除去すると同時に、トンネルビニールをかけ、気温二四℃の状態で二葉展開までもっていく。二葉展開から接ぎ木当日までは、さらに気温を下げ一八℃前後の状態で生

表1　栽培暦

作　業	月　　日	作業のポイント
播　種	4月30日	穂木は台木の２日前に播種
接ぎ木	5月7～8日	
断　根	5月16～18日	
定　植	6月10～12日	やや定植期を下げ根量を増す
収　穫	7月6日～10月末	約3か月をめどに収穫する

図2　育苗中の温度管理

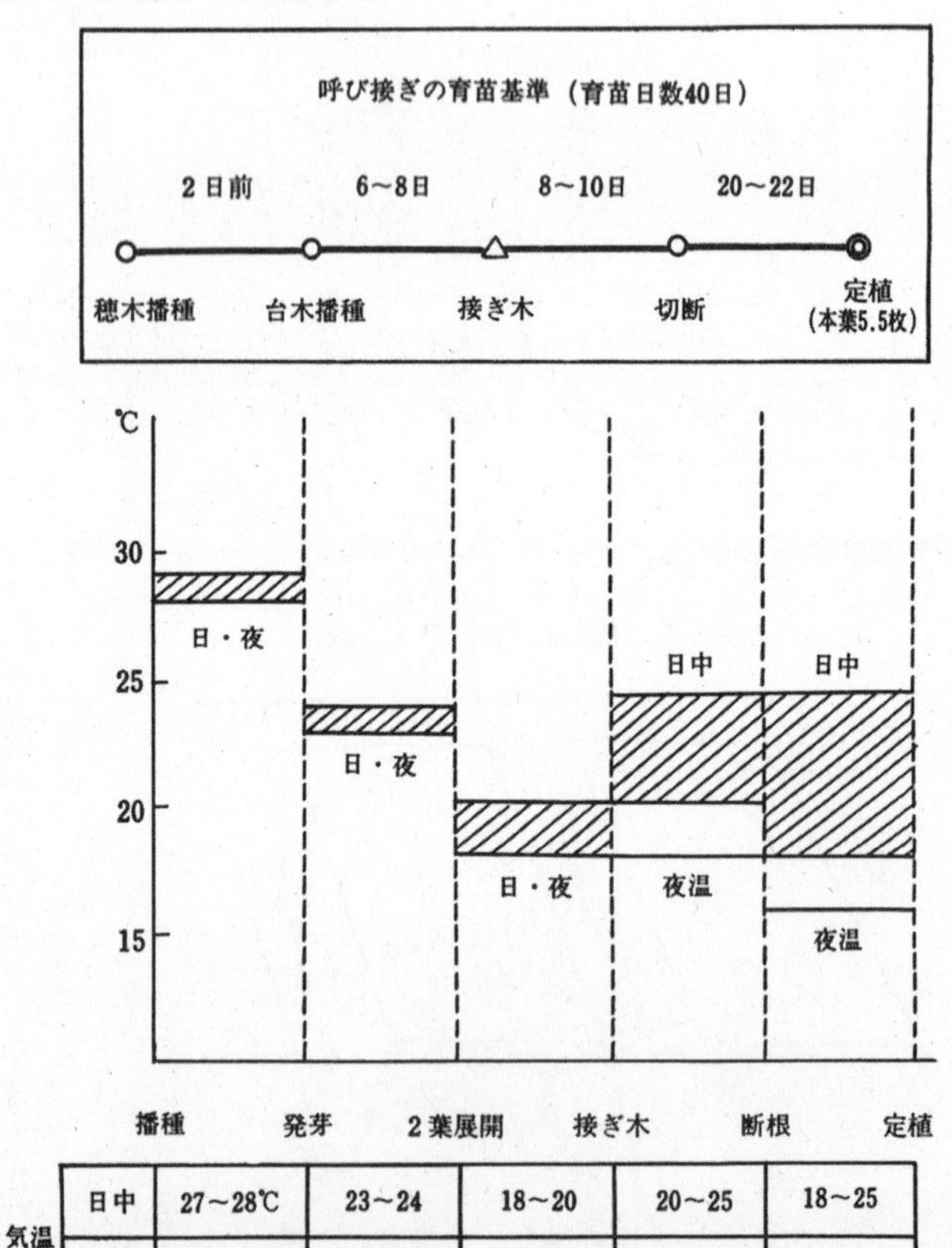

育をさせ、水分についても発芽してからいっさい水分を与えていない（図2）。

梶原さんは、「接ぎ木のときの第一条件は、胚軸の長さと太さが揃うことにある」と話している。

接ぎ木　接ぎ木の時期は、穂木や台木の本葉が二～二・五cmのときを目安にしており、キュウリの播種後一〇日前後である。接ぎ木の方法は、呼び接ぎで、二人で、一二aに必要な一六〇〇本（予備苗を含む）を三日で接いでしまうという。

鉢上げ　接ぎ木した苗は、ただちに一二cmのポリポットに移植し、十分灌水を行なう。活着促進のために二～三日は遮光して光線を和らげる。

軸の切断　接ぎ木後九日目に、穂木の軸の試し切りを行ない、しおれないようであれば、翌日一斉に軸の切断を行なう。苗の傷みを少なくするため、日射しの弱まった夕方に行なう。

育苗後半の管理　育苗後半は、葉が重ならない程度にポットの間隔をとり、苗の徒長を防いでいる。また、定植二～三日前より、昼夜の温度を下げて外気に馴らし、植え傷みを少なくしている。

定植

土つくり　冬場は畑を休ませて野草堆肥を一〇aに一一t程度施し、地力の維持向上に努めている（表2）。

施肥　定植一か月前に元肥を施すが、これを施す前に土壌分析（図3）を関係機関に依頼し、この分析結果に基づいて元肥の施用量を決定している。「反当二〇tの収量をあげた圃場は、連作四年目であったが、このときも土壌分析を行ない、この結果に基づいて、緩効性肥料（CDU）を一〇a当たり九〇kg、溝肥として施しただけで、石灰や油かすなどはまったく使っていない」と話している。

うねづくり　土壌分析の結果により必要な場合は、定植一か月前にCDU化成やBMダ

表2　野草堆肥の施用

施用時期	施用量(kg/10a)	備　考
11月～12月	3,000	収穫終了後早めに堆肥を施す 堆肥施用後深耕
3月	3,000	堆肥施用後深耕
5月	2,000	本圃準備時に施用
7月	3,000	一番花開花時に施用 追肥としてうねの肩に施す

図3　土壌分析結果

層位(深さ)cm	採土時期	診断結果 土性	土色	腐植	pH	EC	有効態リンサン mg	陽イオン交換容量 me	交換性塩基 me 石灰 CaO	苦土 MgO	カリ K_2O	塩基飽和度 % 石灰 CaO	苦土 MgO	カリ K_2O	合計
31		CL	暗褐	含む	6.4	0.18	105.0	22.0	11.8	4.7	3.02	53.6	21.4	13.7	88.7

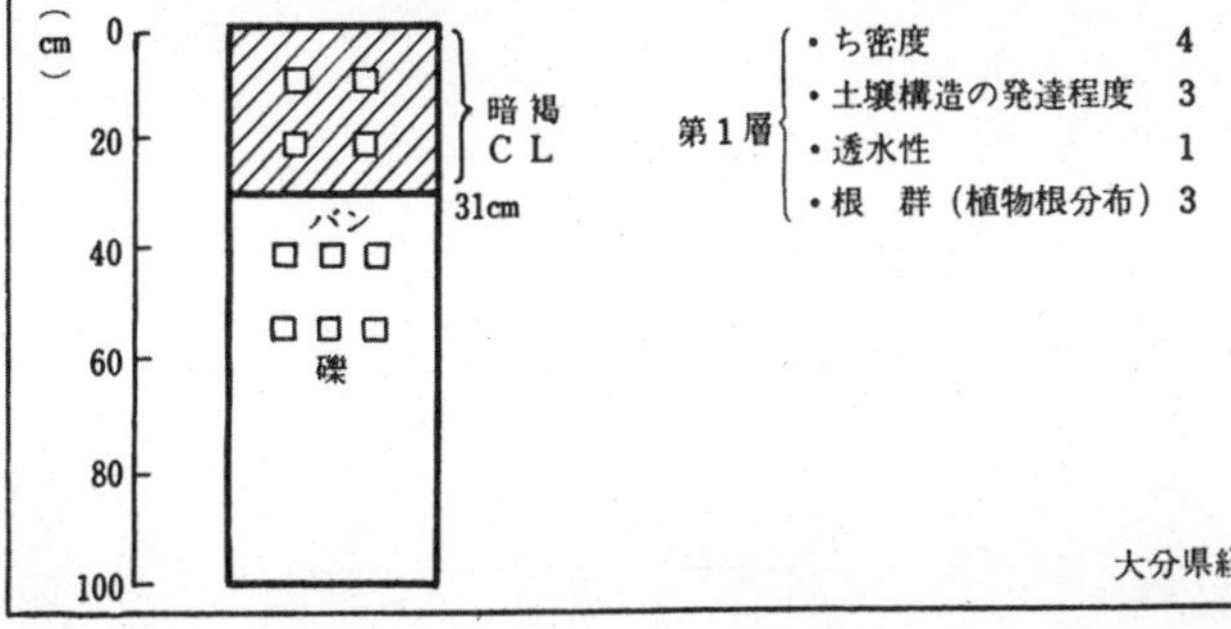

(cm) 0 20 40 60 80 100

暗褐 CL

31cm

パン

礫

第1層
・ち密度　4
・土壌構造の発達程度　3
・透水性　1
・根　群（植物根分布）3

大分県経済連土壌診断センター調べ

図4　うねづくり

①溝肥施用

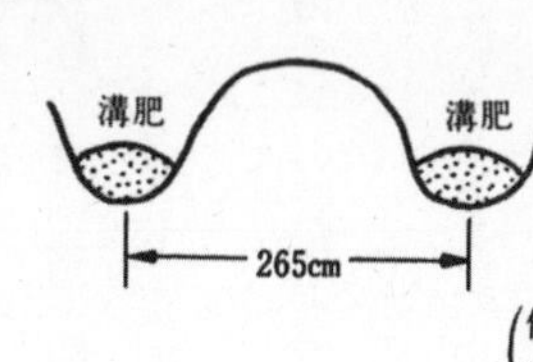

②うねづくり

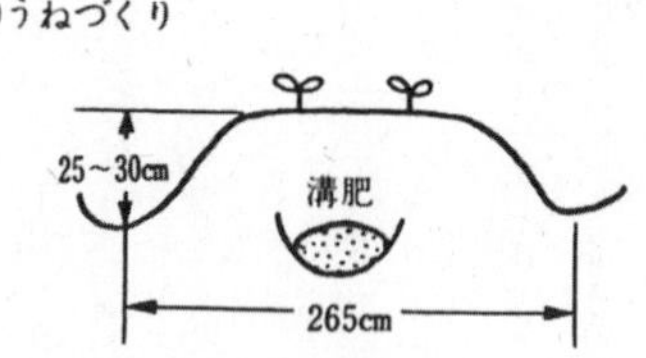

③灌水チューブ設置

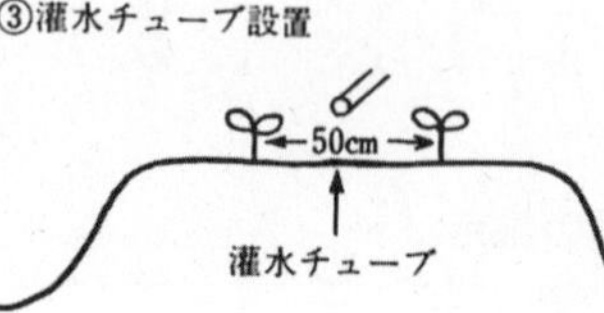

ブリン等を全層施肥する。その後、二六五cmの間隔に、培土機で作土深程度の施肥溝を切り、堆肥やCDU化成を溝施用し施肥位置がうねの中央にくるようにうねをつくる（図4）。

うねの高さは、二五～三〇cmである。とくに梅雨時期のことを考え、できるだけうねは高く、しかも、水の流れ道を考慮に入れてうねづくりをする。

うねづくりが終わると、灌水チューブをうねの中央に一本設置し、土に適度な湿りがあるときにシルバーマルチをかる。

定植　育苗日数は四〇日で、本葉五・五枚で定植する。株間は七〇cmと広くとり、定植時には、極力浅植えにつとめ根鉢をこわさないように注意している。

図5　親づる一本仕立て

1節残して摘心
2節残して摘心
1節残して摘心

灌水については、定植前に液肥（特2号）の四〇〇倍を、たっぷり株もとに与えているので、定植直後の灌水はしない。

定植後の管理

整枝・誘引　定植後、親づるは垂直にネットに誘引する。上部直管に生長点が達したら（二八節）親づるを摘心する。側枝は一～二節止めの、親づる一本仕立ての摘心栽培である。親づるの五節までは側枝と雌花を早めに除去するが、それ以降の側枝（子づる）については次のように摘心をしている（図5）。

①六節から一〇節までは、一節を残して摘心するが、その時期は側枝の葉数が一～一・五枚のときを目安にしている。

②一一節から一六節までは、二節摘心としているが、その時期は側枝の葉数が三・五枚のときを目安にしている。

③一七節以降は一節摘心で、その摘心の時期は側枝の葉数が一～一・五枚のときを目安としている。

子づるの摘心時期については、樹勢が弱い場合は摘心する時期をやや遅らせるというように、樹勢を見ながら摘心時期を決定している。

孫づるについては「放任する」という農家があるが、梶原さんは一～二節摘心を常に心がけ、放任状態による樹勢の低下に注意している。

灌水　定植後、活着までは株もとに灌水するが、本葉が七枚程度になった時点で、これ以降の水分はひかえ、根の張りを確保している。このような状態を果実肥大開始（本葉一四～一五枚）ごろまでつづけている。

その後の、夏の高温乾燥期の水管理が最も難しい。高温乾燥状態で水分不足になると落花やくず果発生の原因となり、品質や収量に大きく影響する。細やかな水管理を心がけ、土壌水分や着果状況、収量、天候、キュウリの生育ステージをみながら灌水量や灌水の間隔を決めている。一回の灌水量は、収穫開始ごろは一株一～一・五ℓとし、収穫最盛期には一株二～三ℓを目安にしている。

追肥　一回目の追肥は、一番花開花時にCDU有機セブン（7－7－7）を一〇a当たり六〇kgと、完熟堆肥三tをうねの肩に施して地表面の根を保護している。

二回目以降の追肥は、収穫量と樹勢を見ながら肥切れさせないように行なう。収穫量が五〇〇kgに達したごとに追肥を行なうが、葉色や葉の大きさ、巻ひげの太さ、生長点の大きさをみて、樹勢が弱りぎみの場合は早めに追肥を行なっている。

二回目以降は、燐硝安加里S646（16－4－16）を一〇a当たり二〇kg施す。また、必要に応じて、液肥の四〇〇倍を灌水時に与える。

摘葉　梶原さんは「摘葉は、最も大切な側枝発生助長法の一つ」と考えている。定植後、四〇日ごろより摘葉を始めるが、これは、葉の光合成能力が展葉後四〇日ごろより低下しはじめると考え、この時期に下葉の古葉や病葉を中心に摘葉を開始している。

一回の摘葉枚数は二～三枚を基本にしているが、樹勢が低下しているときには、摘葉数を少なくし樹に負担がかからないようにしている。また、摘葉間隔については四～五日に一回程度としている。

摘果　主枝に着果した果実は全て摘果し、初期の樹づくりに努めている。また、収穫作業中、極端な曲がりやくず果が目につけば早めに取り除き、樹勢を落とさないようにしている。

病害虫防除　露地の夏秋キュウリ栽培では、病害虫防除の成否が収量を大きく左右する。そのため、病気を出さないように予防散布を中心に防除を行なっている。また、肥切れ状態で樹勢が低下すると、べと病などが発生しやすくなるため、肥切れさせないように努めている。

梶原さんの病害虫防除の特徴の一つに、防除ロボットを使っての薬剤散布があげられる。収穫開始ごろは農薬散布量は多くないが、収穫最盛期には、たいへんな労力を要する。そこで、防除ロボットによる薬剤散布に踏みきったわけである。

収穫　一〇a当たり二〇tの収量をあげており、一株当たり収穫本数になおすと一六〇～一八〇本にもなる。一本でもキュウリを取り残すと樹に負担がかかり、樹勢低下とともに減収の要因になるので、取り遅れないように十分注意している。収穫は朝と夕方の二回で、一日の平均収穫量は二二〇kg程度である。

※

一〇a当たり二五tを目票に栽培にとり組んでいるが、「反収アップとともに秀品率も向上させたい」と考えている。昨年の場合、六tを収穫するまでは秀品率七〇％であったが、最終的には三〇％という結果に終わった。

今後、適期収穫に努め秀品率を向上させるとともに、曲がり果、尻太り果、肩こけ果の発生を抑え、さらに秀品率のアップを図らなければならない。そのためには、追肥の時期や灌水、摘葉の程度を検討していく必要がある。

農業技術大系野菜編第一巻　精農家のキュウリ栽培技術　一九九二年より抜粋

良食味キュウリを無移植育苗で生産

千葉県山武市　石田光伸さん

西村良平　地域資源研究会

経営の概要

千葉県成東町（現在は山武市）は、九十九里平野のほぼ中央に位置する。月平均気温は最高が八月の二五・六℃、最低が一月の四・三℃で、冬でも温暖な気候となっている。

石田さんは、一九七〇年に半鉄ハウス（八ａ）の完成とともに、春の半促成トマト、秋の抑制キュウリのハウス栽培を開始した。一九七二年には、もう一棟の半鉄ハウス（七ａ）を完成させた。現在は、大型の半鉄ハウス二棟を中心に、越冬キュウリと夏キュウリの連作栽培をしている。水田面積は一・七五haで、働き手は、石田さん夫妻の二人となっている。

越冬キュウリは、半鉄ハウスの二棟（一五ａ）、パイプハウス六棟（一一ａ）、合計二六ａで栽培する。

夏キュウリは、半鉄ハウスの二棟のみの一五ａで栽培している。ここでは、ハウス越冬栽培についてとり上げる。

品種と台木の変遷

一九八五年の作から、キュウリの穂木にシャープ1、台木にクロダネカボチャを用いた栽培を始めた。台木のクロダネカボチャは低温伸長性が高い。この台木は一九七三年の第一次石油危機で暖房費が高騰したさいに高く評価されている。

一九八九年から、市場での評価が圧倒的に高くなったブルームレスの台木を用いての生産を始める。しかし、一九九二年から、再び台木にクロダネカボチャを用いたブルームキュウリを栽培する。東京・築地市場の卸売業者などが、歯切れと味が良く、漬物にしてもうまいブルームキュウリを差別化商品として扱うようになったからである。

二〇〇一年からは越冬キュウリ、夏キュウリの連作を始めた。越冬キュウリには、穂木に消費者ニーズに合ったワックス系の「むげん」、台木にクロダネカボチャを用いて栽培している。これは、歯ごたえがあり食味が良い。一方、夏キュウリは、穂木にワックス系のオーシャン2を、台木にブルームレスの「ゆうゆう一輝」を用いて栽培している。

越冬キュウリに用いている「むげん」は、低温伸長性にすぐれ、越冬栽培に適し、果形もきれいな円筒形で安定していて、先細果や尻太果が少なく、甘みがあって食味が良い。とりわけ、石油を節減できる低温伸長性が品種選定の大きなポイントとなった。樹勢が弱く、脇芽の伸びが強くないので芽をかく手間がいらない。一節に一果がほとんどで、つる下げ栽培に向く。

石田光伸さん

図1　半鉄ハウス

図2　ハウスの内部（夏キュウリ）

図3　堆肥つくり

無移植育苗

一般の接ぎ木（呼び接ぎ）栽培では、穂木のキュウリと台木のカボチャの種は、別々の床に播いて、両方の苗を抜いて接ぎ木して、ポットに鉢上げする。この方法は、適度な苗を選択でき無駄が少ないようにみえるが、鉢上げに手間がかかるし、なにより根を傷める。移植後にしなびるのを防ぐため、遮光が必要となり、花芽分化への影響が出て弱い苗となりやすい。

石田さんは穂木と台木の種を一つのポットに同時に播き、苗を抜かずに接ぎ木をして、そのまま育苗する「無移植育苗」を行なっている。接ぎ木のさいに根を傷めることがなく、遮光する必要もないので花芽の分化も順調にすすみ、強い苗が育っていく。

育苗用培土　育苗用の培土は、二～三年分くらいをまとめてつくる。

①一年目、ハウスの土つくり用として籾がら堆肥をつくり、その一部を育苗用に残す。二六aに施す堆肥の量として、生の牛糞が二tトラック四台分（計八t）、籾がらは水田四五〇a分となる。籾がらと牛糞を混ぜて野積みし、シートをかける（図3）。

②二年目、これにVS菌と米ぬかを混ぜて、五～六回切り返す。

③三年目、米ぬかと過リン酸石灰を混ぜて、二回くらい切り返す。

④播種する半年まえを目安に、籾がら堆肥四割と田土六割を交互にサンドイッチ状にして積み上げて、二回くらい切り返しておく。

⑤播種前に、培土の消毒をする。従来は、臭化メチル（サンヒューム）を用いて消毒していたが、臭化メチルが規制されるようになり、今後はD‐D剤を用いた消毒に切り替えることにしている。

播種　①播種と育苗に使うポットは、三・五寸ポット（黒の丸ポット）を使用している。

②穂木、台木の種を、二八〇〇本分用意する。定植本数より二〇〇本ほど余分に播種する。

③ポットの土に、二本のすじを一㎝間隔で平行につける。穂木のキュウリの種を播くほうのすじを浅めに、台木のカボチャの種を播くほうを深めにする。

④穂木のキュウリは芽出し播き、台木のカボチャは素播き（乾燥種子をそのまま播く）で同時播きする。どちらも種の向きとすじの向きを揃えて平行に播く。こうすると、それぞれの双葉が平行に並んで出てくるので、葉が重なり

図4　無移植育苗の接ぎ木の方法

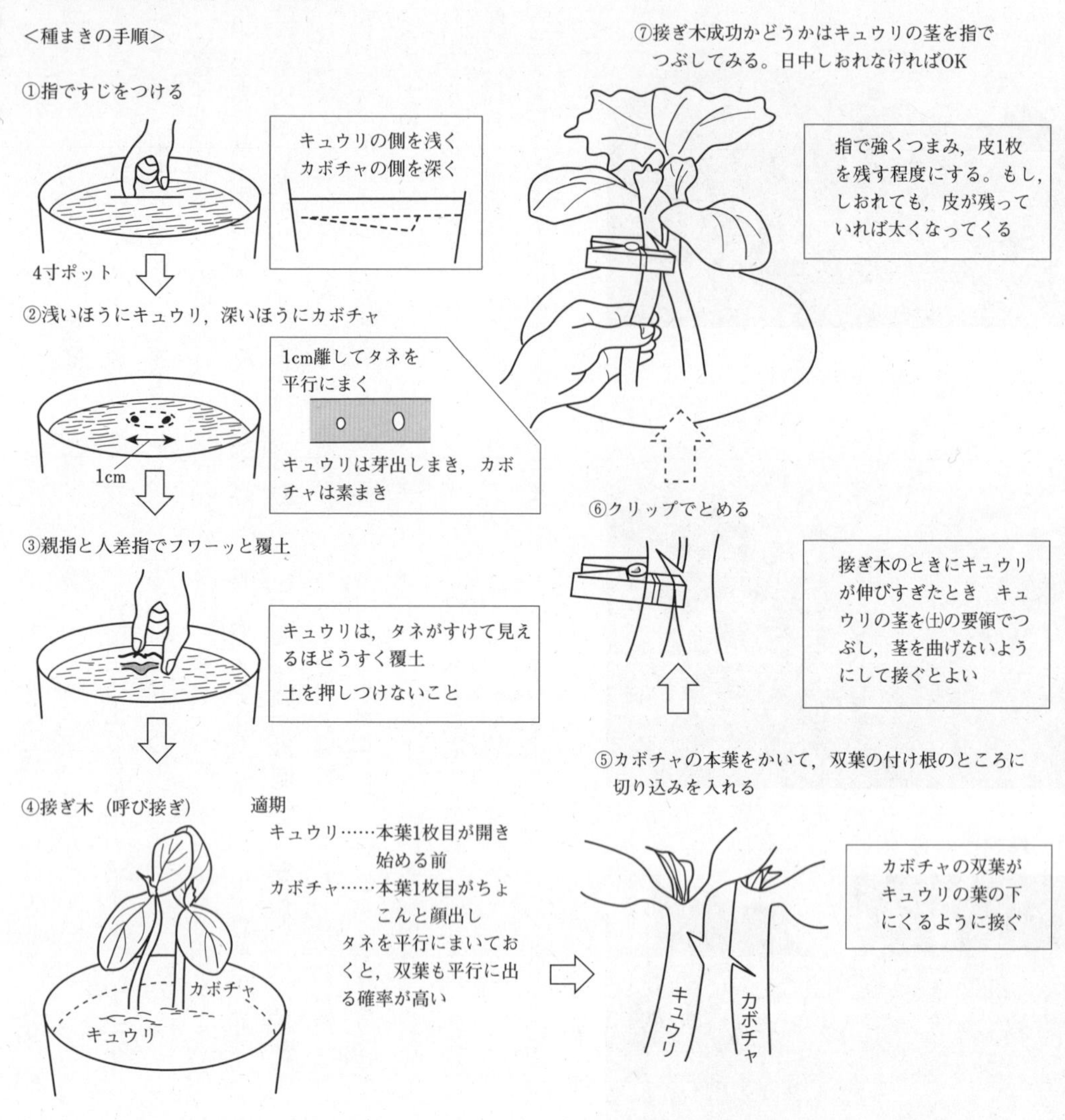

あうことが少ない。

⑤親指と人差指でふわっと覆土する。特にキュウリは、種が透けて見えるくらいに薄く土をのせる。

接ぎ木　①キュウリの本葉第一葉が開き始める手前で、カボチャの本葉が出かかったときに接ぎ木（呼び接ぎ）する。

②カボチャの本葉をかいて、双葉の付け根のところに、柄付き安全カミソリで切り込みを入れる。

③カボチャの双葉にキュウリの双葉が乗るように、キュウリの茎を近づける。キュウリの茎にも柄付き安全カミソリで切り込みを入れて、その位置で接いだら、そこをクリップでとめる。

④ポットをパイプハウスの中に並べていく。根が地面に入らないように、ハウスの土の上には、ポリのシートを張っておく。播種と育苗は育苗ハウスで行なっている。育苗ハウスはサイドのすそを開けて、防虫ネットを張る。

接ぎ木のコツ　接ぎ木の時点で、台木のカボチャの茎は一～二cm、穂木のキュウリの茎は三～四cmに伸びている。カボチャの茎の長さはキュウリの半分ほどである。そこでキュウリの茎を曲げて、接ぎ木をする。

台木のカボチャに伸びが悪いものがある

表1　越冬キュウリの基肥

肥料名	肥料成分内容（%）					基肥量（kg/10a）	基肥成分内容（kg/10a）				
	窒素	リン酸	カリ	石灰	苦土		N	P	K	石灰	苦土
スーパー有機100	6.0	6.0	0.0	0.0	0.0	180.0	10.8	10.8	0.0	0.0	0.0
味好２号	7.0	2.0	7.0	0.0	0.0	200.0	14.0	4.0	14.0	0.0	0.0
S-NKロングタイプ140	20.0	0.0	13.0	0.0	0.0	100.0	20.0	0.0	13.0	0.0	0.0
けい酸加里特号	0.0	0.0	20.0	7.0	4.0	60.0	0.0	0.0	12.0	4.2	2.4
マルチサポート２号	0.0	0.0	0.0	0.0	12.0	60.0	0.0	0.0	0.0	0.0	7.2
粒状キングシェル	0.0	0.0	0.0	39.0	1.0	80.0	0.0	0.0	0.0	31.2	0.8
10a当たり基肥合計成分（kg/10a）							44.8	14.8	39.0	35.4	10.4

表2　作業暦

月　日	作　業	月　日	作　業
9月23日	播　種	11月13日	追肥開始
9月30日	接ぎ木	11月26日	出荷開始
10月 6日	基肥施用	2月26日	最終追肥
10月20日	定　植	3月10日	最終出荷

と、台木と穂木、それぞれの茎の長さが違いすぎることになる。キュウリをむりして大きく曲げて接ごうとすると、パキッと折れてしまう。この場合は、キュウリの茎のなかほどを指の腹で軽く押しつぶしてから曲げると、折らずに接ぐことができる。

なお、接ぎ木の前は、水を切って樹液濃度を高めておく。これで活着がよくなる。

茎つぶし　①接ぎ木後四～五日で、接いだ部分の下のキュウリの茎を指の腹で軽くつぶす。このときに、力を入れてつぶそうとすると、接いだ部分をいためるので注意する。

②さらに三日ほど後に、茎の同じ部分を今度はペンチでしっかりつぶす。

定植

土つくり　九月上旬に籾がら堆肥を全面散布し、灌水する。

施肥　十月上旬に基肥（表1）を全面散布し、ロータリーをかける。砂質土壌であり、土壌診断でリン酸、カリが過剰という結果がでているので、それを考慮して基準の施用量を加減している。

うね立て　うね立ての方法は、半鉄ハウスの場合次のようにしている。ハウスの両側面の通路を六〇cmずつとり、中央に向かって、うね幅九〇cm、通路（四五～七五cm）をつくっている。うねの本数は八本になる。うねの高さは二〇cmとしている。

ベッドはなるべく早くつくり、灌水し、マルチをして地温の上昇を図るとともに、肥料と土をよくなじませておく。

定植　かつて、ブルームレス台木の場合は苗が弱いので、樹勢を強くするために、本葉二枚半で定植していた。クロダネカボチャ台木を再び用いるようになってからは、根量が多くなる本葉三枚で定植している。

一条植えで株間は五〇cm、栽植本数は一〇a当たり約一〇〇〇本。植付けはポットの八分目まで植え穴に入れ、二分目ほど上に出し、土で覆う高植え（浅植え）とする。こうすると酸素要求量を満たして活着がよい。

定植後の管理

「むげん」は節間が伸びすぎる傾向がある。節間が伸びすぎないようにすることが大きな課題で、それには五～六日に一度、こまめにつるを下げることと、温度をむやみに上げないで適正に保つことがポイントとなる。

仕立て・整枝　うねの両側に、うねの方向

図5　側枝４本仕立て

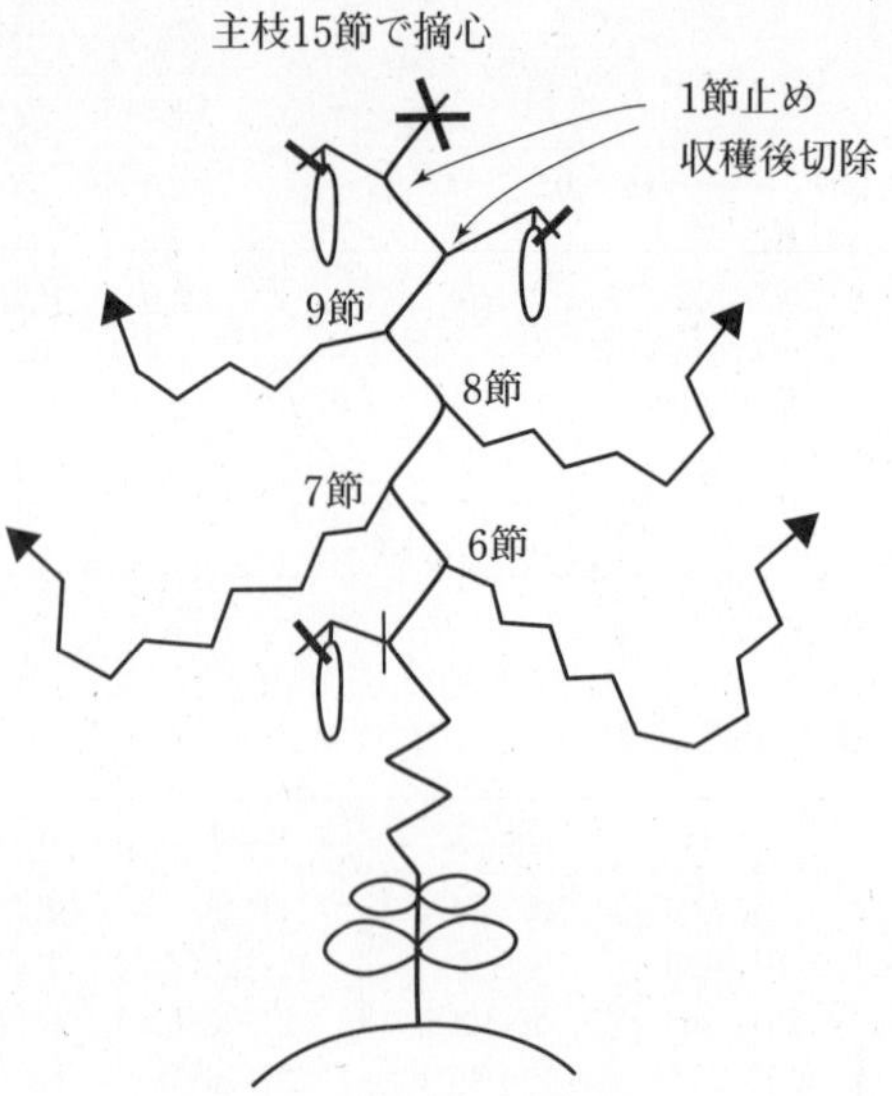

主枝15節で摘心
1節止め
収穫後切除
9節
8節
7節
6節

に沿って三本の横糸を張る。高さはそれぞれ一五〇cm、一〇〇cm、五〇cmほど。そこに主枝、子づるを誘引し、誘引用のピンチでとめていく。

下から五節までの子づるは、早めに切除する。六、七、八、九節の子づるを伸ばし、四本仕立てとする。主枝は一五節で摘心する。主枝の一〇節以上の子づるは、一節残して摘心し、実を収穫後に主枝まで切り戻す（図5）。主枝の一〇節以上につける実は三果前後として、過着果を避ける。四本の子づるは、花が開いて実の肥大が始まって成りぐせがついたら、二本ずつうねの両側に振り分けて、つる上げをしていく。

子づるの管理　樹勢が弱いと子づるの節間が詰まり、心（生長点）から展開葉二枚目のところで開花してしまって、かんざし状になり、心の伸びが止まる。樹勢が弱ければ早めにつるを上げる。

逆に、樹勢が強いと心の伸長が盛んになり、節間が長くなる。心から展開葉五枚ほどで開花し、収穫は一三枚目以降になる。これだと果実がうね上に横たわり、腹白果実や曲がり果となってしまう。樹勢が強いときは、多少つる上げを遅らせる。

収穫最盛期に、開花節は心（生長点）から展開葉三～四枚目、収穫節は八～一〇枚目となる状態が適正である。

つる下げ栽培では、子づるが伸びてくると、五～六日に一度、つるを三～五節ずつ下ろす作業をする。労力はかかるが、受光態勢がよくなり秀品率が高くなる。また、葉に果実が隠れないので、取り忘れもない。

葉は変色葉、病害葉のみを除去し、不良果を早めに摘除する。

灌水　これまでブルームレスのキュウリは根が弱いので、根が深く張るように極力灌水をひかえていた。ブルームのキュウリに替えてからは、根が強くなっているので灌水を増やしている。ただし、低温期は、いちどに多量の灌水をすると地温が低下し、発根や根の伸長を妨げる。灌水は、少量を三～四日に一度と回数を多くして、土壌水分の変動を抑えている。

温度と湿度　温度と湿度の管理では、活着後は、樹勢を弱めないようにハウス内の湿度が下がりすぎないように保つ。その後、年内は湿度を抑えて徒長を防ぐ。

節間が伸びすぎないようにするために、初霜が降りる十一月上旬までは換気を十分にする。そのためにハウスの天井を開けておく。サイドのすそも基本的には開けておくが、夜温が低下するときには、開ける幅を狭めていく。十二月初旬ころまで換気を徹底して、最低夜温を一一～一一・五℃ほどに下げ、地上部の徒長を抑え、根の発達を促す。寒くなってからも、ときどき暖かい日がある。そんなときは、カーテンを完全に閉めないで、一〇～二〇cmくらい上げておくなどして、最低夜温を上げすぎないように気をつける。

十二月中旬から厳寒期に向かう時期は、夜温を一一～一一・五℃とし、地温の低下を防ぎ、樹勢を維持していく。年明け後から二月にかけては、午前中の温湿度をやや高めにして、かんざしを予防する。

追肥　生育にあわせて液肥で一〇回ほど追肥をする。液肥にはトミー液肥（10－4－6）を用いている。一〇日ごとに一回が施肥基準だが、これだと節間が伸びすぎるので一回分の施用量を二回に分けて、五日ごとに一〇a当たり八〇〇g施用する。

初期の生育を抑えるようにしていて、十一月十三日に初追肥、十一月二十四日に二回目の追肥をした。最後は二月二十六日で、一八回目の追肥であった。

収穫　十一月下旬に出荷を開始し、三月十日ころに最終出荷をする。それ以降も収穫をつづけることは可能だが、田植えや夏キュウリの栽培が待っているので、ここで終了している。

なお、夏キュウリは、三月十日ころに播種、三月十九日に接ぎ木、四月三日に定植、五月十日～六月末に出荷となっている。

病虫害防除

病虫害防除では、車輪付きで牽引できる動力噴霧機を用いている。また、減農薬の栽培をするために、次の方法をとっている。

①耐性菌を出さないように、予防剤と治療剤を組み合わせる。農薬には菌の侵入を防ぐ予防剤と、侵入し増殖を始めた菌を殺す治療剤（特効薬）がある。治療剤を何回も使っていると、すぐに耐性菌ができて効かなくなる。そこで、特効薬的な治療剤は、一作に一回程度使うか、使わずにすますなど、「切り札」として温存を図る。

②樹が元気な状態でないと薬害が発生するので、天候のよい時期で樹が元気なときを選んで農薬を散布する。

③農薬が効いているかどうかを正しく判断する。灰色かび病の状態を確認するには、果実の先、花びらの境を見る。しぼんだ花びらに灰色のかびが見え、そして果実の先に小さな白っぽい透明な水泡のツブツブがついているときは、灰色かび病菌が最も活力がある状態となっている。もし、そのままにしておくと水泡はどんどん果実のほうにすすんできて、それを追うようにカビが生えて腐ってくる。

農薬が効いたかどうかは、水泡の状態を見て判断する。水泡が消えて、その部分が固まって茶色になっていれば、農薬は効いて灰色かび病は止まったとみている。花びらにカビがあっても、果実の先が茶色で乾いていれば、病気が進展することはないとみる。まだ水泡があって、ジュクジュクしているようだと散布した農薬の耐性菌が生きていて、農薬の効果がないと判断している。

べと病の場合は、黄色い四角形のような病斑が乾いていれば、農薬の効果があって、病気は止まっている。また、葉の裏から透かして見て、黄色い病斑がくっきり見えれば効果がある。その境目がくっきりしないで、ジュクジュクしていると病気は進展していると判断している。

ネマトーダの予防には、夏キュウリの収穫が六月末に終わり、灌水パイプを端に寄せた後の七月半ばに、これまでサンヒュームを使って土壌消毒していた。臭化メチルの規制で、今後はD－Dを用いることにしている。

※

石田さんは、「むげん」のブルーム台木による越冬栽培で八〇％前後の秀品率を実現し、差別化商品として販売している。一〇a当たり収量は、一〇・四tである。資材費のなかでもウエイトが大きい暖房用の重油代を周辺の農家の半分ほどに抑え、収益性の高いキュウリ栽培を実現している。

今後は、植付け本数を減らして株間を現在の五〇cmから六〇cmに広げることを考えている。太陽光を十分に当てることで樹勢を強くし、秀品率を上げ、収量を増やす。さらに、接ぎ木や定植、つる下げなどの労力を低減させ、より高い収益性を目指している。

農業技術大系野菜編第一巻　精農家のキュウリ栽培技術　二〇〇五年より抜粋

リアルタイム栄養診断で長期どりつる下げ栽培

愛知県安城市　杉浦正志さん

森　繁美　愛知県西三河農林水産事務所

経営の概要

安城市は、明治用水の豊かな水にはぐくまれ、「日本のデンマーク」と呼ばれるように、農業先進都市として発展してきた。西三河地域のキュウリ栽培は、昭和の初期から行なわれている。温暖な気候に恵まれ、昭和三〇年代から水田の裏作としてキュウリの半促成栽培が急激に生産量を伸ばしてきた。

「西三河型」と呼ばれる、移転も可能な、鉄骨と木材を組み合わせた、間口三・六mの丸屋根型施設が考案され、一部で両屋根型大型ハウスが導入されているなか、現在でもこの地域の主流の施設構造になっている（図1）。

作型は、一九九三年には現行のつる下げ栽培が定着し、十一月から翌年六月までの八か月間連続して収穫する長期一作型栽培技術が確立した。

栽培品種は一九九九年に、障害果の発生率が低く厳寒期の収量性に優れる「はるか」に移行し、二〇〇三年からは、厳寒期の草勢が維持しやすく、果皮につやがあり食味に優れるワックス系品種の「むげん」を栽培している。

杉浦さんは、一九八〇年に両親が行なっていたキュウリの促成栽培を手伝う形で就農した。就農以来、新しい栽培技術導入に積極的に取り組んできた。現在の経営は、キュウリ促成栽培三五a、水稲八・五ha（借入地含む）、小麦五ha、大豆三ha、ブドウ（デラウェア二〇a、巨峰九a）である。キュウリの一〇a当たり収量は、約二六tとなっている。

土つくり

栽培終了後の七月上～中旬には土壌診断に土壌試料を提出し、分析結果を土つくりと施肥に生かしている。土つくりのために一〇a当たり牛糞堆肥を二t車で三杯、稲わらを八〇〇kg～一t、ピノス（木炭）を一五〇kg、ゼオライトを三〇〇kg施している。

この土壌は一九九一年度から栽培が続いているが、石灰資材の継続投入によるpHの上昇傾向がみられたために、農協や農業改良普及課の助言で石灰資材の投入はしばらくひかえている。二〇〇一年にかけて腐植が増加している。

図1　杉浦さんのハウス

図2　作業概要

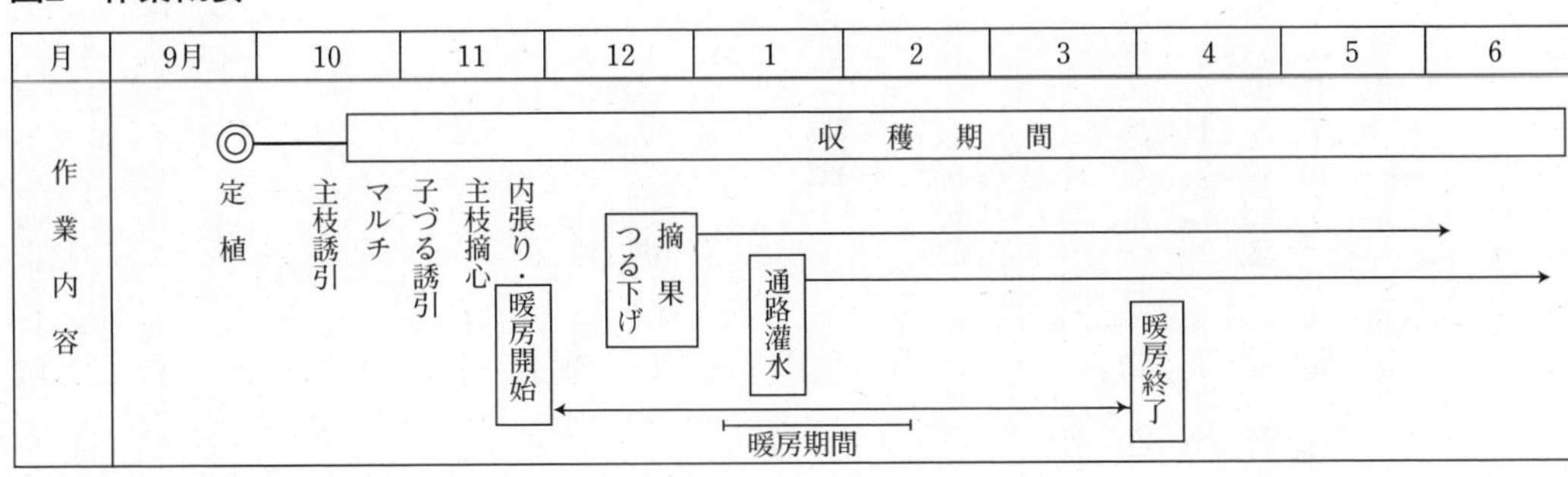

表1　施肥（2004年）

	肥料名	10a当たり施用量（kg）	窒素（%）	リン酸（%）	カリ（%）
基肥	きゅうりペレット833*	342	8	3	3
	スーパーロング424220タイプ	100	14	12	14
追肥	ぼかしペレット1号**	57	6	5	5
	はつらつ君***	114	6	6	6
	スマイルK1号	85	15	8	16

注　*有機率100%，**有機率86.7%，***有機率50%

いたが、牛糞堆肥を環境に配慮した使用量としたここ二年は減少傾向がみられるので、牛糞堆肥にかわる手当が必要である。

施肥設計

表1は二〇〇四年の施肥を表わしたものである。化学肥料の五割削減に取り組んでおり、全施肥窒素のうちで有機肥料の割合が五七%となっている。全施肥窒素量は一〇a当たり六四・四kgで、六四%が基肥、追肥が三六%の配分となっている。

基肥には有機一〇〇%のきゅうりペレットと化学肥料の肥効調節型肥料を用い、追肥は、マルチをめくって施す（二月）ボカシ肥と、灌水に混入する液肥（二種）を使用している。

作型と作業

栽培期間中の作業内容を図2に示す。苗は購入しており、二〇〇四年の定植は九月二十八日、収穫開始は十月二十五日、内張りを上げたのは十二月四日であった。また、開花・収穫位置に注意し、適正位置より上がる傾向が見られたら一～二果摘むようにしている。なお、二果摘む場合は一枝一節おきとした。

つる下げ

つるの確保　次頁図3に杉浦さんのつる下げ栽培を表わした。定植本数は、一〇a当たり一〇〇〇本、坪（三・三㎡）当たりでは三・五本とし、株間は四〇～五〇cmとする。

誘引本数は、おおむね三・三㎡当たり一四～一八本を基本とする。一本から誘引する「力枝」（つる下げしながら伸ばす枝）は、七～一二節の中段のうちから四本確保する。残りの側枝は、片手で摘める長さで、一節ないし二節で摘心する。中段から確保した力枝は、二本ずつうねの左右に振り分け、誘引テープに付けた誘引用のピンチなどでつり下げる。

力枝の草勢が強すぎる場合は、誘引を急がず生長点を下向きに放置して勢いが弱くなった時点で誘引する。なお、さらに草勢が強い場合は孫づるを使用する。厳寒期の草勢を確保するため、上位節から調整づる（孫づる）で一～二本確保する。

葉かき・つる下げ　主枝の葉は、側枝に十分光線が当たるよう日陰になるものは適宜葉かきする。中段から側枝がある程度伸びた段階で、主枝の葉はかく。また側枝は、収穫後に主枝まで切り戻す。

一本の力枝には一八枚程度の葉が必要である。この枚数より多い場合は、つる下げする四～五日前に下葉を四～五枚葉かきする。

つる下げ作業は、時期にもよるが、一〇日から二週間に一回、片うねずつ交互に行なう。

灌水と追肥

定植～収穫始め　株当たりの灌水量は一・五ℓを目安に、毎日灌水を行なった。灌水チューブはうねの両肩に設置している。

収穫始め～十一月下旬　株当たりの灌水量は二ℓを目安に、一日間隔で一四回（液肥による追肥を六回織り交ぜ）行なった。

十一月下旬～一月下旬　株当たりの灌水量は二ℓを目安に、二日間隔で二〇回（液肥による追肥を一〇回織り交ぜ）行なった。期間中の液肥は有機率五〇％の肥料を九回、化学肥料を一回用いた。

一月下旬～二月下旬　株当たりの灌水量は二ℓを目安に、一日間隔で一六回（液肥による追肥を八回織り交ぜ）行なった。期間中の液肥は有機率五〇％の肥料を四回、化学肥料を四回用いた。この間、うねの肩に追肥を行なっている。

二月下旬～収穫終了　毎日灌水を行なった。株当たりの灌水量は三月下旬までは二ℓ、四月中は三ℓ、五月中は四ℓ、六月中は五ℓを目安とし、液肥は毎回施した。期間中の液肥は、五月上旬までは有機率五〇％の肥料と化学肥料を交互に用いた。以降、六月中旬までは化学肥料の液肥を用いた。

図3　つる下げ栽培

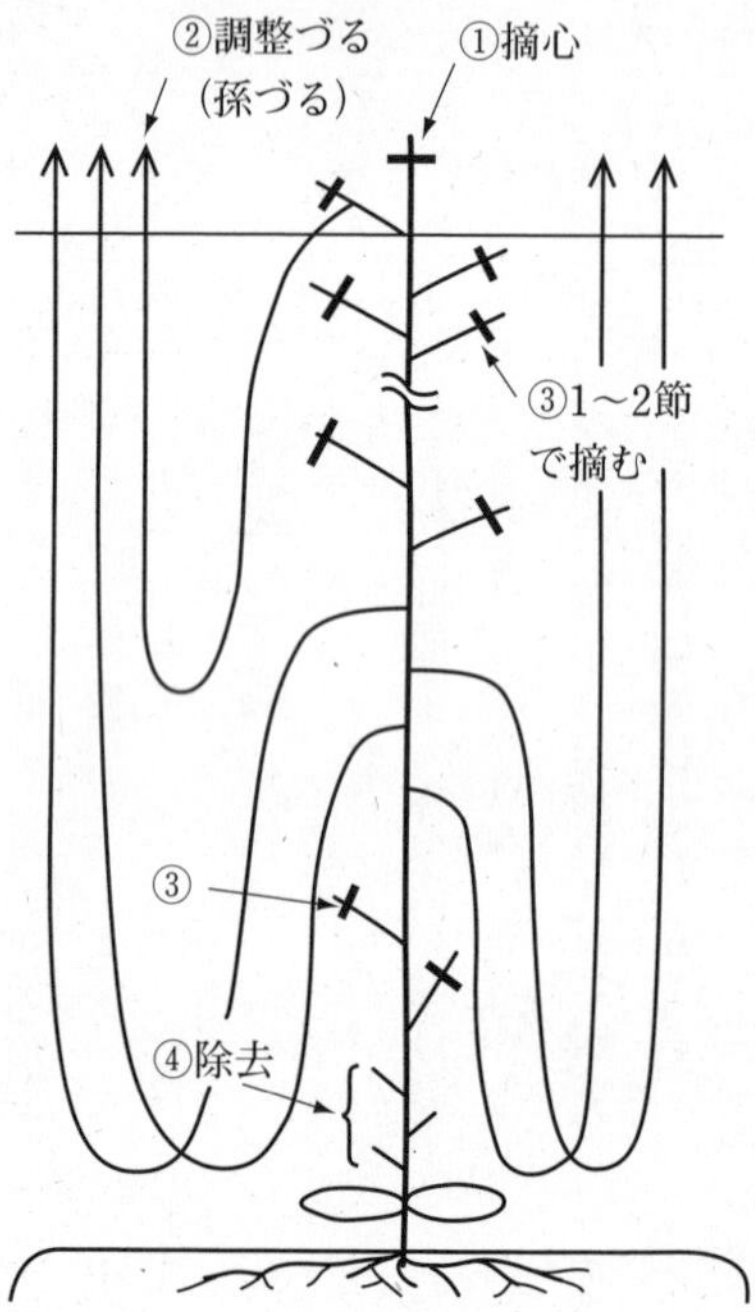

換気と暖房

十月下旬頃、最低気温が一二℃以上なら屋根の換気口は開け、一一℃以下になると予測される場合は閉じる。一一℃を下まわる場合は暖房が入るようにセットする（一・五℃上昇すれば切れる）。

十一月になれば下旬にかけて気温が徐々に低下してくる。十一月下旬から十二月上旬に内張りを上げるのと同時に、暖房の入る温度を一一～一二℃に、十二月下旬には一三・五℃に変える。

十二月中旬からの一日の温度設定としては、六時三〇分から一〇時までが一八℃、一〇時から一五時が二〇℃、一五時から一七時が一六℃、一七時から二〇時が一五℃としている。二〇時以降の夜間の温度は十二月下旬から一月中旬までが一三・五℃、一月中旬から三月下旬まで一四℃に設定している。

換気扇は二八℃を超える場合は稼働する。四月以降夜温が一五℃以上になると花芽のつきが悪くなるので換気を行なう。換気扇は一七℃で三台、二〇℃で四台または五台が稼働する。

リアルタイム栄養診断と追肥

施肥量　時期別の追肥を図4に表わした。

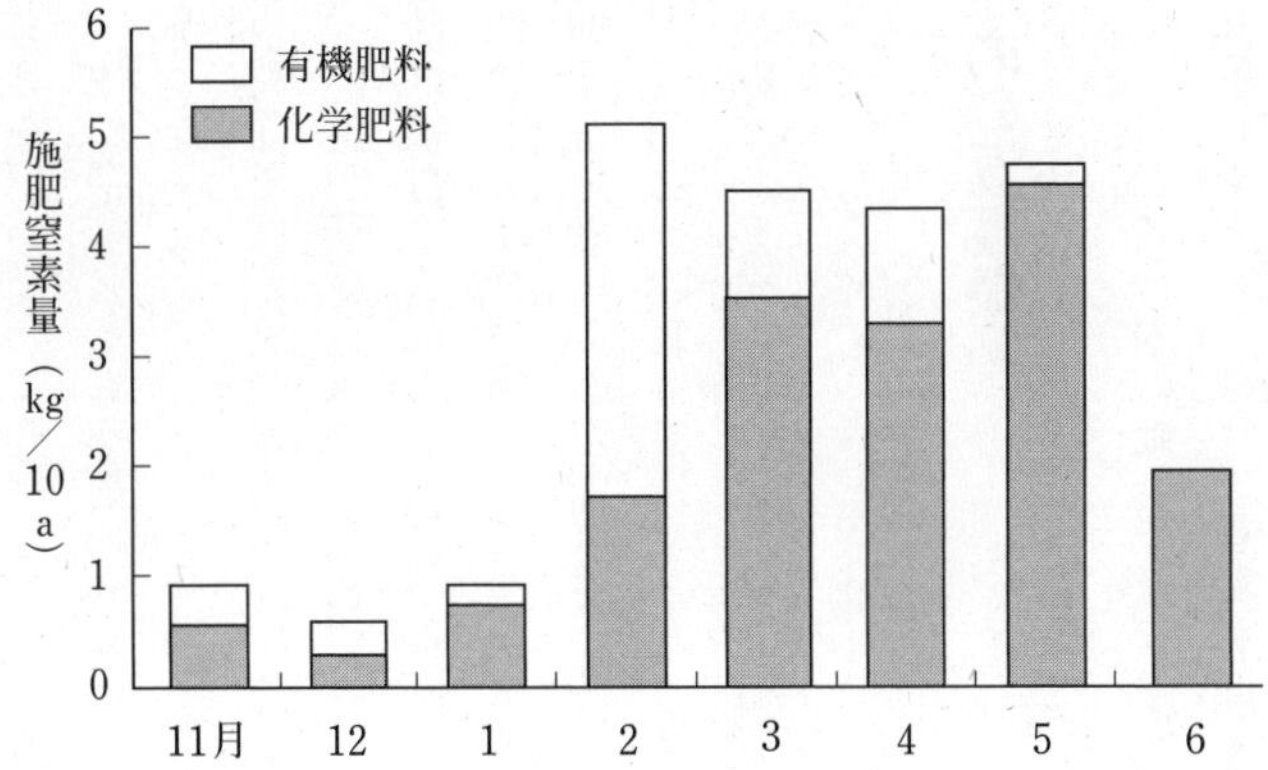

収穫が始まった十一月から、灌水に混入した液肥施用を開始した。上旬に、はつらつ君（有機肥料を五〇％含有）を二回とスマイルK１号（化学肥料）を一回、中～下旬には有機五〇％のみ四回、追肥の施肥窒素量は一〇a当たり〇・九三kgであった。

十二月中は、はつらつ君を五回、施肥窒素量は〇・六kg施用した。

一月上～中旬は、はつらつ君を三回と下旬にスマイルK１号を三回施用し、施肥窒素量は〇・九三kgであった。

二月上旬にマルチをめくったうねの肩に、ぼかしペレット一号（有機率八七％）を施肥窒素量で三・四二kg施した。置肥による追肥は二月のみであった。液肥による追肥は、上旬中にはつらつ君を二回とスマイルK１号一回、中旬に両液肥を一回ずつ、下旬には両液肥を三回ずつの計一一回、施肥窒素量は一・六六kg施用した。二月中の施肥窒素量の合計は、五・〇八kgであった。

三月以降は毎日灌水に液肥を混入、はつらつ君一四回とスマイルK１号一七回とほぼ交互に使用し、三月中の施肥窒素量は合計で四・四八kgであった。四月は、はつらつ君とスマイルK１号を交互に使用し、施肥窒素量は四・三二kgであった。五月は上旬まで四月と同様にはつらつ君とスマイルK１号を交互に使用し、後はスマイルK１号のみの使用となる。五月中の施肥窒素量は四・七二kgであった。六月は中旬までスマイルK１号を使用し、施肥窒素量は一・九五kgであった。

以上、十一月以降六月中旬までの追肥は、二月の置肥と液肥の施肥窒素量合計二三・〇一kgで、栽培期間中の全施肥窒素量の三六％を占めた。

リアルタイム栄養診断　十二月中旬から週間隔で土壌溶液と葉柄汁を、RQフレックスを用い硝酸態窒素濃度の測定を行なっている。毎回の結果は選果場に掲示しているので、追肥の種類や量を考える参考にしている。

十二月中は葉柄汁の硝酸態窒素濃度は三〇〇〇～四〇〇〇ppmであり、この間は速効性の化学肥料の使用は、硝酸態窒素濃度を著しく高めてしまうおそれがあるので、用いる肥料は緩効性のものを選択する。一月後半から安定して着果し始めるが、二月上旬の硝酸態窒素濃度は二五〇〇ppm程度になってくる。二五〇〇ppmを下まわってくるとスマイルK１号を用いるようにしている。二月後半から三月は収穫量が著しく多い場合に、硝酸態窒素濃度は一〇〇〇ppmを下まわる場合があるので、すぐにスマイルK１号を施用するようにしている。この時期は、一日の収穫量が一〇〇kgを下まわる場合ははつらつ君、上まわる場合はスマイルK１号を用いるようにしている。

病害虫防除

特に注意している病害は、つる枯病とうどんこ病である。つる枯病は、内張りを上げるころの十二月上旬に登録のある薬剤を近接散布している。二〇〇四年度は抵抗性台木のパ

図4　追肥

施肥窒素量（kg／10a）
□ 有機肥料　■ 化学肥料
11月　12　1　2　3　4　5　6

ワーZ2を用いたが、うどんこ病に罹病しにくく、また罹病しても薬剤の効きがよいことがわかった。

害虫防除では、施設の開口部に防虫網を設けて、害虫が飛び込みにくくしている。施設の側面は網目〇・四㎜、天窓〇・八㎜である。これにより、隣翅目害虫やスリップス類の発生時期を遅らせることができていると思われるが、長期どりの栽培では、スリップス類を栽培後期まで完全に抑え込むことはできていない。

施設内の湿度調整

ブルームレス台木の栽培では、厳寒期に草勢が低下しやすい。むりに草勢を抑えすぎないようにする。暖房機の稼働時間が長くなると、空気中の湿度が著しく低くなるので湿度の確保に努めたい。

杉浦さんは、細霧冷房を導入し施設内の湿度調整、温度調整を行なっている。また、午前中に通路に灌水するなどビニールハウス内の湿度を保つようにしている。

障害果の発生抑止

苦味果　二〇〇三年度作の後半（四月下旬以降）は、気温が平年に比べ高く経過したが、その条件下で著しい苦味をもった果実が発生した。苦味果の苦味成分（ククルビタシン）は一定条件下（高温、乾燥、草勢の衰え）でつくられるといわれている。平成一六年度は、天窓を開け放す時期を早めたり、施設用遮光剤（レディソル）の使用、通路灌水を含めた乾燥防止を試みた。平成一五年度作に比較し五月中の気温が低く経過したなかで、想定される対処方法で臨んだが、また苦味の発生が認められた。農協部会員の大半は、長期作後半で草勢が劣った場合は、今の品種の苦味は栽培管理面では抑えきれないと判断している。

くくれ果　くくれ果はリング果とも呼ばれ、果実が針金で縛られていたかのようにリング状に果実周囲がくびれる障害で、果実の胴、肩、尻などどの部位にも発生する。一か所だけでなく複数の部位に及ぶことがあり、くくれた部分を割ってみると果肉に空洞が認められる。幼果にも発生するので、早期に摘果して草勢維持を図る。くくれ果の防止対策としては、過乾燥にしないことや極端なつる下げによる草勢低下をまねかない管理が必要である。

茶心果　二〇〇四年度作では、ほとんど発生が見られなかったものの、以前問題となった障害果である。茶心果は、十二月から二月までの厳寒期に、果実心部が褐変する障害果である。二〇〇四年度作では、ほとんど発生がみられなかった。愛知県農業総合試験場では、収穫後から一〇℃三日間遭遇後に二〇℃で三日程度保管した場合に茶心果の発生が多く、果実発育中の温度の影響は小さく、肥大が急激であった果実に発生しやすいとしている。

日焼け果　果実の先端から中央部に発生し、果実の稜線を残して葉緑素が抜け、ケロイド状となる症状である。発生は十一月と三月が多い。発生条件としては、軟弱徒長を防止するためビニールハウス内が乾燥する場合、降雨後乾燥した風が強く吹く場合、摘心前後で側枝が伸びていない場合、内張りがない場合、ブルームレス台木の場合などがある。対策としては、早めに換気して昼間の急激な温度上昇を防止することと、葉水などにより蒸散を防止することである。

農業技術大系野菜編第一巻　精農家のキュウリ栽培技術　二〇〇五年より抜粋

Part 2 キュウリ栽培の基礎

原産と来歴

青葉 高 山形大学

キュウリの原産と来歴

植物学上の和名は「キウリ」であるが、一般にはキュウリと記され、以前は中国名の胡瓜、黄瓜が多く用いられた。学名は*Cucumis sativus* L.で、属名のククミスはラテン語のcucuma（中空の器）からきたものである。

ドゥ・カンドルは、世界各地のキュウリの呼び名や古い時代の栽培地などから、キュウリの原産地はおそらくインドの西部であろうと述べている。フーカーは、インドのヒマラヤ地方のクマンからヒマラヤ山麓のシッキム地方にわたって、キュウリの原種と推定される*C.Hardwickii*が野生していることを発見し、これを英国に移して研究した。その結果、これをキュウリの原種と認めた。

わが国のネパール、ヒマラヤ学術探検隊は、同地方のブリガンダキ、マルシァンディー渓谷の、標高一三〇〇～一七〇〇mの地点で、野生キュウリを発見した。現地では川沿いの砂質地などに生育し、ときにはトウモロコシ畑の雑草となり、九月に開花して十二月ころ成熟する。この果実はカラスウリていどで、黒とげ、激しい苦味をもち食用にはならない。今津らによれば、本種はキュウリと同じく染色体数がn＝7で、栽培品種とよく交雑し、F1個体は正常な稔性をもつ。北村はこれをキュウリの変種*C.sativus* var. *Hardwickii* KITAMURAとしている。

ネパール付近には、苦味の激しくない、楕円形の果実をつける在来品種が栽培され、食用に供されている。京都大学学術探検隊は、これを*C.sativus* var.*Sikkimensis* HOOKER f.と同定している。同探検隊は、パキスタン、アフガニスタン、イランでも多くの在来品種を収集し、それらの品種間には大きい変異があることを観察している。

以上の点からみて、キュウリはインドのヒマラヤ山麓からネパール付近に分布する野生キュウリから、長い年月の間に栽培化されるようになったものと推定される。

キュウリは、その後、文化の交流に伴って各地に伝播し、それぞれの地方で淘汰と改良が加えられ、現在の栽培品種が成立したものと思われる。

栽培の歴史

ドゥ・カンドル、喜田らによれば、コーカサス付近では、キュウリのことをギリシャ人の呼称とは全く異なって、キアル（タルタリ語）、カラン（アルメニア語）などと呼び、これらはサンスクリット以前のチュラン名であろうとされている。

これらの点から、西アジアでは、三〇〇〇年以上以前からキュウリが栽培されていたと考えられている。古代エジプトには栽培の記録がなく、西方へのキュウリの伝播は紀元前数世紀のことである。古代ギリシャ人の呼称シクオスは、その語源をアーリア語に発し、アーリア民族の移動によって伝えられたことを示している。ローマには紀元前三〇〇～二〇〇年に、アーリア人によってインドから伝えられ、紀元一世紀のはじめにはギリシャ、ローマ、小アジア、北アフリカで栽培されていた。当時のローマでは栽培がすすみ、ティベリウス王は、冬春のころに、滑石板を覆ってキュウリの不時栽培をさせたという。

その後のヨーロッパ各国への伝播は比較的遅く、フランスとソ連には九世紀ころにもたらされた。イギリスでは、一三二七年に栽培の記録があるが、その後、戦乱のためほとんど広まらず、一五七三年に再導入された。それ以後急速に普及し、温室栽培用の特殊の生態型*C.sativus* var.*anglicus* BAILEYがイギリスで生まれた。

中国での栽培は、胡瓜の名が示すように、西域ペルシャのバクトリアからシルクロードを経て、紀元前一二二年、漢の武帝の時代に、張騫（ちょうけん）が中国に持ち帰ったものとされている。その後、国内に広まり、六世紀のはじめには一般に普及していたことは明らかで、七四〇年ころ、唐の玄宗帝の時代にはすでに早づくりの術が行なわれ、二月中旬に産したといわれている。

一方、インドや東南アジアなど、南方から沿海路を北上したキュウリが南支方面に導入され、現在の華南型キュウリが成立したものとされている。

わが国での栽培の歴史

キュウリは、マクワウリより遅れて一〇世紀以前にわが国に入り、古代は甜瓜をウリと称した。わが国に現存する文献では、『本草和名』（九一八）に胡瓜の名がはじめてみられ、小型で、多汁なことが記されている。

キュウリは、明治以前にはあまり重要視されなかった。たとえば貝原益軒の『菜譜』（一七一四）には「瓜類の下品也、味よからず。且小毒あり、性あしく、只ほし瓜とすべし」とあり、『農業全書』（一六九七）には「下品の瓜にて賞翫ならずといへども、諸瓜に先立ちで早く出来るゆへ、いなかに多く作る物なり。都にはまれなり」と記されている。

しかし幕末の『草木六部耕種法』（一八三三）には「胡瓜は諸瓜の最初に出来る者にて、世上甚だ珍重す。諸瓜の盛なるに及ては人も亦賞美せずと雖ども、此れ亦一個の大用ある者なり。宜しく多分に作るべし」と栽培を奨励している。江戸時代末期から明治時代にかけて、全面的に普及し、各地に特産的な地方品種が成立した。

農業技術大系野菜編第一巻　キュウリの原産と来歴
一九七四年より抜粋

形態

青葉 高　山形大学

キュウリは*Cucumis*属に属する一年生の草本で、耐凍性は弱く、沖縄など一部の地域を除けば、わが国の屋外では越冬しない。以下、一般的な性状を述べるが、品種分化がいちじるしく、なかにはかなり異なった性状をもつ品種もある。染色体数は$n=7$である。

根

キュウリの根は本来の主根と側根のほか、胚軸や茎から不定根を生じ、不定根は本来の根よりもむしろ旺盛な生長をする。したがって挿し木は比較的やさしい。根系は概して浅く、細根は表土近くに分布し、下層土に入る根は、直根のほかわずかの根にすぎない。

根群が浅い性質をもっているので、有機質の施与により土壌の保水力を増し、適時灌水することが有効である。また、キュウリの根は木栓化が早いため比較的もろく、断根されやすく、しかも断根後の再生力に乏しい。さらに華北型品種は華南型品種に比べ根群が粗いので、移植時に植えいたみを生じやすい。

したがって、華北型品種はおもに直播栽培や幼苗移植で栽培され、移植栽培には適しない。

（編注　華南型、華北型品種については一〇一ページ参照）

茎葉

茎はつる性で粗毛に被われ、葉腋には花そうと巻きひげとを生ずる。茎葉の伸長は他の果菜類に比べて早く、高温、寡日照で水分が多めであったりすると徒長しやすい。

茎は断面が四～五角で、粗毛をもつ表皮と、厚角組織で囲まれ、中央は髄腔になっている（図1）。維管束は木部の両側に内篩部と外篩部のある両立維管束で、通常、内層のものは外層のものより大きく、いずれも基本数は五個である。茎の地面に接した部分からは不定根を生ずる。

巻きひげは、側枝と葉、または側枝の変形したものとされ、支柱などに接触すると、その刺激により反対側の細胞が伸長し、その結果、巻きひげはものに巻きつく。刺激に対する反応は、巻きひげが三分の一ていど伸長したころ敏感になる。

茎や葉は折れやすく、葉は大きくて風による葉ずれを起こしやすい。このため比較的風の強いわが国では、通常支柱立て栽培を行ない、風よけを設けるばあいが多い。

葉は断面が角ばった長い葉柄をもち、互生する。葉身は掌状で浅裂し、裂片は鋭尖三角形をなし、辺縁には細い鋸歯があり、表裏とも粗毛を生ずる。

葉は光合成などを通じ、株の発育に影響する。葉での同化量は、生長点からかぞえて一五葉から三〇葉ていどの葉が高く、津野らによると、展開後一〇日あまりの、葉が最大になった時期が同化量も最大になり、三〇～四五日経過すると激減する（図2）。つまり開花中の雌花節の付近から、収穫果のすぐ下部の葉までが光合成能率が高く、収穫果より下一〇葉以下の葉は摘除しても悪影響は少ない。

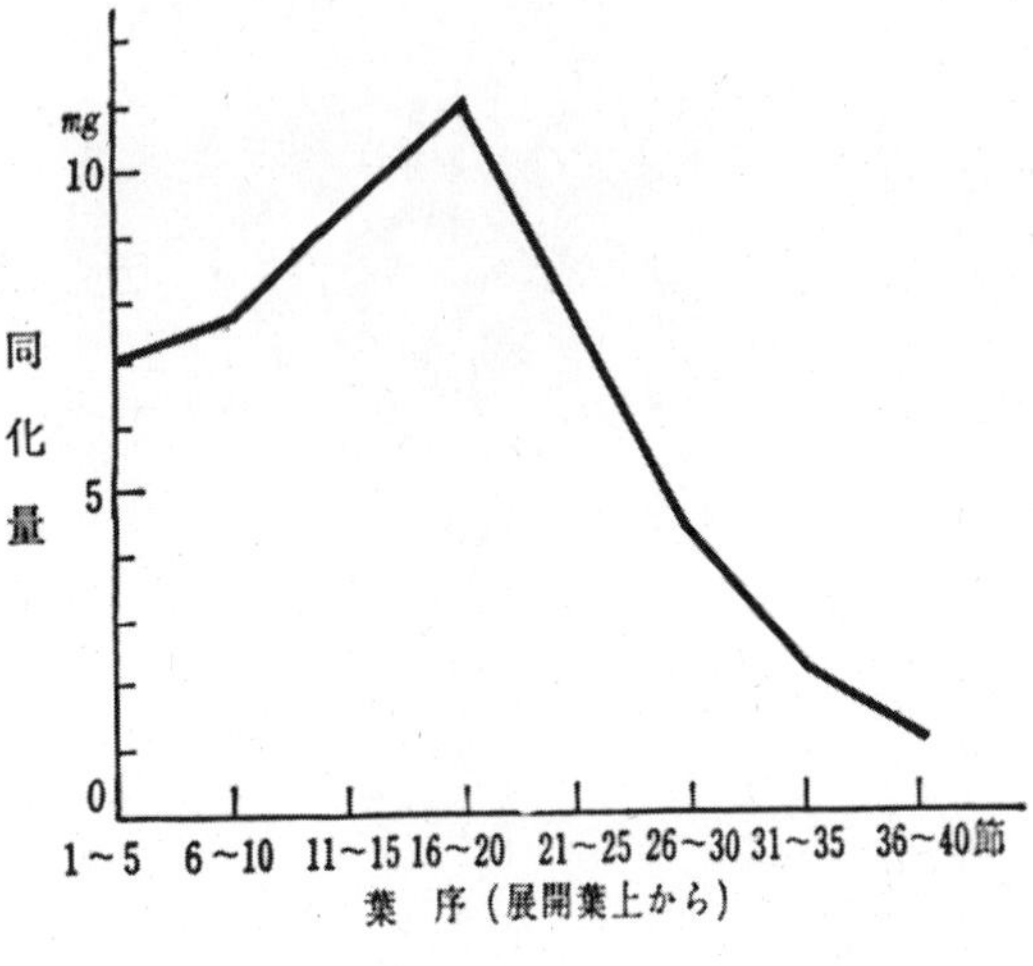

花

雌雄同株で、まれに完全花と雄花とをつける両性雄性同株や全節に雌花をつける雌雄異株型の品種があり、ふつうの品種もまれに完全花を生じる。

キュウリの花の性分化は遺伝的要因によるばかりでなく、環境要因からも強く影響され、温度や日長に対する感受性にも品種間差異がある。そして雌花は一般に主枝より側枝に、基部より上部にゆくほど生じやすく、

図1　茎の断面模式図（ヘイワード1938）

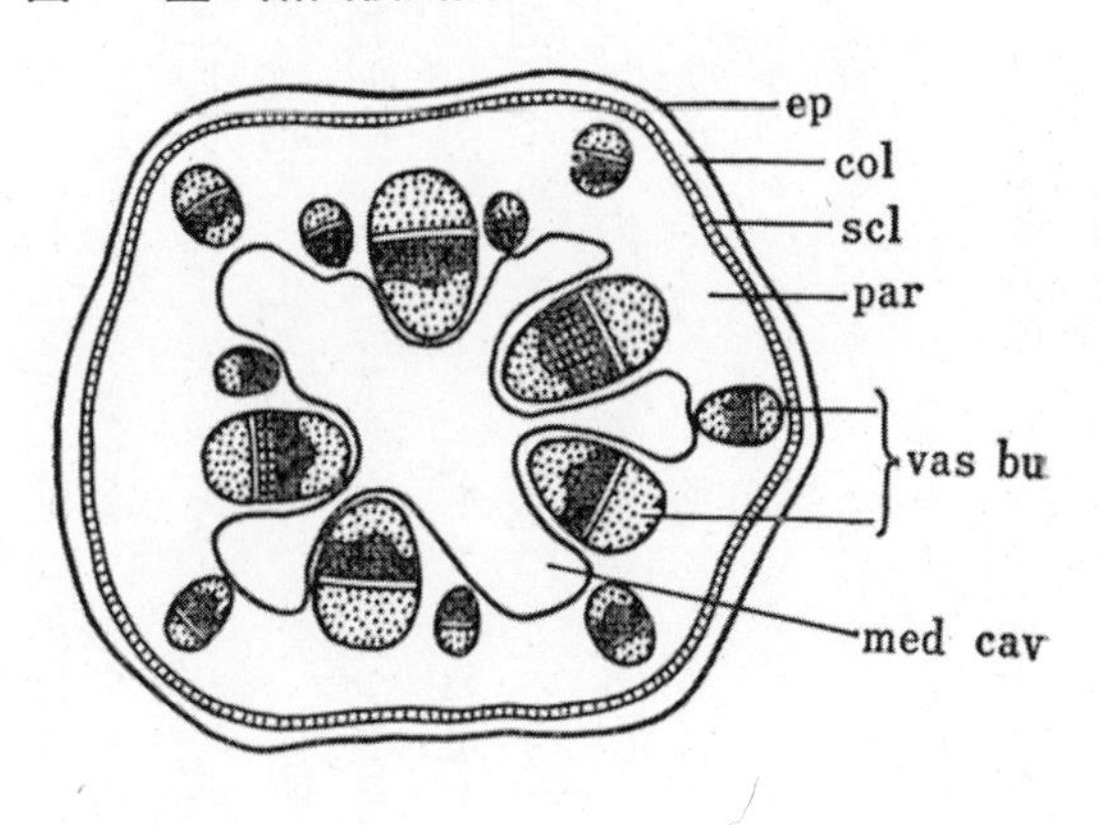

col　厚角組織，ep　表皮，med cav　髄腔，
par　柔組織，scl　厚膜組織，vas bu　維管束

図2　キュウリの葉の位置と同化量

いったん雌花化した株は、その後雄花をつけることは少ない。

これらの花芽が葉腋に分化した時期には、雌花と雄花との区別はなく、いずれも数個の花芽の原基が一葉腋に生ずる。そして体内の生理条件に応じ、雌花になる葉腋ではふつうの品種は一花そう中の一花が発育して他の花は発育しない。一方、雄花節では、一葉腋に数花ないし十数花がつぎつぎに分化し、それらは雄花に発育する。

個々の花についてみても、分化当初は雌、雄花の区別がなく、いずれもがく片、花弁、雄ずい、雌ずいの原基を分化する。しかし、その後、雌花になる花では雌ずいは正常に発育し、一方、雄ずいは発育を停止し、仮雄ずい（無葯雄ずい）として形をとどめる。雄花になる花では雌ずいの発育が停止し、雄ずいだけが正常に発育する。

雌花、雄花ともがくは筒状で五裂し、花冠は開いた鐘状で黄色、五深裂する。

雌花は子房下位で三心皮、まれに四～五室をもち、柱頭は三分し花柱は短い。花被筒の内側の仮雄ずいの基部に蜜腺細胞を生じ、開花時には明瞭な蜜腺がみられる（図3）。

一方、雄花では雌ずいは発育を停止して無卵雌ずいとなり、雄ずいだけ発育する。開花時の雄花では通常二花粉のうをもった二雄ずいと、一花粉のうをもった一雄ずいの、三雄ずいが花の中央に一体になっている。

図3　キュウリの雌花

（ジュドソン1928）

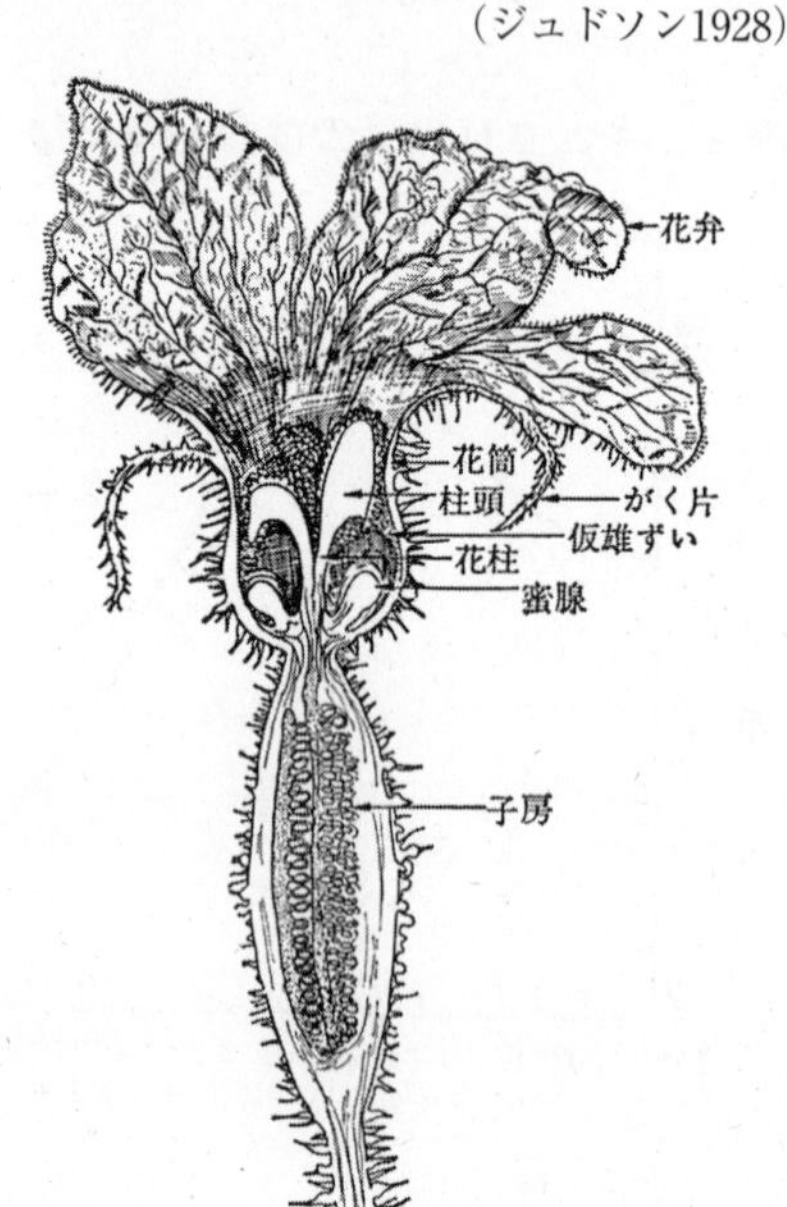

花芽は、本葉が一～二葉展開時に分化しはじめ、藤枝によると、五葉展開時の苗では第二〇節まで花芽が形成され、そのうち第一二節の花まで性が決定していた。花芽分化は通常、生長円錐から三～四節下位の節でみられ、さらに七～八節下位の花まで性が決定している。

花芽分化から開花までの期間は、種々の条件で変化するが、藤井によれば、葉が分化してからその葉腋に花芽が分化するまでに五日、分化初期から雄ずい、雌ずいが分化するまでに一〇日、雄花になるか雌花になるかという性が決定するまでにさらに四～五日を必要とする。そして開花までにはさらに約二〇日ていどの日数を要している。

雌花、雄花とも午前六～一〇時に開花、開葯し、雌花は開花二日前から開花翌日まで、花粉は低温貯蔵すれば、開花二日後まで受精力をもっている。

シアトンによれば、開花は一五℃、開葯は一七℃前後からはじまり、一八～二一℃が最適である。花粉発芽の実用的な限界温度は一〇～三五℃で、人工発芽床での最適温度は、一七～二五℃とされている。

受粉はミツバチその他の昆虫による。熊沢によると、異品種を交互に植栽したばあい、五三～七六％の自然交雑を生じた。品種により自家不和合性がみられる。

果実

キュウリの果実はいわゆる瓜果で、真の果実ではなく偽果である。もともとキュウリの花は子房下位で、子房とそれをとりまく花床（花たく）が発育したものを一般に果実と呼んでいる。したがって果皮といわれる部分は、実は花床の外皮にあたり、果肉として食用に供用される部分は、花床と子房の発育したものにあたる。ただし果床部は薄く、果肉の大部分は胎座部からなりたつ。なお花床と子房とは癒着していて肉眼的には区別できない。ジュドソンによれば、心皮の部分の細胞は花床の細胞に比べていくぶん小さく、細胞膜がやや薄い。

キュウリの未熟果は亜表皮細胞の葉緑粒により、濃緑色ないし緑白色を呈し、ろう質で被われ、通常平滑であるが、しわの多い品種もある。果面にいぼ状突起があり、その先端に黒色ないし白色のとげをつけ、とげの色から一般には黒いぼ、白いぼとよんでいる。いぼの大きさや密度、脱落の難易は品種により異なる。

果形は円筒形または楕円形で、通常、長さは二五〜五〇cmになり、なかには一mに達する品種もある。熟果は黒いぼ品種では黄色または褐色を呈し、網目を生ずるものが多く、白いぼ品種は黄白色で網目は生じない。果皮は比較的うすく、果肉は白色で厚く、食用に供される。

果実の生長は早く、毎日一cm以上伸長し、開花後一〇日ころの生長量は三cm前後にもなる。重さは、開花後六〜七日からは一日に約二倍になり、一〇日後ころからは毎日三〇%ほどずつ大きくなる。生育のよいキュウリは開花後八〜一〇日、ふつうの状態でも開花後一〇〜一五日で収穫される。

子房は三心皮からなりたち、果実は三室をもち、断面は三角形で、各室には二列に種子をつける。一果当たり種子数は通常一五〇〜二〇〇、地這い品種やピックル型の品種では三〇〇〜四〇〇のばあいが多い。

英国温室型品種（編注　一〇〇ページ参照）や、わが国の早出し用品種などは、単為結果性をもち、種子を生じないときでも果実は正常に発育する。したがって単為結果性の高い品種は、訪花昆虫の少ない室内栽培に適する。なお単為結果した果実は、尻細果や曲がり果になりやすい品種もある。単為結果性は、栄養状態が良好な条件ほど強くなり、同一株内では上位節の果実はど単為結果しやすい。

キュウリの実際栽培では、曲がり果や尖り果などくず果の発生することが多い。これらの不良果は、花芽の分化、発育中に温度障害などにあい、正常な雌花が形成されない貧弱な子房の花に生ずるものと、開花後の不受精や、栄養状態の悪いために生ずるものとがある。前者では両性花、帯化果、葉のついている果実などの奇形果を生じ、くびれ、先尖りや極端な曲がり果などは受粉、受精の不完全なばあいに現われる。単為結果性の弱い品種が受精しにくい条件におかれたり、日照、肥料、土壌水分の不足や、うらなりで栄養不良のばあいなど、要するに発育が順調でないときに先細り果、先太り果などの不良果を生じやすい。

キュウリは品種により、果実中に苦味物質ククルビタシンを生ずる。極端な苦味は優性単遺伝子により、その除去は簡単であるとされている。しかし実用品種の苦味の発現はさらに複雑で、苦味を全然生じない品種や、必ず苦い品種はほとんどみられない。通常は苦味の出やすい品種と出にくい品種が知られている。そして同一株でも苦い果と苦くない果を生じたり、一果実内の部位によって苦味の程度が異なるばあいなどがあって、苦味の完全な除去は単純ではない。実際栽培では水分不足、低温、一時的窒素過剰、日照不足、温度や土壌水分の急激な変化などのばあいに苦味を生じやすいといわれている。

種子

種皮の表皮細胞は、種子が成熟するさいに溶けて粘液物質になり、採種のさいに種子から剥離し、その下にある厚膜細胞からなる表皮下層が、通常、種皮と呼ばれている。種子は披針形（ひしんけい）で平たく、黄白色で、種子の長さは八〜一三mm、幅は三・四〜四・三mm、厚さ一・四〜一・八mm、一〇〇〇粒重は二二〜四二g、一ℓ重は五〇〇〜五一五gで、二〇mlの種子数は三〇〇〜四〇〇粒である。近藤は、ヨーロッ

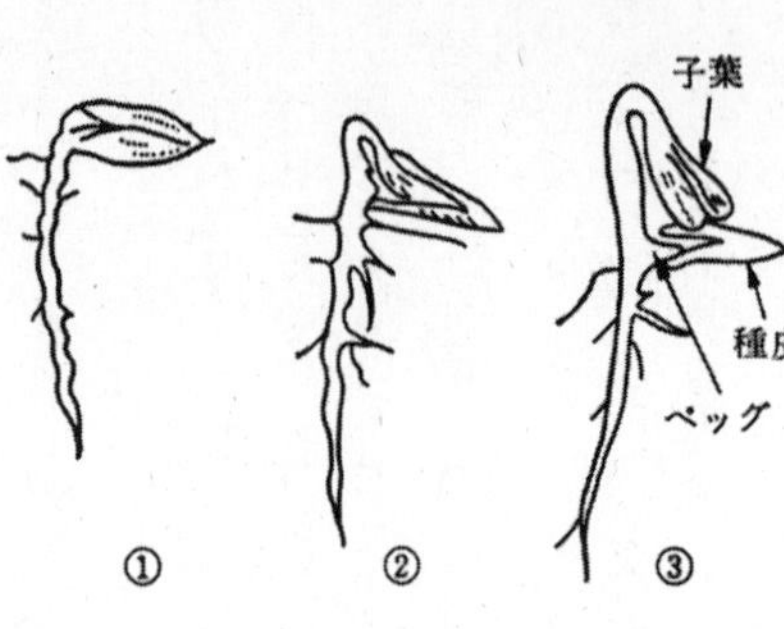

図4　キュウリ種子の発芽の状態
（クロッカーら、藤井1961による）

パの品種はわが国の品種より種子が大きいとし、野生種の種子は、栽培品種に比べていちじるしく小さい。

　種子はいわゆる無胚乳種子で、内乳は形跡をとどめるにすぎない。二つの子葉は大形で、糊粉粒や脂質や蛋白で満たされている。採種後、数週間は軽い休眠状態にあるため、発芽が不ぞろいになることがある。そこで、採種後間もない種子を使用するばあいは、種子の発芽部を軽く割ってまくのがよい。果実内にある間の種子は、果汁中の抑制物質と、果汁による生理的乾燥状態から、発芽が抑制されている。開花後二五～三〇日の若どりの採種果でも、一〇～一五日以上追熟すると種子の発芽率は増大する。

　種子の発芽は一五～四〇℃でおこり、発芽適温は二五～三五℃で、暗黒条件で発芽しやすく、発芽時の酸素要求量は、野菜のうちでは低い部類に属する。実用的な発芽年限は四～五年とされている。

　キュウリの種子は図4のような経過で発芽するので、子葉は播種した種子の長軸の方向に展開する。この点から苗床などで条播するときは、種子をまき条と直角の方向になるように播種している。

農業技術大系野菜編第一巻　性状、分類　一九七四年より抜粋

生理、生態的特性

青葉 高　山形大学

生育適温

　キュウリの凍死温度はマイナス二～〇℃で、霜にはきわめて弱く、一〇～一二℃以下では生育しない。しかし、ウリ類の中では高温を必要としない種類で、低温期の施設下の栽培に広くとり入れられ、わが国の盛夏期はむしろ高温にすぎる。

　キュウリは、五〇℃前後の高温にあうと比較的短時間で茎葉に壊死を生じ、四五℃に三時間おかれる日がつづくと、茎葉には直接の障害は現われないが、葉色が淡くなり、雄花の落蕾や開花不能、花粉発芽力のいちじるしい低下や奇形果の発生などをおこすとされている。三五℃前後では、同化による生産と呼吸による消費とのバランスがくずれる。三〇℃以上の温度は好ましくなく、果実に葉のつくものや双子果などの奇形果を生じやすい。

　キュウリの光合成の適温は二五～三二℃とされている。しかし、実際栽培では呼吸作用による消費との関係や、雌花の発生を妨げないように、昼間は二二～二八℃、夜間は一七～一八℃、少なくとも一三～一四℃以上、低温に強い品種でも一一～一二℃以上に保つ必要がある。

　土岐によれば、昼夜温とも適温を一律に考えることは合理的でなく、光合成生産物の転流を順調にする温度条件について考える必要がある。そして生成物の転流が十分に行なわれたばあいは、翌日の光合成能率が高くなる。そこで、日没後二～四時間は、葉の同化生成物の転流が円滑に行なわれるように一六～二〇℃にし、その後は呼吸作用が抑制されるよう、さらに低い温度にすることが望ましい。

　適温は、キュウリの発育段階によってもかわり、種子発芽時の適温は二五～三五℃と高く、栽培期間中も生育初期にはやや高めに

図2　キュウリの苗令、光度、温度と光合成

（位田1972）

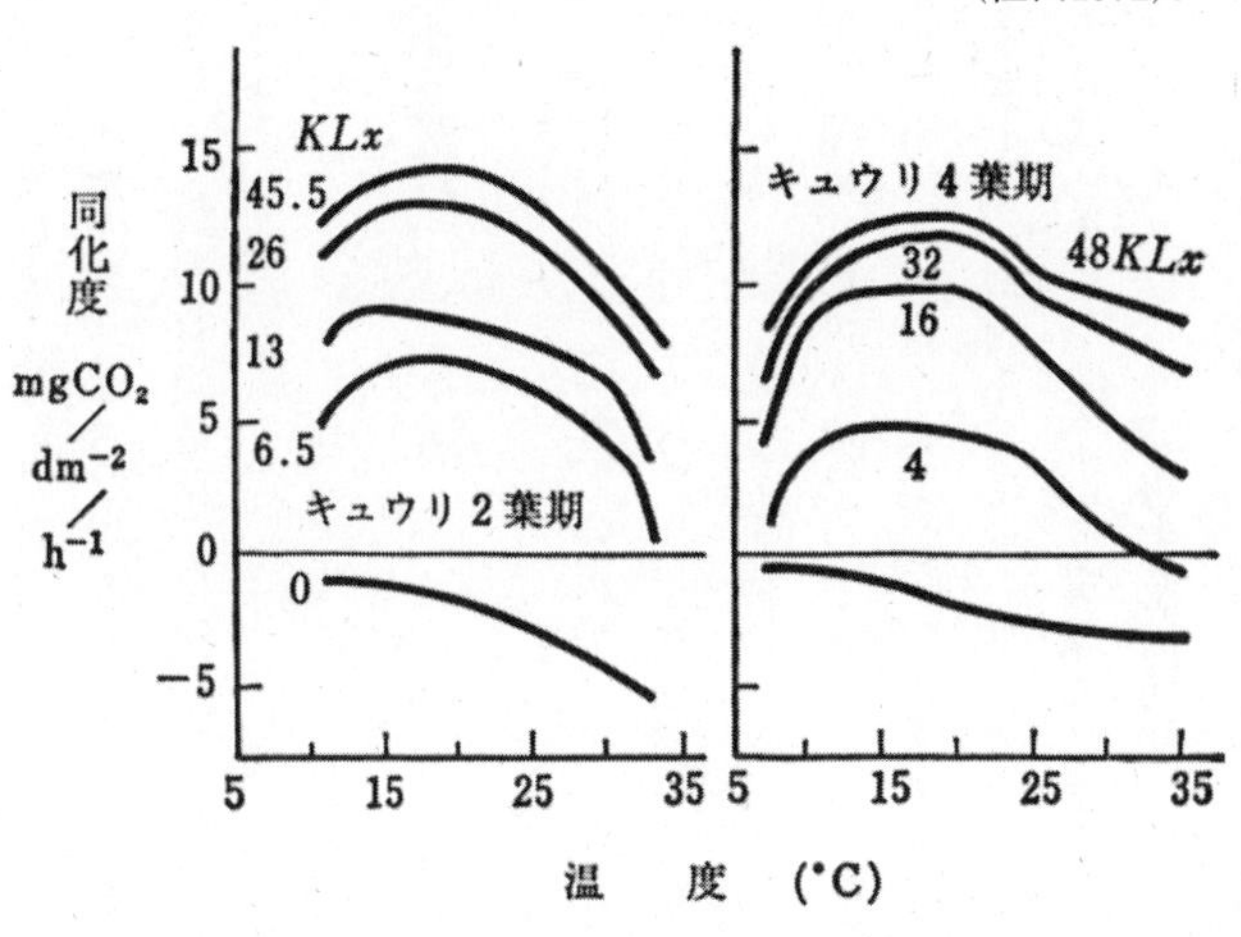

図1　キュウリの光合成と光強度、CO^2濃度、温度　（ガストラ1928）（玖村1971）

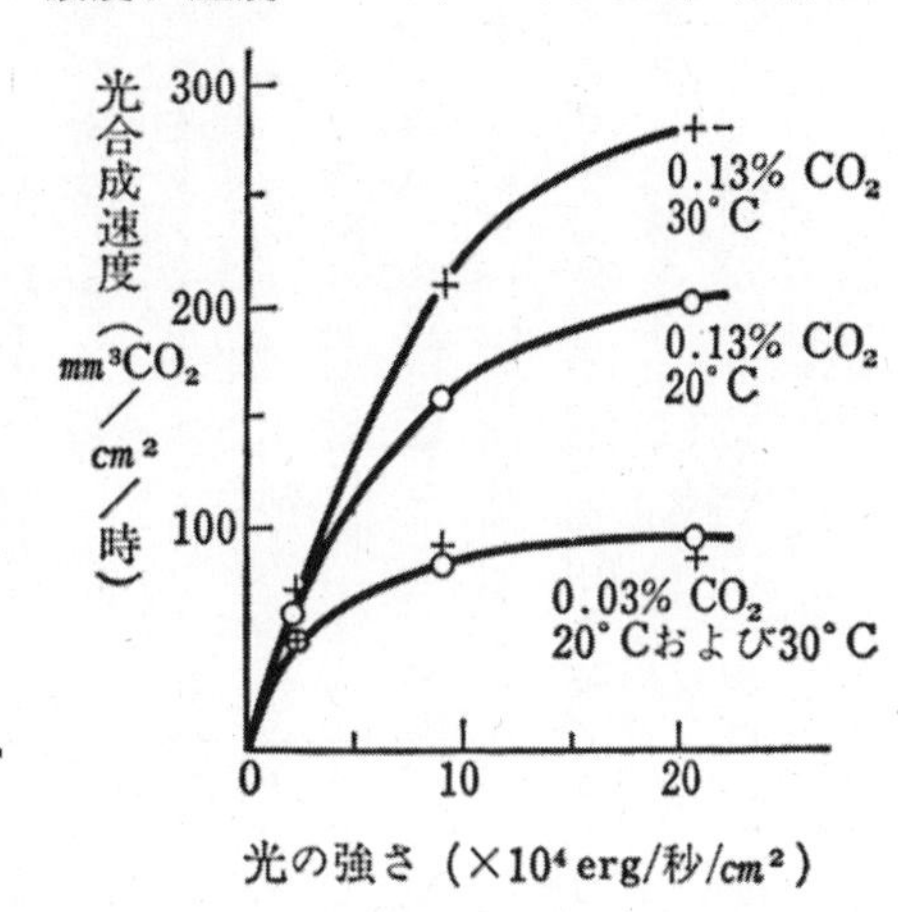

し、収穫盛り以降はやや低い温度にしたほうが株の老化がすすまないので、長期間収穫がつづけられる。

キュウリは地温に比較的敏感で、地温が一二℃以下では生育せず、少なくとも一五℃以上が必要で、二〇〜二三℃前後が適温とされている。一般的には地温は気温より五℃前後高めがよいが、地温は気温と相互作用をもつもので、気温が適温より高めなばあいは、地温がいくぶん低いほうが生育がよい。

光の影響

近年、キュウリの光合成については、多くの研究がなされ、その成果は、栽培面にも応用されている。元来、キュウリはトマトのような強い光は必要としないが、光が不足したばあいは収量や品質に敏感に反応を現わす。藤井によると、光度を自然光の二分の一にしても、同化量はあまり低下しないが、光の量を自然光の四分の一に制限すると、同化量は一三・七％に低下した。

光合成は、温度と炭酸ガス濃度があるていど高く、葉の活性が高いばあいに盛んになり、こういう条件下では光飽和点は高くなる（図1、2）。光飽和点は一般には五五〜六〇KLx、あるいは四〇〜五〇KLxとされている。そして実際栽培では葉が相互に光をさえぎり合っているので、日射量が多いほど株全体の光合成は高くなる。

炭酸同化による炭酸ガスの取込み量と、呼吸によるその放出量の等しくなるキュウリの光補償点は、一KLxていどで、日射量の不十分なばあいは、温度を下げて呼吸による消耗を少なくすることが望ましい。神奈川園試の成績によると、夏期のキュウリ栽培では、遮光を行なうと気温が三℃、地温が四〜五℃低下するので生育が良好となる。しかし自然光の二分の一まで日射量を少なくすると、光合成が激減し、かえって生育は不良になる。

光合成は、一般に早朝から午前中に盛んに行なわれる。加藤らによると、一日の同化乾物量の六〇〜七〇％は午前中に生産される。したがって、朝から午前中に十分の光を与えることが必要である。

光はまた日長としてキュウリに影響を与える。とくに花の性表現は、後述するように日長と温度によって強く支配される。

光合成には六〇〇〜七〇〇nm（ナノメーター）の赤の部分と、四〇〇〜五〇〇nmの青の波長帯の効果が大きいというように、光の波長は光合成や生長、形態形成、花の性分化などに関係をもつ。したがって補光をするばあいは、光合成能率が高く、光形態形成などに支

障をきたさない光が用いられる。

なお、補光のさいは、雌花の形成に支障をきたさないよう、日長や苗令に注意を払う必要がある。

大気の条件

大気中には約〇・〇三%の炭酸ガスが存在し、これは光合成による炭水化物生成のための炭素源になっている。光合成は、あるていどまで炭酸ガス濃度が高いほど盛んになり、日射量が不足がちのときでも炭酸ガス濃度を高めると、光合成はあるていど盛んになる。今津らによると五%までは、炭酸ガス濃度が高いほど、キュウリの乾物生産は増加する。しかし、一〇%以上まで高めると乾物生産はかえって減退する。

ハウスやトンネル栽培では、光合成がすすみ、しかもガス交換が十分でない午前中など、炭酸ガス濃度が非常に低下する。そこでキュウリのハウス栽培などでは、炭酸ガス施与により収量が一〇%内外増加する。

つぎに空中湿度は、蒸散作用を通じキュウリの生理に影響を与える。たとえば、矢吹らによると、風速が小さいばあい、湿度の影響はほとんどない。風速が大きいばあいは湿度は光合成に影響し、湿度が低下すると光合成も低下する。これは、葉内水分含量が低下するためと考えられている。気温との関係では、気温が二五℃のばあいには、湿度が高すぎても低すぎても生育が劣る。

一般に空中湿度が低すぎると、茎葉や果実の生長が抑制され、反対に、湿度が高い状態では病害発生の誘因になりやすい。

ハウス栽培では近年、主として温度調節の目的で強制換気が広く行なわれている。昼間換気を行なうと、昼夜とも空中湿度が低下し、その結果、べと病などの発生が少なくなる。さらに微風の効果として、キュウリの初期収量が増大するといわれている。

ハウス栽培では、近年、亜硝酸ガスによる障害が問題になっている。亜硝酸は土壌中にも存在し、作物の生育に影響する。キュウリは果菜類の中では亜硝酸に対する抵抗力が最も大きいことが知られている。なお、踏込み温床などで密閉したときなど、特殊なばあいに、酸素不足による種子の発芽障害がみられる。

土壌条件

キュウリは浅根性で、乾燥には比較的弱い。有機物と水分が十分であれば、各種の土壌でよく生育する。しかし粘質土壌では一般に生育が遅れ、砂質土壌では生育は早まるが老化もしやすい。キュウリは生育テンポが比較的早いので、圃場はあらかじめ施肥しておくことが望ましい。

土壌酸度は、中性ないし弱アルカリ性土壌を好み、川島らによるとpH五・五〜七・二でよく生育する。

生育に適当な土壌水分はpF一・五〜二・〇、あるいは二・〇前後といわれ、位田は、砂土ではpF一・四、埴質赤色土では一・八付近が根の伸長に最も適している、としている。

近年、ハウス栽培では土壌中の塩類濃度が高すぎるため、各種の症状が発生している。キュウリはトマトやピーマンなどに比べて塩類集積の害が発生しやすく、生育阻害をおこす限界EC（1：2）は、砂土では〇・六、埴壌土では一・五ていどである。

花芽の分化と発達

藤枝國光　九州大学

農業技術大系野菜編第一巻　生理、生態的特性　一九七四年より抜粋

着花習性

キュウリは、雌花と雄花を混生する雌雄同株が基本型であるが、雄花と両性花を混生す

る両性雄性同株型が例外品種として存在する。また、雌花あるいは両性花の着生状態、すなわち性表現は環境条件に動かされやすいが、その感受性や雌花の着生能力は遺伝子型によっていちじるしく異なる。

現在のキュウリ品種の性表現は、雌花の着生能力や環境条件に対する感受性から、次のように類別できる。

性表現の型

混性型　雄花節で始まり、雌花が飛び成りにつく型で、雌花のつく程度は品種や環境条件で変異する。また、生長に伴い上位節では雌花がつきやすくなる傾向があり、数節連続して雌花をつけることもあるが、とびとびに雄花節を生ずる。日向二号、霜不知、ときわ、芯止、四葉などがこの型に属する。

混住雌性型　雄花節で始まり、雌花節が混じり、ついで雌性に転じて連続雌花節を表現する。連続雌花節になってからは雄花を生ずることはまれである。このような経過の早晩は品種で異なり、また温度や日長条件で変化する。青節成、落合、刈羽、長日系品種など。

雌性型　全節に雌花をつけることができる型で、環境条件によって下位節に若干雄花節を生ずることもある。この型の固定とその増殖には、人為的に雄花を誘起する必要があり、ジベレリンや硝酸銀処理法（第一葉期にジベレリン四〇〇～一〇〇〇ｐｐｍ水溶液、または硝酸銀一〇〇～二〇〇ｐｐｍ水溶液の葉面散布）が利用されている。夏節成、彼岸節成、ＭＳＵ７１３-５、ＰＭＲ４７５などがこの型に固定しており、刈羽、小城、聖護院などはこの型の株を分離する。

両性雄性同株型　下位節は雄花節であるが、その後雄花そう第一番花が卵型の子房をもつ両性花になり、両性花と雄花を同一節につける節がふえてくる。雌花を欠き、両性花を生じるこの特性は単遺伝子劣性形質で、おそらく劣性突然変異によるものであろう。アメリカのレモン（一八九四年育成）がこの型だが、それほど実用的に優れた形質でもないので、この型の利用は少ない。

三性同株型　相模半白や落合など、雌雄同株の品種にまれに両性花を生じることがある。それらは正常な生殖機能をもたない奇形花で、遺伝的なものではない。しかし、キュビッキー（一九七四）がボルザゴフスキーから育成した人為突然変異系統や著者ら（一九七八）が明らかにした芯止のＧＷ系統などは、劣性単遺伝子の支配で、正常な子房をもつ偏雌両性花を生じる。これらは生育に伴って同一株に雄花、偏雌両性花、雌花をつける遺伝的な三性同株型である。

温度感受性

低温性　キュウリは低温下で雌花分化の機能が高まり、高温下でその能力を失うポリジーン系に支配され、一般に低温性である。このポリジーンの集積の多い品種ほど雌花着生力は強いが、高温下ではその程度に関係なく一様に飛び成りになるので、そのような品種ほど温度条件に敏感に反応する。

温度不感受性　ＭＳＵ７１３-５やＰＭＲ４７５などは温度に関係なく、つねに雌性性表現を示す。ポリジーン系のほかに、温度に鈍感で雌花分化機能の強力な主働（雌性）遺伝子が関与している。

日長感受性

短日性　短日条件下で雌花分化が促進される。青節成、落合、日向二号、地這、酒田など。

中性（日長不感受性）　性表現が日長に影響されない。四葉、立秋、山東、刈羽、聖護院、夏節成など。

長日性　一二～一四時間以上の長日条件下で雌花分化が促される。彼岸節成。

キュウリの雌花分化は、一般に短日性として知られている。中性の遺伝子源は華北キュウリにあり、中性品種は華北キュウリかその血を引く雑種群品種に限られる。しかし、わが国の最近の実用品種は、春キュウリも夏キュウリも雑種群品種が主流になってきたために、中性品種がふえている。

　長日性が確認されているのは彼岸節成だけだが、この品種は一四時間以上の長日条件下では雌性型になり、それ以下の短日下では混性雌性型性表現を示す特異な品種である。

花芽分化とその機構

　キュウリの花芽は、ナス科やアブラナ科のように茎の生長点に分化するものではない。生長点は、もっぱら葉芽を分化するだけで、花芽はあるていど生長した葉芽の内側に分化し、栄養生長と生殖生長が文字どおり並行して進行する。

　キュウリで最初に花芽が観察されるのは、ふつう発芽後一〇日目ぐらいで、第一葉展開期のころである。すでに第七～八節の葉芽が分化しているが、その第三～四節の葉腋に、花芽の原基が小さくて丸い細胞塊の突起として現われる。次いで、その後生長点の葉芽の分化につづいて、その三～四節下位を上位節へ向かって上昇する。

　キュウリの花芽は、その性の分化や生長速度は品種や環境条件でいちじるしく変異するが、花芽分化そのものは固定的な形質で、あるていど生長した葉腋に、主技はもとより側枝にも、もれなく確実に分化してくる。

　花芽形成の内部要因については、きわめて固定的な形質ということもあって、実証的な報告が見あたらない。しかし、中性植物で想定されているように、まず、葉で花成ホルモン様物質が生成され、これが分裂組織に集積するものと思われる。この間にオーキシンやジベレリンなどの影響があるかもしれないが、キュウリの分裂組織には花成誘起に必要な量がつねに確保されるのであろう。また、第一葉の展開初めに、すでに花芽は形として現われるので、花成ホルモン様物質は、子葉によって初期の花芽誘起に必要な量が供給されるものと考えねばならない。

　分裂組織に集積した花成ホルモン様物質によって、花芽形成に特異的な作用をもつDNAが活性化され、そのDNAの情報を写しとったm－RNAがつくられる。このm－RNAが小胞体上のリボソームのところへ移動してくると、ここで花芽形成に特異的な作用をもつ酵素蛋白が合成され、この酵素蛋白の働きで花芽が形成されるものと思われる。

性分化の外的条件

温度と性の分化

　雌性型を除けば、キュウリは例外なく低温によって雌花分化が促される。昼間の低温も促進的に働くが、昼間は光合成の適温で経過し夜温がほどよい低温のときにいっそう効果的である。

　図1は、昼間（八時間明期）を二五℃にし、夜間（一六時間暗期）を一三℃、一五℃、二三℃に制御した人工気象室で、発芽後七日目から二五日間育苗し、その間に分化したと思われる主枝一五節までの雌花節数を調べた結果である。この試験のように、夜間水平型の温度経過のばあいは、一三～一五℃が雌花分化に最適と思われる。しかし、ふつうの苗床のように、日没からゆるやかに下降する温度経過のばあいは、最低気温一〇～一一℃、最低地温一四～一五℃あたりが適温である。

図1　夜温と雌花節数　（藤枝1966）

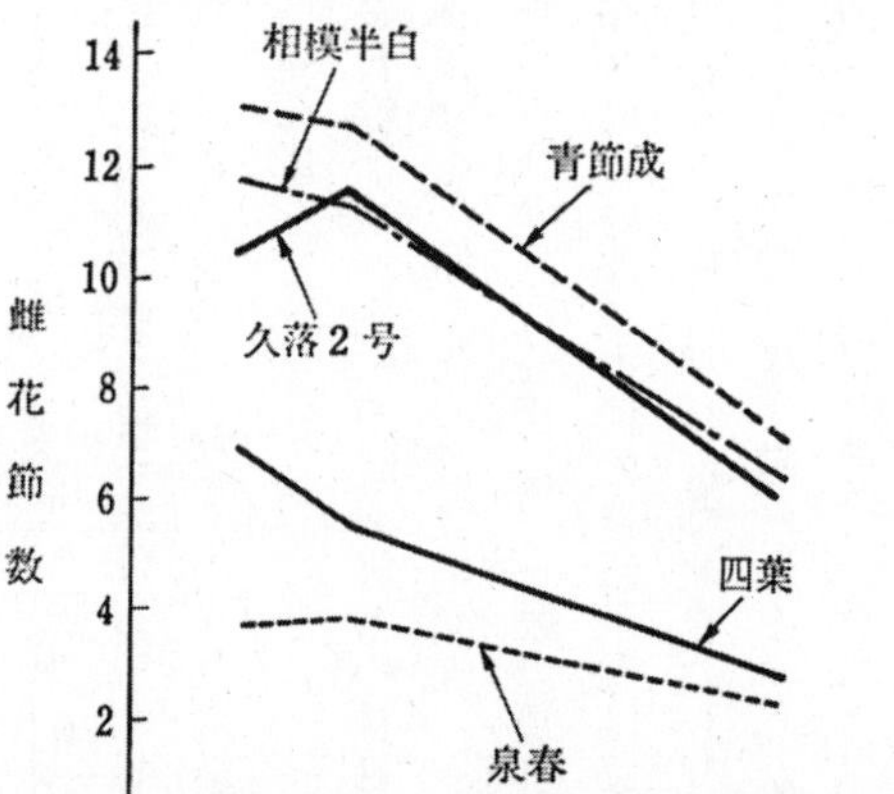

ただし、発芽直後の稚苗をこのような低温にあわせると、雌花分化はかえって遅れる。図2は、昼温二五℃・夜温二〇℃に制御した人工気象室で青節成を育苗し、この間に昼温二〇℃・夜温一五℃の低温処理を時期別に行ない、雌花着生状況を節位別に調べた結果である。

発芽後六日目から一〇日間処理した前期低温区は、低温処理を全く行なわなかった対照区に比べ、第四～七節に雌花のつきが少ない。発芽後一六日目から一〇日間（第一葉期）処理した中期低温区では、第六～七節に雌花が少なく、第八～一〇節に多くついている。発芽後二六日目から一〇日間（第三葉期）処理した後期処理区は、第七～一〇節の雌花分化が強調され、全期（三〇日間）低温処理区に匹敵する低温効果が認められた。

このように、幼苗期の低温処理が負の効果をもたらすのは、苗の生長を強く抑制するからであろう。

キュウリは、幼苗期に機械的に葉面積を制限しても雌花分化が抑えられる（藤井ら一九五五、斎藤ら一九六一）。図3は、展開期の子葉や第一本葉を半葉摘除したばあいの雌花のつき方を示したものである。下位節の雌花の分化が明らかに抑えられている。これは、雌花分化を誘導する物質が子葉や展開葉でつくられており、摘葉によってその場がせばめられ、生成能力が低下した結果である。幼苗期の低温処理が雌花分化に負に作用するのも同じ理由と思われる。

これらの事実は、キュウリの雌花分化の温度感受性は、キャベツやネギの花芽分化の低温反応と同様に、グリーンプラントバーナリゼーション型に属することを意味している。

なお、温度条件を感受して性分化に影響が現われる節位は、処理初めの時期の性決定節より二～三節上位節からである。したがって、担果力の関係で第七節あたりから着果の望まれる営利栽培では、幼苗期は生長の適温下でのびのびと育てて、第二葉展開期から雌花分化に適する夜冷条件を与えることが必要である。

雌花分化を促すための低温条件には適温があり、夜冷操作も一〇℃以下に下げることは好ましくない。とくに、育苗前半を適温に保ってのびのびと育てた苗を、育苗後期から定植後の初期生育期へかけて六～七℃以下の低夜温につづけてあわせると、分化した雌花が奇形になりやすく、いちじるしいばあいは、雌花も雄花も発育せずに流れてしまうことがある。その反応は品種によって異なり、春型品種は比較的鈍感だが夏型品種は概して

図2　低温処理と節位別雌花節率　（藤枝1960）

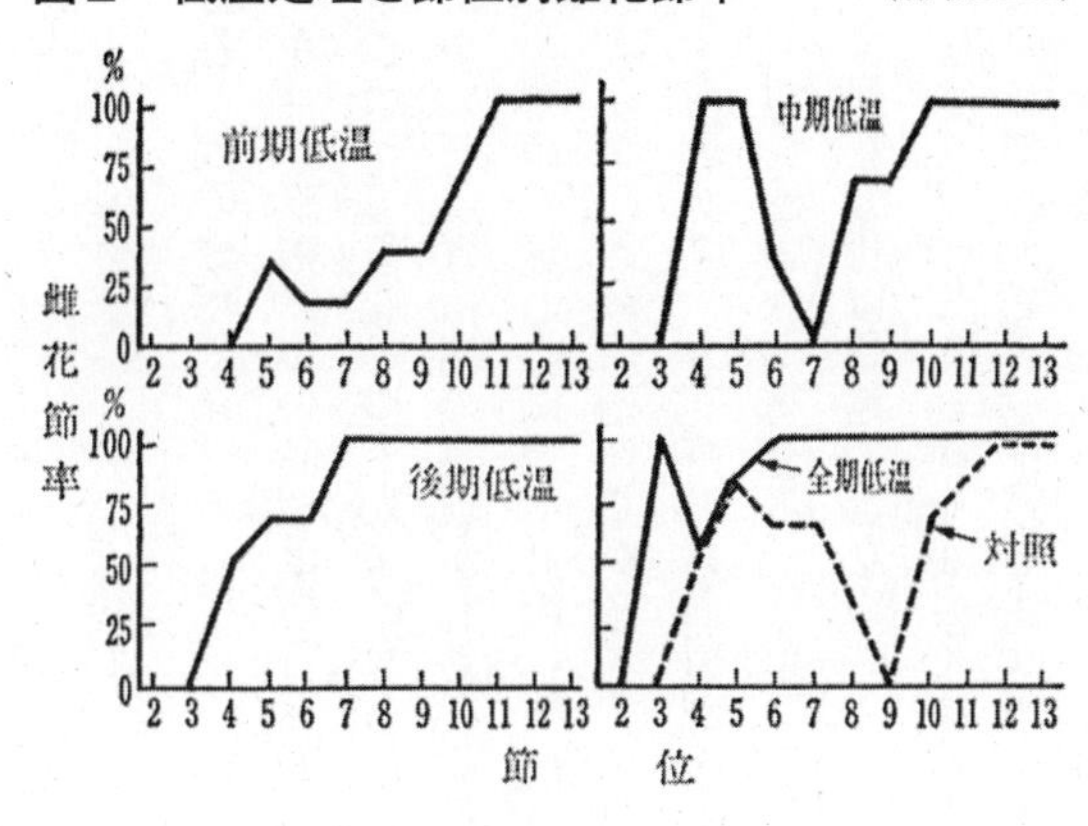

1.　前期：発芽後6日目から10日間
　　中期：発芽後16日目から10日間
　　後期：発芽後26日目から10日間
2.　ファイトトロンで25⇄20℃に規制して育苗し，この間に20⇄15℃の低温処理を行なった
3.　品種：青節成

図3　葉の摘除と節位別雌花節率　（藤井ら1955）

敏感である。

日長と性の分化

キュウリの多くの品種は短日性で、短日条件によって雌花のつきがよくなる。このことについては育苗期の処理が有効なこともあって、育苗管理との関連で詳細に検討され、次のようなことが知られている。すなわち、

①苗齢がすすみ、苗の葉面積がふえるにつれて短日感応性は高まる。子葉期の短日処理では雌花分化は誘起できない。

②葉を切って葉面積を小さくすると、苗齢は同じであっても短日感応性は弱まる。

③葉面積は同じでも、葉齢の若すぎる葉やすすみすぎた葉は感応性が弱い。たとえば、五葉期の苗では第三葉が最も敏感である（斎藤ら一九六一）。

④日長時間は、五～六時間までは短いほど雌花分化が促されるが、強度の短日処理は苗の充実を悪くし、処理終了後も残効的に生長を抑制するので、生産力はかえって低下することが多い（藤井ら一九五五）。

⑤日長時間が五時間よりも短くなると雌花分化は抑制され、連続暗黒下では雌花が全く発現しなくなる。また短日処理中に明期の光量を制限すると効果が劣る（斎藤一九六一）。

⑥連続照明下で雌花誘起のための暗期処理は、少なくとも三回は必要で、処理回数が多いほど雌花のつきはよくなる（斎藤一九六一）。

⑦短期間の短日処理で雌花分化が促される節位は限定され、その節位は処理時の苗齢で変化する。

⑧短日効果は温度の影響を受ける。雌花分化が十分促されるような低温条件下では効果が劣り、また平均気温が二五℃をこえるような高温条件下では効果が現われない（藤枝一九六六）。

長日性の日長反応については、筆者（一九六六）や松尾（一九六八）によって、彼岸節成で確認されている。この品種は夏節成と久留米落合一号を素材にした交雑育成種で（藤枝一九六五）、二〇℃以下の低温条件下では、雌性株にちかい性表現を示し、日長の影響は小さい。しかし、より高温条件下では、短日にあわせれば下位節に数十～数節雄花をつけ、一四時間以上の長日条件下で育苗期を経過させれば、長日反応を示して雌性株になる。

他の要因と性の分化

キュウリの花の性分化は、雌花が十分つくような温度、日長条件下では、他の栽培条件によって影響されることは少ない。しかし、温度や日長条件が雌花分化を十分に促しえないような環境下では、他の要因の影響もかなりあることが認められている。

すなわち、床土に窒素を多用したり、灌水量を少なくして窒素の体内レベルを高めると、雌花の発現が遅れる（藤井ら一九五五、伊東ら一九五八）（表1）。遮光処理（ティージェンス一九二八、伊東ら一九五三）や育苗期の移植（蔵重一九三一）は雌花の発現を早め、雌花のつきをよくする。また、雌花を開花前に摘除すれば、生長が盛んになって雌花、雄花ともにふえ、とくに側枝では雌花の増加割合が高まる（浅見ら一九三六）。地這いづくりと立ちづくりとでは、地這いづくりのほうが雌花がふえる（伊東ら一九五三）。

このように、種々の要因の影響が認められているが、いずれも温度や日長の影響ほどいちじるしいものではない。また、一般に栄養生長を助長する条件が雌花分化を抑制しており、その作用機作は栄養生長への働きかけを通じ、二次的なことが示唆されている。

性表現の調節

白いぼキュウリの普及に伴い、露地はもとより、施設のキュウリも主枝仕立てから摘心仕立てに変わってしまった。そして節成り性を確実にすることに集約されていたかつての育苗技術が軽視され、分枝を促すことに力点

表1　雌花着生に及ぼす灌水量と窒素の影響　（伊東ら1958）

灌水量	窒素施用量	定植時の苗						第1雌花着生節位	連続雌花着生節位	雌花節数**
		草丈	葉数	生体重	全炭水化物*	全窒素*	CN率*			
		cm	枚	g	%	%		節	節	
少	少	15.6	6.0	11.1	3.111	0.556	5.60	10.2	13.6	8.4
	中	14.8	6.5	11.5	2.786	0.626	4.45	13.3	14.4	7.3
	多	12.8	6.0	10.5	2.195	0.702	3.13	12.4	13.3	8.2
中	少	23.6	8.6	20.6	3.066	0.440	6.97	7.4	14.0	7.8
	中	28.3	10.0	28.1	2.176	0.503	4.31	8.5	15.4	6.3
	多	22.0	9.2	21.3	2.618	0.579	4.52	9.5	14.9	6.8
多	少	26.3	9.2	23.7	4.652	0.395	11.79	7.0	12.8	9.1
	中	36.0	11.3	38.1	3.221	0.433	7.43	7.3	15.1	6.5
	多	31.6	10.0	32.3	3.483	0.538	6.48	8.1	14.5	7.4

注　1.　品種：相模半白，5月24日播種。処理：6月1日～7月10日（夜温25℃，日長8時間），7月11日定植

2.　*　地上部を分析，**　主枝20節まで

がおかれているように見受けられる。

前述のように、キュウリは各節に花芽と腋芽を形成する。しかし雌花節の腋芽は低温寡日照期には伸長しにくいので、冬春期の摘心仕立てで分枝をふやすには、雌性型や混性雌性型よりも混性型が有利である。ところが混性型は主枝に着果が少ないだけでなく、側枝にも連続着果しにくいので、多収穫がむずかしい。幸いなことに、一雌花節に二つあるいは三つ雌花を分化させる遺伝子があり、最近の品種はこれらの遺伝子を利用して雌花着生力を高める方向に改良されている。

また摘心仕立てでは側枝の節間が短くて、その葉の小型になる短側枝性のものが好まれている。誘引の手間が省けるし、受光態勢もよいからである。要するに、飛び成りで一節に二～三果着果し、短い側枝が数多くでやすい品種が理想像として描かれている。

ところが混性型キュウリは、飛び成りの程度が環境条件によって動かされやすく、育苗期や初期生育期の条件しだいで極端な飛び成りになったり、逆に強い節成りになったりする。節成りが連続すると房成りだけに着果過剰におちいって果実は奇形化し、側枝は伸びなやむ。飛び成り程度が極端になれば、側枝がいっせいに伸び、その側枝に短期間に着果してひどい着果周期が現われ、株の老化が早められる。したがって性表現調節は、摘心仕立てでも主枝仕立てのばあいに劣らず、生産力の向上に重要な意義をもっている。キュウリは周年的な需要に対処するために作型の分化がすすんでいて、作型によって季節性が大きく異なるので、性表現調節は画一的な方法では困難である。遺伝子型の有効利用が基本になるが、それぞれの作型に適した環境制御法を組み合わせて、適切な調節が行なわれなければならない。

ハウス抑制栽培　高温長日期にスタートするので側枝は出やすいが、雌花はつきにくい作型である。しかも短期栽培であるから雌花着生を高めることに力点をおく。遺伝的には混性雌性型か二雌花性で雌花着生力の強い混性型が望ましい。育苗環境を涼しくすることが肝心で、側壁に寒冷紗を張った通風のよいハウスで育苗したい。定植後も五～六葉期まではハウス内を極力涼しく保つ。短日処理を行なっても高温のために、雌花はふえにくい。

抑制越冬栽培　遺伝的に雌花着生力の強すぎる品種は最盛期に生殖生長にかたより、品質を落としやすい。混性型で、側枝にもあまり連続着果しない二雌花性品種が望ましい。主枝が極端に飛び成りになると着果周期が強く現われるので、抑制栽培に準じて五～六葉期までは低温管理を行なって雌花分化を促す。

促成栽培　混性型の二雌花性品種が望ましい。雌花着生の促されやすい季節であるから、側枝の確保を重視した管理を行なう。昼間は二五～二八℃に保って光合成を促し、第一葉期までは適温適湿でのびのびと育て、その後、最低夜温が一四～一五℃になるような温度管理を行なう。

半促成栽培　播種期の早い半促成は促成栽培に準ずる。二月以降に播種する半促成栽培は気温も上がり、日長も長くなるので、混性雌性型品種が望ましい。第一葉期まではのびのびと育て、第二葉期から夜温を一三℃ていどに下げる夜冷操作を始め、定植期までつづける。短日性品種は日長を八～九時間に制限し、雌花分化を促す。

早熟栽培　雌花のつきの密なことが有利な作型である。ふつうの混性型や混性雌性型品種は、気温も上がり日長も長くなるので性表現が育苗管理で変わりやすい。雌花分化を促すための夜冷操作を忠実に実行し、短日性品種のばあいは短日処理も積極的に行なう必要がある。節成り性の高いことが有利であるから、雌性型を母系統としたF1品種の利用も有望である。それらは不安定な雌性型または混性雌性型になるが、環境条件に鈍感で、確実に節成りになる（藤枝ら一九六五）。

夏キュウリ栽培　夏キュウリは生長が早く、春キュウリのように節成りに着果したのでは担果力が及ばない。しかし若い果実が嗜好されるので、あるていど雌花着生は密なほうが有利である。高温期の露地栽培だけに、混性型品種の環境制御による性表現の調節は困難である。エセフォン処理で雌花着生をふやすことは可能であるが、濃度や散布時期による効果のふれが大きく、生育抑制や分枝の遅延などのマイナスの効果を伴うので好ましくない。この作型での雌花着生の強化は雌性型の、F1利用によらざるをえない。

採種栽培　キュウリの採種栽培では、主枝の一〇節前後に連続して雌花が着生すると交配能率がよい。また連続着果した果実はそろって発育しやすいので種子果がふえ、増収につながる。混性型品種ではエセフォン処理が有望である（小田原ら一九七〇）。ただし、品種や栽培環境で効果が異なるので、処理濃度や処理時期はそれぞれの実用場面であらかじめ検討しておかねばならない。

なお雌性型キュウリの繁殖にはジベレリンが用いられてきたが、系統により、あるいは環境条件により、雄花分化が不十分で支障をきたすことが少なくなかった。硝酸銀処理で解決のめどがついているが、毒性の問題が残されている。

農業技術大系野菜編第一巻　花芽の分化と発達
一九八二年
（編注　作型については一〇四ページ参照）

栽培と品種の変遷

藤枝國光　九州大学

種内分化

キュウリは栽培化が三〇〇〇年前にさかのぼり、各民族に古くから嗜好されている重要野菜である。ローマでは紀元一世紀はじめに、中国では唐の時代に促成栽培が行なわれるなど、不時栽培の歴史も古い作物である。したがって、品種の発達がいちじるしく、次のような種内分化が知られている。

①ネパールキュウリ　ネパール地方に土着の原始的な栽培種で、変種（var. *Sikkmensis* HOOKER f.）に扱われる。つるは支柱をよじのぼり、性表現は短日性の混性型である。果実は短大、淡緑色を呈し、黒とげて果肉は薄い。中東やタイなどの在来種もこれに似ている。

②英国温室型　一九世紀のはじめに、イギリスで温室栽培用として成立した品種群である。つるが太く、葉は大型で大柄な草姿にな

る。種子も大きく、花器も大きい。果実は長大で、六〇cm以上に伸びるものが多く、とげは白で小さく、幼果のうちに落ちる。果皮は鮮緑色、果肉は厚く香気があるが、肉質は軟らかく、スライスにして食用に供される。

温度適応性はわが国の春キュウリに似ていて、単為結果性もあり、施設栽培に適する。わが国でも温室キュウリ用として導入が試みられたこともあるが（恩田ら一九一七）、菌核病や灰色かび病におかされやすく、また嗜好の関係もあって定着しなかった。インプルーブド・テレグラフ、エブリデー（イギリス）、スボルー（オランダ）、クリンスキー（ソ連）などが著名である。最近は各国で雌性型品種の育成があいついでいて、オランダのペピネックス（荻原ら一九八〇）やわが国のサラダクイーンなどは、わが国の施設栽培にも適応する有望品種として紹介されている。

なお、分類上変種（var. *anglicus* BAILEY）として扱うこともある。

③スライス型　欧米の露地用品種群で、這いづくりに適する。果実は紡錘形から円筒形で、鮮緑色から淡黄色をしている。とげは白と黒とがあり、果皮は平滑でしわが少ない。スライスにしてサラダに用いられるが、粘肉大味である。春キュウリにちかい温度適応性を示すが、多湿に弱く、高温もきらい、わが国の露地栽培には適応しにくい。インプルーブド・ロンググリーン、マーケッター（アメリカ）、デリカテス（ドイツ）、ガラコフスキー、ムハランスキー（ソ連）などが著名である。また、ベイト・アルファ・ヒメイル・ハイブリッドMRやビクトリーなどのような雌性型品種の育種が盛んになってきた。

④ピックル型　ピックルスに供される小果の品種群である。葉は小型で節間が長く、多枝性の早生種が多い。果実はびん詰、缶詰向きの卵形または小円筒形で、肉質は緻密でもろい。アメリカやソ連で育種がすすんでいて、雌性型品種や耐病性品種が育成されている。カロリナ、ラッキー・ストライク、ナショナル・ピックリング、プロデューサー（アメリカ）、アーリー・ルシアン、アバンガード、ネジンスキー（ソ連）などが知られている。わが国の酒田は、アーリー・ルシアンの土着系であり、ピックルス加工用に栽培されている。

⑤華南型　華南を中心に、東南アジア、華中、日本に分布する。つるが太く、葉は厚く、根は比較的太くて密生し、移植に耐え、乾燥にもやや強い。雌花のつき方には疎密があるが、いずれも温度や日長条件に敏感で、高温長日下では飛び成りになる。また、高温長日下では草勢が充実せず、果実の肥大も悪い。果実は円筒形から長紡錘形で、果色は緑の品種が多いが、半白、白、黄色をしているものもある。一般に、とげは高く黒とげの品種が多いが、熟果は白とげのものは黄変し、黒とげのものは褐変してネットを生ずる。草姿は這性で地這いづくりに適するものもあるし、主枝伸長型で立づくりに適するものも多い。

⑥華北型　華北で成立し、中央アジア、華中、朝鮮半島、日本に分布している。つるが細く、節間や葉柄は長く、立づくりに適し、早生の品種が多い。根は繊細で分布が深く、移植をきらい、低温に弱い。雌花は飛び成りにつき、高温下では少なくなるが、日長の影響には中性のものが多い。夏秋期に適応し、低温寡日照下ではかんざしになりやすい。果実は細長く、濃緑、緑、黄色果があり、とげは小さくて白い。果皮が薄く、肉質はもろくて歯切れがよく、食味がすぐれる。熟果は黄変し、ネットを生じない品種が多い。

品種の発達

華南型

わが国古来のキュウリは華南型で、その原型は青大や青長にちかいものとみられている。しかし、栽培様式の発達や作型の分化に伴って、品種が分化し、これらは半白群、青節成群、青長群、地這群に分けられる。その成立経過は次のとおりである（熊澤一九五六、藤枝一九七三）。

半白群　江戸時代にわく（框）栽培に用いられていた砂村葉込が祖先になり、早熟栽培で淘汰されて大井節成が分化した。また、明治末期に大井節成から馬込半白が生まれ、大正～昭和前期の早熟栽培を盛りあげた。このころから野菜栽培は量産体制が本格化し、公立機関による育種がはじまったが、神奈川農試では馬込半白を素材にして、強節成りで、冴えた半白の端正な果実をつける相模半白（昭和四年）を育成した。これが戦前から戦後へかけて早熟栽培の代表品種となった。大阪農試では同じ素材から、短果の大仙一号（昭和五年）、強節成りの大仙二号（昭和六年）、冴えた半白果の大仙四号（昭和七年）を分系した。また、大阪では江戸時代に淀節成が早熟栽培に用いられていた。この在来種から長果の大仙三号（昭和六年）が分系され、F1育種に活用された。

青節成群　関東で青長から分化した品種群である。まず、江戸末期から明治にかけて、早熟栽培で青節成、わく栽培で針ケ谷が生まれた。大正になって、青節成と針ケ谷の交雑から埼玉で落合やT号が成立し、落合は関野落合に改良されて大正末期から各地にひろまり、促成、半促成、早熟栽培に用いられ、多くの地方種を生んだ。埼落は埼玉農試で関野落合から分系した改良系統群につけられた名称である。T号はフレーム栽培で淘汰されたもので、宮崎農試で育成した日向二号（昭和一〇年）はその分系である。

青長群　春の地這いづくりに用いられてきた品種で、着果は少ないが強健で、粗放な栽培に耐えるので、地方では最近まで親しまれていた。

地這群　夏秋期の地這い栽培で成立した品種群で、大正時代に三浦土田や宮ノ陣が分系され、昭和前期には埼玉で川崎が青長に立秋の血を混じえたものから霜不知（昭和五年）を育成、群馬農試で地這一号（昭和一八年）、地這二号（昭和一八年）などが分系された。これらによって耐暑性と高温着果性が向上し、関東で夏秋キュウリの栽培が伸びた。

華北型

近年の生産拡大を支えてきたキュウリ品種の発達は、華北型夏キュウリの導入に負うところが大きい。華北キュウリは明治以前にも導入されたが、それらは裏日本で成立した自然交雑種の春キュウリにその血を残したにすぎないようである。

夏キュウリとしての土着は、明治後期から大正期へかけて、出征兵士や種苗商によって導入された支那三尺、北京、立秋にはじまる。明治三五年ごろ大阪にあった支那三尺が山間地抑制栽培に用いられて京都で笠置三尺になり、関西山間地から九州裏日本にひろがり、奈良の大和三尺、福岡の八木山三尺、兵庫の兵庫三尺、京都の当尾三尺などを生んだ。北京は明治末期の導入で関西に土着し、立秋は大正初めに関東にひろまった。これらにより、夏キュウリの立づくり栽培がはじまった。

その後、昭和一八～二一年に二宮種苗育成地で、華北キュウリの導入試験が行なわれて、四葉が馴化され、山東や満州秋が育種素材として紹介された（熊澤ら一九四八）。これらによって華北型夏キュウリが平暖地にも普及するようになった。

春型雑種群

大阪の毛馬、京都の聖護院、石川の金沢（加賀）、新潟の刈羽、北海道の小城などは、来歴は不詳であるが、江戸時代から明治へかけての成立である。細いつる、早い生長、性表現の日長に対する中性反応などその特性は華北キュウリにちかいが、温度適応性は春キュウリ型で、在来種に華北キュウリが交雑したものである。春の訪れの遅い寒冷地

図１　わが国のキュウリの系統図

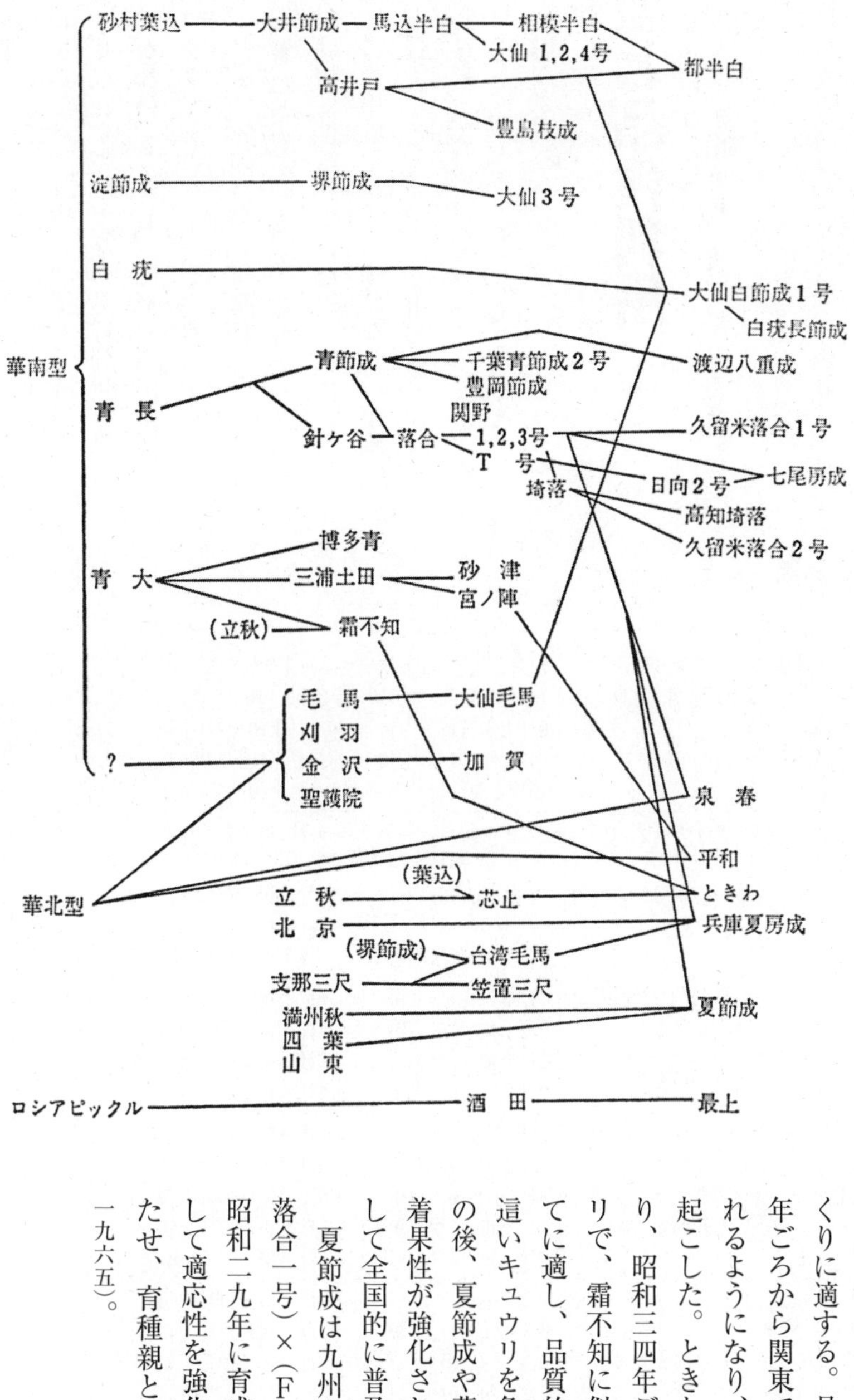

砂村葉込
大井節成
馬込半白
相模半白
大仙 1,2,4号
都半白
高井戸
豊島枝成
淀節成
堺節成
大仙３号
白　疣
大仙白節成１号
白疣長節成
華南型
青節成
千葉青節成２号
豊岡節成
渡辺八重成
青　長
針ヶ谷
落合
関野 1,2,3号
Ｔ　号
埼落
久留米落合１号
日向２号
七尾房成
高知埼落
久留米落合２号
博多青
青　大
三浦土田
砂　津
宮ノ陣
（立秋）
霜不知
毛　馬
大仙毛馬
刈　羽
？
金　沢
加　賀
聖護院
泉　春
平和
華北型
立　秋
（葉込）
芯止
ときわ
北　京
兵庫夏房成
（堺節成）
台湾毛馬
支那三尺
笠置三尺
満州秋
四　葉
山　東
夏節成
ロシアピックル
酒　田
最上

の栽培で淘汰されたために、華北キュウリの早生性や長日適応性を濃厚にとどめたものと思われる。

毛馬から大阪農試で、長果で組合わせ能力の高い大仙毛馬（昭和七年）が分系され、Ｆ１品種の先駆をなした二号毛馬の育成やその他の育種親として利用された。彼岸節成は園試久留米支場で、夏節成に落合を交配し、昭和三六年にＦ１品種の母系統として育成した雌性型キュウリである。

いわゆる白イボキュウリは、夏型雑種群の芯止、ときわの前進栽培が契機となり、それらを母胎にして、華南型、春型雑種群、夏型雑種群の血をまじえ、接ぎ木と摘心仕立てを条件に、施設栽培で生態育種された品種群の俗称である。夏秋キュウリを除き、現在の実用品種は本群に占められる。

夏型雑種群

芯止は関東の余まき栽培で立秋に華南型の在来種が交雑して成立したものと思われるが、特性は華北型夏キュウリにちかく、立づくりに適する。品質がよいために、昭和四〇年ごろから関東で早熟や半促成栽培に適用されるようになり、いわゆる白いぼ旋風を巻き起こした。ときわは霜不知と芯止の交雑により、昭和三四年ごろ埼玉で分化した夏キュウリで、霜不知に似るが、立づくりの摘心仕立てに適し、品質的にも優れるので、関東の地這いキュウリを急速に駆逐してしまった。その後、夏節成や華北型の血を交えて適応性や着果性が強化され、現在では夏秋キュウリとして全国的に普及している。

夏節成は九州農試園芸部で、（Ｆ４四葉×落合一号）×（Ｆ３四葉×満州秋）の後代から昭和二九年に育成された。暖地夏キュウリとして適応性を強化し、雌性遺伝子をホモに持たせ、育種親として改良されている（藤枝ら一九六五）。

ピックル型

わが国ではピックルスの消費は大衆化しておらず、ピックルキュウリの品種分化も見るべきものがない。しかし、山形の酒田は江戸時代にロシアキュウリ（おそらくアーリー・ルシアン）がシベリア経由で酒田市付近に渡来し、土着したものである（青葉一九五七）。和風のつけ物に供されていたが、戦後ピックルス加工にも用いられるようになり、須藤によって強節成りで立づくり用の最上（昭和三三年種苗登録）が育成された。

農業技術大系野菜編第一巻　栽培と品種の変遷　一九八二年より抜粋

作型と品種利用

坂田好輝／森下昌三　農研機構

わが国のキュウリの作型は、促成栽培、半促成栽培、早熟栽培、普通栽培、抑制栽培の五つに大別され（表1）、抑制、普通作型が多い。次いで促成作型が続く。近年、秀品率の向上や省力化のために、栽培方法が「つる下ろし栽培」から「摘心栽培」へ、あるいは「摘心栽培」から「（摘心＋上部側枝）つる下ろし栽培」へと移行している。また、病害虫の蔓延、価格の低迷、原油の値上がりなど

表1　キュウリの主要作型と品種

作型	地域	主な品種	播種期	収穫期
促成	寒地 寒冷地 温暖地 暖地 亜熱帯	グリーンラックス, グリーンラックス2, ハイ・グリーン21, ハイ・グリーン22, 久輝, プロジェクトX, むげん, ZQ－7	11月上旬～2月下旬 11月中旬～12月上旬 9月上旬～12月中旬 9月上旬～11月中旬 10月上旬～11月上旬	5月上旬～7月中旬 2月上旬～6月下旬 11月上旬～7月中旬 11月上旬～6月下旬 12月上旬～5月下旬
半促成	寒地 寒冷地 温暖地 暖地 亜熱帯	グリーンラックス, グリーンラックス2, ハイ・グリーン21, ハイ・グリーン22, プロジェクトX, なおよし, ときわはるか, 翠星節成2号	3月上中旬 1月上旬～3月上旬 11月中旬～2月下旬 11月中旬～3月上旬 1月上旬～2月上旬	5月下旬～7月下旬 3月中旬～7月下旬 2月上旬～7月下旬 1月中旬～7月中旬 3月中旬～7月中旬
早熟	寒地 寒冷地 温暖地 暖地	オーシャン, 南極3号, エクセレント節成1号, 翠星節成2号, アンコール8	3月下旬～4月下旬 2月下旬～3月下旬 2月中旬～3月下旬 2月上旬～3月上旬	6月上旬～10月上旬 4月下旬～9月下旬 5月上旬～8月中旬 4月下旬～8月下旬
普通	寒地 寒冷地 温暖地 暖地 亜熱帯	夏ばやし, Vロード, ハイ・グリーン21, ハイ・グリーン22, グリーンラックス, エクセレント節成2号, 北宝2号, 夏さんご, フロンティア, 四川, ステータス, 夏すずみ, アルファー, アルファー節成, 一心	5月上中旬 4月上旬～5月上旬 3月中旬～6月中旬 4月上旬～6月下旬 3月上旬～5月中旬	7月中旬～9月下旬 6月下旬～10月下旬 6月上旬～10月中旬 5月下旬～11月上旬 5月上旬～9月下旬
抑制	寒地 寒冷地 温暖地 暖地 亜熱帯	あきみどり2号, Vロード, ビュースター, 一心, オナー, アルファー節成, グリーンラックス2, エクセレント節成1号, 翠星節成2号, アンコール10, ハイ・グリーン21, ハイ・グリーン22, ZQ－2, むげん, なおよし	7月上中旬 6月上旬～7月中旬 5月下旬～9月上旬 5月下旬～9月上旬 8月中旬～9月上旬	9月上旬～11月中旬 8月上旬～12月下旬 7月中旬～12月下旬（～2月下旬） 8月上旬～12月下旬（～3月上旬） 10月中旬～1月下旬

注　主な品種は，主要産地をかかえる県担当者への聞き取り調査（2005年6月）をもとに作成した
播種期・収穫期は，野菜・茶業試験場2000年度課題別研究会「キュウリの生産の現状と技術開発の方向」における資料「わが国におけるキュウリ生産の現状と今後の問題点（杉山・坂田）」において集約された作型をもとに作成した
（　）は越冬栽培

から、栽培様式や作型は模索期にある。

品種に関しては、シャープ1（ハウスキュウリ）と南極1号（露地キュウリ）の寡占時代が終わり、遷移期にある。従来の品種に比べ、良食味で、つや・てりの優れる「ワックス系」と呼ばれる濃緑色の品種が一斉に発表され、さらに食味重視、特異な外観をもつ品種などの開発・普及が図られ、品種の多様化が進みつつある。

促成栽培　冬春期に収穫する、ビニールハウスを利用した加温栽培である。低温寡日照条件で伸長力の強い品種が望ましく、節成りに着果する品種よりも、やや飛び節成りの品種が適する。単為結果性が強く、分枝性に優れた品種を用いた摘心栽培、あるいは（摘心＋上部側枝）つる下ろし栽培が一般的である。

半促成栽培　初春から初夏にかけて収穫される作型で、加温と無加温の二タイプが存在する。加温半促成では低温伸長力、雌花着生力のある品種が適し、やや暖かくなった条件で栽培される無加温半促成では、早生、高温長日適応性をもった品種が望ましい。

早熟栽培　春から夏にかけて収穫される作型で、トンネルとハウスの二タイプが存在する。この作型は収穫期間が短いため、収量を上げるには低温伸長力のある節成り性の強い主枝中心型の品種が適する。この作型では、促成、半促成向けのハウスキュウリ品種と、夏秋栽培用の品種が入り交じっている。

普通栽培　自然条件下で栽培する作型で、高温長日下における雌花着生および耐暑性に優れ、果形の乱れのない品種が求められる。また、露地条件、あるいはそれに近い形での栽培となるため、うどんこ病やべと病に耐病性で、かつ、急性萎凋が回避可能なウイルス病抵抗性の品種が適する。また、食味を追求した品種の栽培が伸びている。

抑制栽培　晩夏から秋、冬季にかけて収穫する作型で、露地抑制、ハウス抑制、越冬の三タイプがある。露地抑制は暖地に多い作型で、九～十月に収穫する。成育初期が高温期にあたり、収穫期は短日低温期にかかるので、春キュウリと夏キュウリの中間的な季節適応性をもった早生品種が適するといわれている。ハウス抑制は九～十二月に収穫する作型で、加温と無加温の二タイプがあり、短日低温下で性表現が安定し、果形の乱れない品種が適する。越冬はハウス加温抑制であり、収穫期が一～二月にまたがる作型で、低温寡日照条件で草勢の強い品種が適する。

農業技術大系野菜編第一巻　作型と品種利用
二〇〇五年より抜粋

育苗方法（ポット苗）

金井幸男　群馬県園芸試験場

床土の準備

キュウリの根は酸素要求量が大きいので、よく腐熟した有機質を多く含み通気性、保水性に優れた床土を準備する。一〇a当たり必要床土量は、播種床、育苗ポット分を含め約二㎥である。水田土や山土を落ち葉やわら類の未熟な粗大有機物とともに積んで、数回切返しを行ない、熟成床土にして使用することが望ましい。

速成床土をつくる場合は、灌水したときに土が固くしまらないように、有機物の混合割合を多くする。混合割合は、土1：有機物2：バーミキュライト（または籾がらくん炭など）1くらいがよい。肥料は窒素成分で一㎥当たり二〇〇g程度とし、多すぎないように注意する。

播種から接ぎ木までの管理

播種床の準備　播種床には育苗箱（内寸二七×五八×五㎝）を用いる。床土は、接ぎ木時に断根が少ないよう、篩にかけて目を細かくして用いる。また、市販の園芸培養土を用いてもよい。園芸培養土は、二五ℓ（一五kg）のもので育苗箱約三箱に使用できる。

一〇a当たり一五〇〇本の苗を育苗するためには、穂木（キュウリ）および台木（カボチャ）ともに一箱当たり約七〇本仕立てるとして、播種床の床土量が〇・三五m³、面積が八m²必要である。

育苗床は、地温を確保するために電熱線（三・三m²当たり二五〇W）を利用した温床育苗とする（図1）。促成作型において冷床に播種した場合、九月でも曇雨天などの天候不順によって、地温が二五℃以下になり、発芽不揃いになることがあるので注意する。

播種 種子は、発芽後に子葉が重ならないよう、条まきにする（図2）。穂木は条間八cm、株間三cm、台木は株間九cm、株間四cmとする。覆土は穂木で五mm、台木で八mm程度とし、厚くならないように注意する。

穂木と台木の播種間隔は、作型（播種時期）によって変える。同日まきか、台木のほうを一〜二日遅くまく。播種後は十分に灌水し、地温・湿度を一定にして発芽を揃えるために、新聞紙で覆う。播種後の温度管理は、穂木、台木ともに地表面が少し地割れするまで地温二五℃前後を保ち、その後発芽が揃うまで徒長を防ぐため夜間の最低気温を一七℃

図1　電熱温床の例

籾がらの上に底面給水シートを敷いておくと湿度調節が容易

図2　キュウリ種子の条まき

表1　キュウリ育苗中の温度管理基準（促成作型、群馬県）

生育ステージ	経過日数（日）	日中		夜間	
		気温（℃）	地温（℃）	気温（℃）	地温（℃）
播種	1	28〜30	25〜28	22〜24	25〜26
発芽	4	28〜30	25〜28	20	23〜24
発芽揃い	6	25〜28	23〜25	17	22
接ぎ木前	7〜9	25〜28	23〜25	17→13	21→17
呼び接ぎ	10〜11	25〜30	23〜25	22	25
接ぎ木活着	12〜16	25〜30	23〜25	20→15	24→18
胚軸切断	17〜18	25〜28	23〜25	22	22
定植前	19〜29	25〜28	23〜25	21→13	22→15
定植	30	28〜30	20〜23	17	18

注　→は1日1〜2℃を目安に徐々に下げる

を目標に管理する（表1）。

発芽が始まり、子葉が地表に出かかったら、新聞紙を早めに除去する。朝発芽させ、その日のうちに少し緑化させると、徒長しない。また、抑制作型などで光線が強いと、子葉の周辺がいたみ、白みがかって着色しなくなる場合があるので、寒冷紗などで軽い遮光を行なう。通常キュウリでは四日、台木では七日で子葉がほぼ完全に展開し、発芽が揃う。

発芽後の管理　発芽後は徐々に温度を下げ、苗の生育スピードを落とし、接ぎ木日までにしまった苗に育てる。水分も徐々にひかえる。接ぎ木の二～三日前から、晴天日の午後わずかに萎れる程度まで灌水をひかえるほうが、接ぎ木後の管理が楽で、活着率も高くなる。

呼び接ぎの場合、胚軸の長さを穂木で七～八cm、台木で六～七cmになるように育苗すると接ぎやすい。そのため、子葉が大きく、胚軸が太い苗を目標に管理する。

接ぎ木から活着までの管理

接ぎ木方法　播種後八～一〇日、本葉が出始めたころ、接ぎ木（呼び接ぎ）を行なう。台木はあらかじめ生長点（心）を除去しておき、子葉の下で、長さ一cm、深さ胚軸の二分の一程度まで四〇度前後の角度で斜めに切り下げる。穂木は、子葉の一cm下から斜めに切り上げ、台木と切り込み部分を合わせて、穂木側から接ぎ木用クリップで止める。

接ぎ木の位置は子葉に近い高い位置がよく、台木子葉の上に穂木子葉が乗るようにすると安定がよい。

苗が徒長し、胚軸が細くなった場合は、無理に切り込みを深くすると、接ぎ木時に胚軸が折れたり、活着に時間がかかったりするので、斜めからまっすぐに切り込みを入れると作業性が向上する（図3）。

接ぎ木後にただちに鉢上げを行なうが、活着後キュウリの胚軸を切断しやすいように、穂木と台木の株元を二cm程度離して植える（図4）。

活着までの管理　移植床（ポット）は、二～三日前までに土を詰め、十分な灌水を行ない、最低地温二二℃を保てるように管理する。ポットへの土詰めは、土詰め用具（図5）を用いると、短時間に行なうことができる。

接ぎ木当日は、気温、地温、湿度とも高めに管理し、日中は萎れを防ぐためポリや遮光資材（寒冷紗など）で被覆する。

接ぎ木後二～三日目は、遮光量（遮光時間）を極力減らし、光線を当てる管理を行なう。萎れが強いようであれば、日中光線の強いときのみ遮光を行なう。接ぎ木四日目からは、ほぼ通常の管理に戻し、気温、地温ともに一日一℃くらいずつ下げる。

図3　呼び接ぎでの切込みの方法

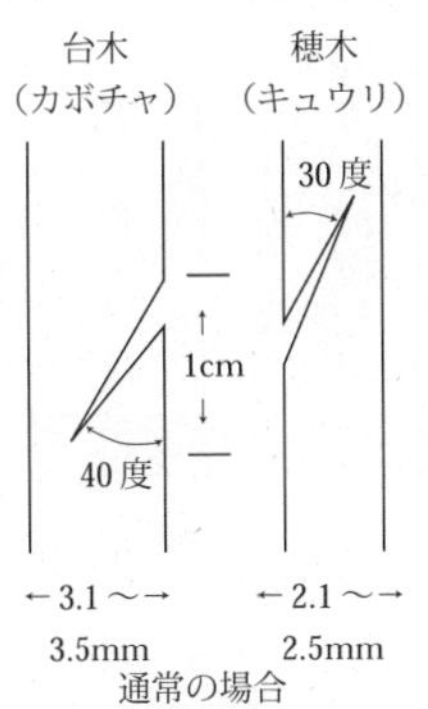

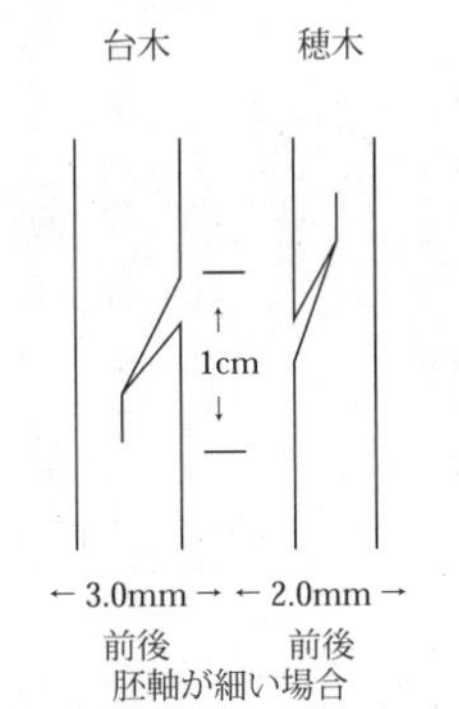

図4　移植方法（接ぎ木苗の鉢上げ）

図5　ポットへの土詰め用具

穂木の胚軸の切断は、接ぎ木後五～八日で行なう。晴天日は日射の弱まった午後三時以降に切断するのがよい。切断部位は、接ぎ木部位のすぐ下である。切断後に萎れた場合は、少量の灌水や軽い遮光で調節する。

接ぎ木後の育苗管理は、低温期には好条件（高温、多湿）をつくりやすく、比較的楽にできる。しかし高温期には、密閉すると高温、多湿になりすぎ、かえって活着不良になるので、キュウリに直に風が当たらないように換気を行ない、遮光や通路への散水によりハウス内の温度低下を図る。

定植までの管理

低温期の管理　半促成作型など低温期の育苗では、弱光期でもあるため、光線を重視した管理を行なう。活着後、できるだけ遮光をせず、光線に当てるようにする。特に、光合成が午前中に活発に行なわれるので、夜間の保温資材（保温マットなど）を翌朝早めに除去する。気温の上昇をみながら二〇℃を目安に被覆ビニールをあけ、光を十分に生かす管理を行なう。

本葉一枚が完全に展開するまで胚軸の伸長が続くので、夜間の高温には十分注意する。生育が進むにつれて、夜間の最低気温が一二～一三℃に近づくように管理する。

灌水は、鉢土の乾き具合をみて午前中に行なう。目安は、夕方までに鉢土表面がやや乾く程度とする。灌水過多になると、根張りが悪くなり、温度を下げた管理を行なっても、細くて軟らかい不良苗に仕上がりやすくなる。

定植七日前から、本圃の条件より低めの温度管理を行ない、灌水をひかえめにして、苗の馴らし（順化）を図る。馴らしは、定植後の活着と初期生育の促進にきわめて重要な管理である。

高温期の管理　抑制作型などの高温期の育苗では、苗の生育が早いので、接ぎ木などの作業を遅れないよう適期に行なう。また、早めに鉢の間隔を広げ、風通しをよくして、徒長防止を図る。

この時期には、気温の操作による苗の生育調節は困難であるが、換気を十分に行ない、遮光資材の利用や通路への散水により、できるだけハウス内気温の低下に努める。灌水は、過湿による徒長を起こさないよう少量ずつ行なうが、水分不足による強い萎れにも注意する。

また、育苗施設の換気部に寒冷紗を張り、急性萎凋症の原因になる保毒アブラムシの侵入を防ぐ。高夜温、高地温、降水量不足の年に急性萎凋症の発生が特に多いので注意する。

農業技術大系野菜編第一巻　ポット苗　育苗方法
一九九八年より抜粋

育苗温度と定植後の生育（ポット苗）

金井幸男　群馬県園芸試験場

育苗温度と苗の生育

キュウリの生育適温は、昼気温二三～二八℃、夜気温一〇～一五℃、地温一八～二〇℃であり、最高限界気温が三五℃、最低限界気温が八℃とされる。

育苗期間中は最低気温（夜温）に注意し、播種後は発芽・発芽揃いを良好にするため二五～三〇℃で管理する。また発芽揃い後は、育苗時期に合わせて昼気温二三～二八℃、夜気温一三～一五℃、地温一六～二〇℃で管理するのが適当である。

昼気温は光合成および光合成産物の転流による各器官の生長・充実を促進することに、また夜気温は光合成産物を効率的に各器官に転流させ、呼吸による消耗を軽減させることに関与している。したがって、適温を確保することによって、これらの作用が効率的に行なわれ、充実した苗が育成できる。

育苗中の温度が低いと、光合成産物の転流が不良になって葉内に蓄積し、葉の硬化、葉脈間の黄化をまねいて発育を阻害する。光合成産物の転流は、一枚の葉では中心部から移行してしだいに周辺部に及ぶため、黄化は周辺部に最初に現われる。

育苗中の温度が高いと、光合成産物のほとんどが茎や葉に配分されて徒長苗となり、特に夜温が高い場合は根への分配が悪くなって、下葉が老化し、草丈の高い苗となる（図1）。

育苗温度と定植後の生育

促成、半促成作型における育苗温度と定植後の生育の関係を表1に示した。

育苗中の管理温度によって、苗質が異なり、高夜温（一七℃）育苗では生育が早く大苗となり、低夜温（一三℃）育苗ではやや締まりすぎた苗となる。そのことが定植時の苗の活着の良否、主枝の伸長、側枝の発生さらには収量に影響を及ぼすことが認められる。

したがって育苗管理においては、夜間の最低気温に注意して、接ぎ木活着後は一五℃程度、定植四～五日前から一三℃程度に下げて、苗を順化させる管理が適当である。

図1　育苗温度と苗の生育

右：温度管理が適正な苗
左：温度管理が高い苗。節間、葉柄が伸長し葉脈間が黄化

表1　キュウリの育苗温度と初期生育・収量との関係
（鹿児島農試1983から作成）

作型	設定夜温（℃）	定植苗 草丈（cm）	定植苗 葉数（枚）	初期生育 つる長（cm）	初期生育 葉数（枚）	側枝の発生数（本）	a当たり総収量（kg）
促成	13	17.8	3.7	108	12.1	31.2	1,267
	15	17.9	3.7	112	12.5	35.2	1,325
	17	22.1	4.2	120	13.2	34.9	1,292
	15～13	21.1	4.0	124	14.0	38.6	1,401
半促成	13	14.4	3.0	65	7.9	23.3	1,426
	15	16.0	3.5	70	8.8	22.2	1,436
	17	17.1	3.9	71	9.0	18.5	1,430

注　初期生育調査：促成＝12月20日，半促成＝1月25日

育苗温度と定植後の障害

定植後本圃での障害の発生は、本圃環境の影響と合わせて苗質によって誘発されることが多い。

低温育苗による障害　育苗温度が低い苗は、締まった苗質になりやすく、低温期の定植で本圃の地温が低下している場合、定植後も根鉢から根が伸長せず、活着・生育が遅れる。

生育の遅れがひどくなると、短日下でもあるので雌花が多く形成され、発育阻害とともに、頂芽部に雌花を多数着生したカンザシ症状を示すようになる。また、夜温六℃以下の低温になると葉裏が水浸状になり、夜温とともに地温が低下した場合に凍害が発生しやすくなる。

低温期の定植となる作型では、定植四～五日前から温度、特に地温を下げて、本圃の管理温度よりやや低い温度で苗を順化させることが大切である。また、本圃の準備を早めに行ない、ハウス内に十分に光線を入れて、地温（一八℃以上）を確保しておく必要がある。

高温育苗による障害　育苗温度が気温・地温ともに高い苗は、葉が大きくて薄く、節間が伸び、根量が少ないいわゆる徒長苗になりやすい。このような苗は、環境の変化に弱く、定植後に萎れやすいため、活着が遅れる。また、本圃の施肥量や灌水量が多い場合には過繁茂の草姿になりやすい。

高温期の定植では、高温の直接的な影響による葉焼けを生じ、著しい場合には生長点が焼けて枯死し、生育が遅れる。ハウス抑制作型など、特に育苗時期が高温の場合には、地上部と地下部の生育にアンバランスを生じやすく、ウイルス感染と合わせて急性萎凋症が多発するため、注意が必要である。

育苗中の施肥法（ポット苗）

農業技術大系野菜編第一巻　ポット苗　育苗温度と本圃での生育・障害　一九九八年より抜粋

金井幸男　群馬県園芸試験場

育苗用肥料の種類と施肥量

良質苗を育成するためには、発芽から定植まで十分な栄養状態のもとで育てる必要がある。そのための培養土は、育苗途中で肥料不足にならないよう十分な肥料分が含まれていることが必要になる。ただし根をいためることがないように、肥料の種類、施肥量に注意する。

窒素　苗の生育に最も影響を与える養分は窒素であり、育苗期間中の窒素栄養条件が初期の生育に大きく影響する。

窒素施用量の異なる条件で育苗した苗は、培養土一ℓ当たり窒素二五〇～五〇〇mg施用区で良好な地上部生育を示し、窒素五〇〇mgを超えると生育が抑制されるとされている。

また、施用窒素形態が異なる条件で育苗した苗の生育は、硝酸態窒素（NO_3-N）の施用比率が高いほど良好であり、アンモニア態窒素（NH_4-N）と硝酸態窒素の施用比率が65：35で最も良好な生育を示すことが認められている（久保ら一九九二）。

リン酸　キュウリに対するリン酸の適正施用量は二〇〇〇～三〇〇〇mg／ℓとされるが、培養土のリン酸吸収係数の違いによる可給態リン酸量の相違に大きく影響されるので、使用する土壌のリン酸吸収係数に注意する。キュウリはリン酸不足に敏感に反応するため、リン酸吸収係数の高い赤土を基土として使用する場合は、施肥量をやや多くする。

カリ　カリは、窒素やリン酸に比べれば、育苗中のキュウリへの影響は比較的小さいとされる。培養土に堆肥など有機質資材を混合した場合、それからの補給もあるため、二〇〇mg／ℓが適量である。

培養土の塩類濃度（EC）

キュウリは中程度の耐肥性を示すとされ、作成した培養土の塩類濃度により生育が左右されやすい。培養土のEC値は〇・五～〇・八dS／mの範囲が適当である。

培養土に肥料を添加した場合、塩類濃度は上昇するが、その程度は肥料の種類によって異なる。土壌養液の浸透圧上昇の程度は、窒素肥料では塩安で、リン酸肥料では過石で、カリ肥料では塩カで高くなることが認められている（藤沼ら一九七〇）。したがって、肥料を施用する場合には、三要素を含んだ化成肥料を用いるのが効率的で、硫安、硝酸系のものを使用するのが安全である。

培養土に添加する堆肥も、種類や堆積条件によって成分含量が著しく異なるので、野外で十分に堆積した完熟したものを使用する。

施肥方法

窒素の収支　育苗中に施用された窒素の収支は、利用率が二五％、残存率が三〇％、未回収率（主に溶脱による損失）が四五％となっている。これを施肥量でみると、硝酸態窒素では五〇～一〇〇mgが適当であり、一〇〇mgを超えると溶脱により利用率が低下

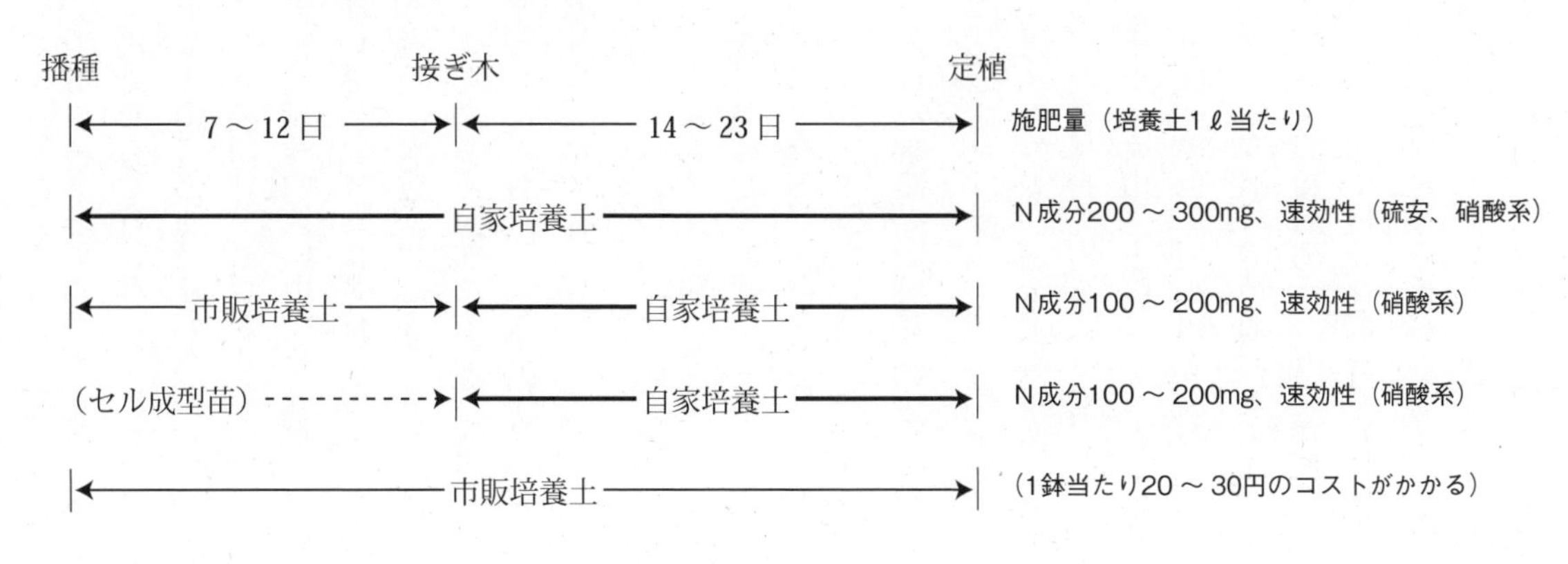

図1　キュウリの育苗方法と施肥量

する。したがって、育苗期間中に、かなりの窒素が溶脱により損失していることになる。

培養土を作成する場合に、キュウリは根の酸素要求量が大きく、また容積重が軽いほうが作業性が向上するため、土に対する資材（堆肥や腐葉土）の割合を高めた配合を行なうことが多い。この場合、高温期の育苗で灌水量が多い場合には、施肥窒素の揮散・溶脱による肥料不足に注意する必要がある。

育苗方法による施肥法　播種から接ぎ木まで市販の園芸培養土を使用する場合や、購入苗（セル成型苗）を使用する場合は、ポットでの育苗期間はさらに短くなる（図1）。

こうした状況下の施肥方法としては、育苗方法に合わせ、あらかじめ少量の速効性肥料を混合しておき、生育をみながら液体肥料を追肥する方法がよいと思われる。

また、入手が容易で低コストな培養土として粉砕籾がらを利用した場合、苗の生育ステージに合わせて液肥を施用することにより良質な苗が得られることが認められている。

農業技術大系野菜編第一巻　ポット苗　育苗用肥料の種類・タイプと施肥法　一九九八年より抜粋

自家製培養土の素材（ポット苗）

本島俊明　栃木県農務部

キュウリの育苗用培養土は、土と木の葉などの有機物と窒素質肥料などの肥料やpH調整のために苦土石灰や過燐酸石灰などを加え、六か月以上熟成して使用することが基本とされている。また、土と有機物の混合比は3：7から1：3程度がよいとされており、トマトなどに比べて、いくぶん有機物の割合が多いほうがよい。

基本土の特徴

田土　一年のうち約半年は湛水による還元状態であり、畑土に比べ、有機物は分解されにくく肥沃である。土壌は粗粒質であるものの、通気性はやや悪く、有機物の混合を多くして改善する必要がある。保水性はよい。

畑土　土地によって性質は異なるが、一般に田土に比較して肥沃度は低い。通気性はよく、保水性も優れる。また、酸性の土が多く、石灰で中和する必要がある。野菜などを作付けしている畑では、土壌病害菌や害虫などの存在も考えられるので、使う場合は必ず土壌消毒を行なう。残っている養分の成分に偏りがあることも考えられるので、分析を行なってから用いる必要がある。

赤土　比較的低い山や丘陵地に分布している淡い赤褐色または黄褐色の土壌である。酸性が強く、養分がほとんどなく、通気性も悪い。そのため、良質の有機物を多量に混合するとともに、石灰による中和を必要とする。保水性はよい。

黒土　黒ボクともいい、東日本や九州に広く分布している火山性土壌である。腐植に富み肥沃であるが、非常に軽く、乾燥すると細かい粉末となる。また、酸性の土が多く、石灰で中和しないとアルミニウムの害も出やすい。さらに酸性では、遊離しているアルミニウムや鉄とリンが結合するため、リン酸欠乏が発生しやすい。通気性はよく、保水性も優れる。養分保持能力も大きい。

赤玉土　火山性土壌の心土のことで、実際の土色は黄褐色ないし褐色である。一般に多孔質で、通気性や透水性は良好である。保水力や保肥力は優れるが、リン酸吸収力がきわめて大きいので、リン酸を多量に施用しないとリン酸欠乏が発生しやすくなる。

鹿沼土　栃木県の鹿沼を中心とした地域の下層土（軽石）で、盆栽用の培養土として広まった。養分の吸収力は弱いが、水分保持力は強い。通気性は優れる。

堆肥など有機物の特徴

わら堆肥　稲や麦のわらを鶏糞や化学肥料とともに一年くらい堆積発酵させたもので、多孔質で保水性、透水性、通気性に優れる。また、肥料としての効果も期待できる。未熟なものは急激な分解により、一時的に窒素飢餓状態になる場合があるので熟度を確かめて使用する必要がある。

おがくず堆肥　おがくずやチップなどを一～三年間雨ざらしにした後、鶏糞や化学肥料を混合して一年くらい発酵堆積させたものである。分解が緩やかであるため肥料としての効果はあまり期待できないが、物理性改善効果は持続する。保水性、通気性は優れるが、未熟なものは一度乾燥させると撥水性を生じ、乾燥しやすくなるので注意する。

籾がら堆肥　籾がらはそのままでは撥水性が高いため、単独では用いないほうがよい。しかし、二～三年鶏糞や化学肥料を混合して堆積発酵させたものは、撥水性も小さく、物理性改善効果も持続する。

腐葉土　落葉に鶏糞や硫安、石灰窒素などを加えて堆積し、腐熟させたものである。多孔質で保水性、透水性、通気性に優れる。また、肥料の吸着性もよいことから、培養土に最適の有機物として昔から使用されている。

ピートモス　ミズゴケなどの植物が寒冷地で堆積し腐植化したものである。非常に軽く、容積量が大きく、保水性や肥料の保持力も高い。通気性は非常によい。酸度を調整していないものはpHが三程度と低いため、培養土の酸度調整にも用いることができる。

バーク堆肥　樹皮に鶏糞や硫安、尿素などを加えて堆肥化したもので、肥料分は他の堆肥に比べて分解が緩やかであるため少ないが、逆に物理性改善の効果を長く保持できることにもなる。保水性、通気性に優れるとともに、養分保持力もある。

調整資材の特徴

培養土は土と有機物を混合してつくることが基本である。しかし、それだけでは十分な物理性改善や養分保持能力の増大が望めない場合に用いる資材を紹介する。

バーミキュライト　蛭石（ひるいし）を六〇〇～一〇〇〇℃で焼いて膨らませたものである。吸水して膨れるため、培養土に加えると通気性や透水性が改善される。また、陽イオンをよく吸着するので、保肥力も高い。

ゼオライト　沸石（ふっせき）を多く含む凝灰岩の粉末で、陽イオン交換容量がきわめて大きいため、保肥力の向上が期待できる。また、カルシウム、マグネシウム、カリなどの塩基類を多く含んでいるので、補給効果も期待できる。保水性はよいが通気性はやや劣るので、粗大有機物が多い培養土での使用が効果的である。

パーライト　真珠岩を粉砕した後、九〇〇～一二〇〇℃で焼いて多孔質構造にしたものである。孔隙率が非常に大きいため、保水性と透水性が優れている。しかし、有効成分の溶出もなく、保肥力もほとんどないので、水分調整資材として使用する。

農業技術大系野菜編第一巻　自家製培養土の素材とその特徴　一九九八年より抜粋

自家製培養土のつくり方（ポット苗）

本島俊明　栃木県農務部

基本的培養土つくり

有機物の堆積　まず、有機物の堆積から培養土づくりは始まる。わらや落ち葉などの有機物に石灰窒素を混入して腐熟促進と石灰補給を図る。

わら類の炭素率（C／N）は六〇～七〇、おがくずやバークなど木質は八〇～三〇〇と、土壌の炭素率一〇よりかなり高い値である。こうした有機物が土に混入されると、微生物が分解して、作物が利用できる窒素がほとんどなくなり、窒素飢餓状態になる。有機物に窒素肥料を十分混入して堆肥化することが重要である。また、堆積・腐熟により、有機物を土となじむ程度に小さくすることもできる。

有機物の堆積は、わらや落ち葉などでは最低三か月、木質のものや籾がらなどは最低一年は行ない、腐熟させる。

土と交互に堆積　つぎに、腐熟した有機物を土と交互に層状に積む。このとき鶏糞などの有機質肥料や添加する化学肥料の三割程度を各層に分施しておく。積み終わったら、強くにぎって土が崩れない程度に十分な水分があることを確認し、足りない場合は水をかけて、水分が五〇％程度になるようにする。

水分が多すぎると嫌気的発酵を起こし、有害物質が蓄積される可能性がある。また、少ないと乾燥により微生物が活動できず、腐熟化が進まないので、水分量は重要である。

切返し　一～二か月後に堆積した培養土を切り崩し、最初と同様、肥料の三割程度を添加しながら積み直す。さらに一～二か月後に再度くり返し、二か月程度たてば、培養土ができあがる。切返し作業は、十分な酸素を補給して微生物の活動を促進させることと、養分の均一化にとって重要である。このとき土壌水分のチェックや腐熟程度を確認する。

速成培養土のつくり方

基本的な考え方は熟成させるタイプの培養土と同じであり、完熟した有機物と土を混合し、化学肥料を加えて調整する。しかし、調整後すぐに使用するためにはいくつか注意する点がある。

まず、土はふるいを通してできるだけ大きさを揃える。これは、肥料の吸着や有機物とのなじみやすさをそろえることにより、むらのない培養土をつくる点で重要である。

次に、有機物は市販されているものや自家製のものでも熟度をよく調べ、完熟のものを用いる必要がある。こ

表1　速成培養土作成のための一基準

種　類	配合比（土：有機物）	施肥量（1m³当たりg）		
		窒素	リン酸	カリ
キュウリ	1：3	180	370	180
トマト	2：2	180	370	180
ナス	3：1	370	750	370

れは、苗が窒素飢餓になったり、有害物質の溶出による害を受けないようにするためである。

　これらのことに留意したうえで、土3に対し有機物7の割合で混合し、一㎥当たり硫安六〇〇g、過石七〇〇g、硫加三〇〇gを加えてよく混合してつくる。または、前頁表1に示した基準に従ってもよい。肥料として有機質肥料を使用する場合は一か月以上堆積熟成させ、腐熟させてから使用するようにする。

　このときの肥料の目安は、表1を参考にして混合する量を決める。ただ、土や有機物の種類によって多少異なるので、肥料を混合する前に分析し、その結果に基づいて肥料の量を決めるほうがよい。

培養土の消毒と成分の確認

消毒　培養土の消毒は、病害虫や雑草の発生を抑えるために必要である。健全な苗をつくるためには必ず行なうようにしたい。消毒の方法は、臭化メチルなどの薬剤による方法と蒸気などの熱による方法とがある。どちらも効果は高いが、環境保全のためにも、ここでは太陽熱利用による消毒方法を示す。

　まず、ハウスの中に黒ポリフィルムを敷き、その上に培養土を厚さ一〇cm程度に広げる。このとき培養土が十分水分を含んでいることを確かめ、もし足りないようであれば水を散水して湿らせる。この上に透明のビニールを被覆し、裾を黒ポリフィルムの下に入れ、完全に密閉する。こうしてハウスを閉めきりにし、夏季は約一週間程度で消毒ができる。

pHとEC　つぎに、最低でもpHとECを測定してから使うようにする。キュウリの育苗用培養土の適正範囲はpHが六～六・五、ECが〇・四～〇・八を目安とする。また、実際にキュウリを試しに育ててみて判断する方法もよい。しかし、できることならば培養土を分析し、その診断結果に基づいて微調整するほうがよい。

農業技術大系野菜編第一巻　自家製培養土のつくり方　一九九八年より抜粋

台木の種類と特性

多々木英男　群馬県園芸試験場

　キュウリ栽培で台木に求められる特性として最も重要なものは、病害虫抵抗性である。次に、接ぎ木親和性、草勢の強化、耐移植性、果実の品質なども重要な要素となる。実際栽培で重要な要素となる病害抵抗性および低温伸長性などの点でカボチャが優れることが明らかになった。

表1　キュウリ台木の品種別特性　（土岐1973）

特　　性	カボチャの品種別特性比較
低温伸長性	クロダネ＞新土佐＞白菊座≒無接ぎ木
耐暑性（栽培中）	クロダネ＞新土佐＞白菊座≒無接ぎ木
〃　（育苗中）	新土佐≒白菊座＞クロダネ
移　植　性	白菊座≒無接ぎ木＞新土佐＞クロダネ
つる割病抵抗性	クロダネ≒新土佐≒白菊座＞無接ぎ木
親　和　性	新土佐≒白菊座＞クロダネ
耐　湿　性	クロダネ＞新土佐＞白菊座＞無接ぎ木
吸　肥　力	クロダネ＞新土佐＞白菊座＞無接ぎ木
草勢強化度	クロダネ＞新土佐＞白菊座＞無接ぎ木
種子の価額	クロダネ＞新土佐＞白菊座

台木と病害抵抗性

つる割病　キュウリ栽培のなかで最も重要な土壌病害はつる割病である。キュウリつる割病を発生させる病原菌はフザリウム菌の一種である。この菌に対して台木に使われるカボチャは完全抵抗ではないが、実用栽培が可能であったため広く普及した。

疫病　次に重要な病害として疫病がある。キュウリを侵す疫病はキュウリ疫病とキュウリ灰色疫病である。二つの病気は糸状菌の一種フィトヒトラ属菌によって起こる病気で、どちらも病徴として立枯れを起こすので総称して立枯性疫病と呼ばれる。カボチャはこの菌に抵抗性があるので接ぎ木を行なえば栽培可能である。

カボチャ立枯病　その他の土壌病害としてカボチャ立枯病が問題になり始めた。この病気もフザリウム菌の一種である。本病に抵抗性が認められるのは野生種のアレチウリだけである。やや抵抗性が見られるものは日本カボチャ（スイカ用台木の金剛、№8など）およびペポカボチャの数品種であり、西洋カボチャおよび雑種カボチャなどはほとんど抵抗性がない（渡辺ら一九九二）。したがって、発生圃場では土壌消毒を行なうしか対策がない状況である。

台木と穂木の親和性

病虫害抵抗性台木として優れた特性を持っていても、穂木との親和性がなくては利用できない。カボチャのなかでは、日本カボチャ、雑種カボチャ、西洋カボチャ、クロダネカボチャの順にキュウリとの親和性が高いと考えられる（土岐一九七三）が、種間差以上に品種間差が大きい（丸川ら一九六九）。

なお、親和性がやや低くても、台木の本葉を残すなどによって親和性が向上する（篠原一九七〇）ことも明らかになり、抵抗性台木の利用の幅は広がっている。

台木と品質

キュウリの品質は外観ばかりでなく食味を含めた内部品質も重要であると思われるが、一般的には外観のよさで決まっているのが現状である。接ぎ木したキュウリは自根に比べ果実が短くなり、肩が張りやすく果形が乱れやすい。また、果実が硬くなるとの報告もある。接ぎ木キュウリは自根キュウリと養分吸収が異なるので食味に差がでて当然と思われるが、成熟果を利用するメロンやスイカと異なり未熟果を利用するキュウリでは大きな問題とはならなかった。

現状の流通も外観品質が中心のため、光沢など外観の優れるブルームレスキュウリは高い評価を得ている。しかし、今後は消費者ニーズが変わって食味のよさが求められる可能性もあるので、台木と果実品質についてさらにきめ細かい検討が必要となる。

台木と草勢

一般的に、接ぎ木キュウリは、自根より草勢が強くなる場合が多い。しかし、日本カボチャやペポカボチャは草勢強化の程度が小さかったため、一般的な普及にはならなかった。その点、雑種カボチャの土佐系品種およびクロダネカボチャは草勢の強化が顕著に認められたため広く普及した。特に、厳冬期の栽培となるハウス促成栽培や越冬栽培では、低温伸長性の最も大きいクロダネカボチャが主に利用された。

その他の作型では、接ぎ木作業性や親和性のよい雑種カボチャの土佐系品種が主に普及した。クロダネは必ずしも耐低温性（耐凍性）が強くない（土岐一九七八）が、低温条件下での生育は最も良好である。

農業技術大系野菜編第一巻　台木の種類・品種と生育特性、穂木の組合わせ　一九九八年より抜粋

簡易接ぎ木法

白木己歳　宮崎県総合農業試験場

接ぎ木の簡易化に有利な断根接ぎ

接ぎ木を簡易化するには、台木を断根する方法が有利である。具体的には、台木子葉の片方を落とし、斜めに切りそいだ穂木と合わせる「断根・片葉切断接ぎ」か、台木の生長点の芽を除いてそこに穂木を挿し込む「断根・挿し接ぎ」が導入しやすい。両方法の穂木、台木、苗の姿を図1～3に示した。

これらの断根接ぎは、従来の呼び接ぎに比べて作業時間が短いうえに、手が土で汚れないので、同一人が芽出し箱から苗を取り出しながら接ぐことが可能である。また、呼び接ぎでは台木と穂木の胚軸長の釣り合いをとることが大切であったが、断根接ぎでは台木の胚軸長を確保しさえすれば、この点を問題にしなくてよい点も優れている。

接ぎ木した苗は、セル成型苗として育ててもいいし、従来と同じポット苗として育てることも可能である。ただ、断根接ぎ木苗は順化の装備にコストがかかる。このことを考えると、用土を多量に必要とするポット苗にすると、接ぎ木法を変えたことの有利さが小さくなってしまう。このため、断根接ぎ木法を導入する場合には、セルトレイで育苗して、これを直接定植する栽培法が基本になろう。

もちろん、トマトなど、断根接ぎ木する果菜との共用の育苗施設を持っている場合や、接ぎ木労力の確保がむずかしい場合には、ポット育苗をしても有利さが失われることはない。

接ぎ木の手順

手順　播種して接ぎ木するま

図1　キュウリ断根接ぎ木の適期の穂木

図2　断根・片葉切断接ぎの適期の台木

図3　断根・挿し接ぎの適期の台木

心の芽が少し伸びたころが適期

図4　キュウリ断根接ぎ木の適期の穂木

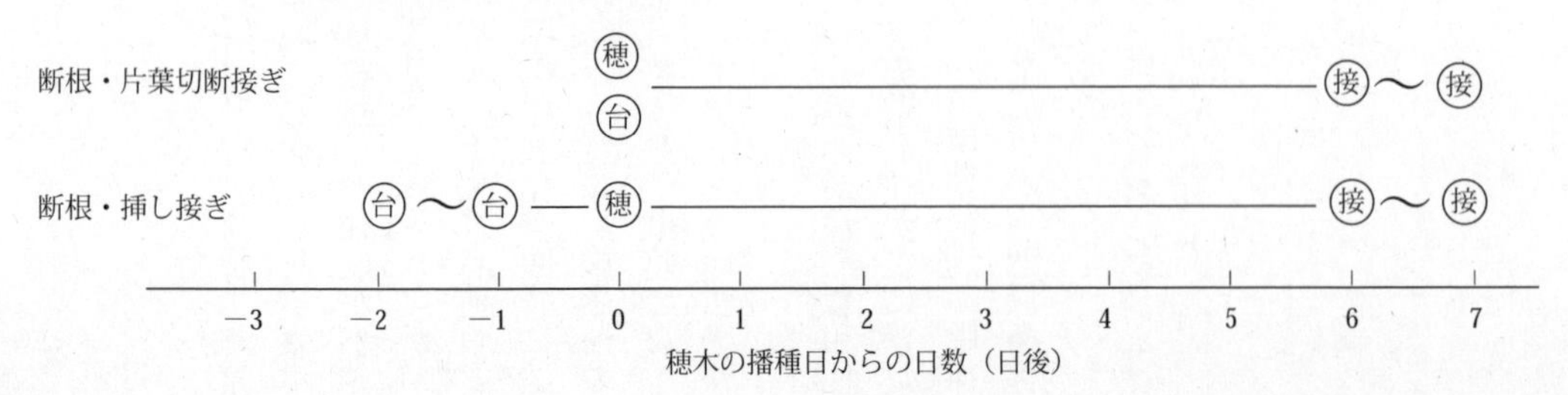

での日数のめやすは、図4に示したとおりである。また、接ぎ木の手順を図5、6に示した。

断根接ぎ木の順化は、呼び接ぎの場合と違って、比較的強度の遮光条件下で行なうので、台木も穂木も、この期間の消耗に耐え得る体内同化産物をもった状態で接ぎ木を行ないたい。このため、接ぎ木は晴天日の午後にするのがよい。できれば前日も晴天なら理想的である。このことを考慮して天気予報に注意し、接ぎ木適期を一～二日ずらしてでも、天気にタイミングをあわせたほうが結果がよい。

一方、接ぎ木から一週間くらいは薬剤散布ができないため、接ぎ木前に必ず台木、穂木とも薬剤散布を行なっておくことが大切である。

図5　断根・片葉切断接ぎ

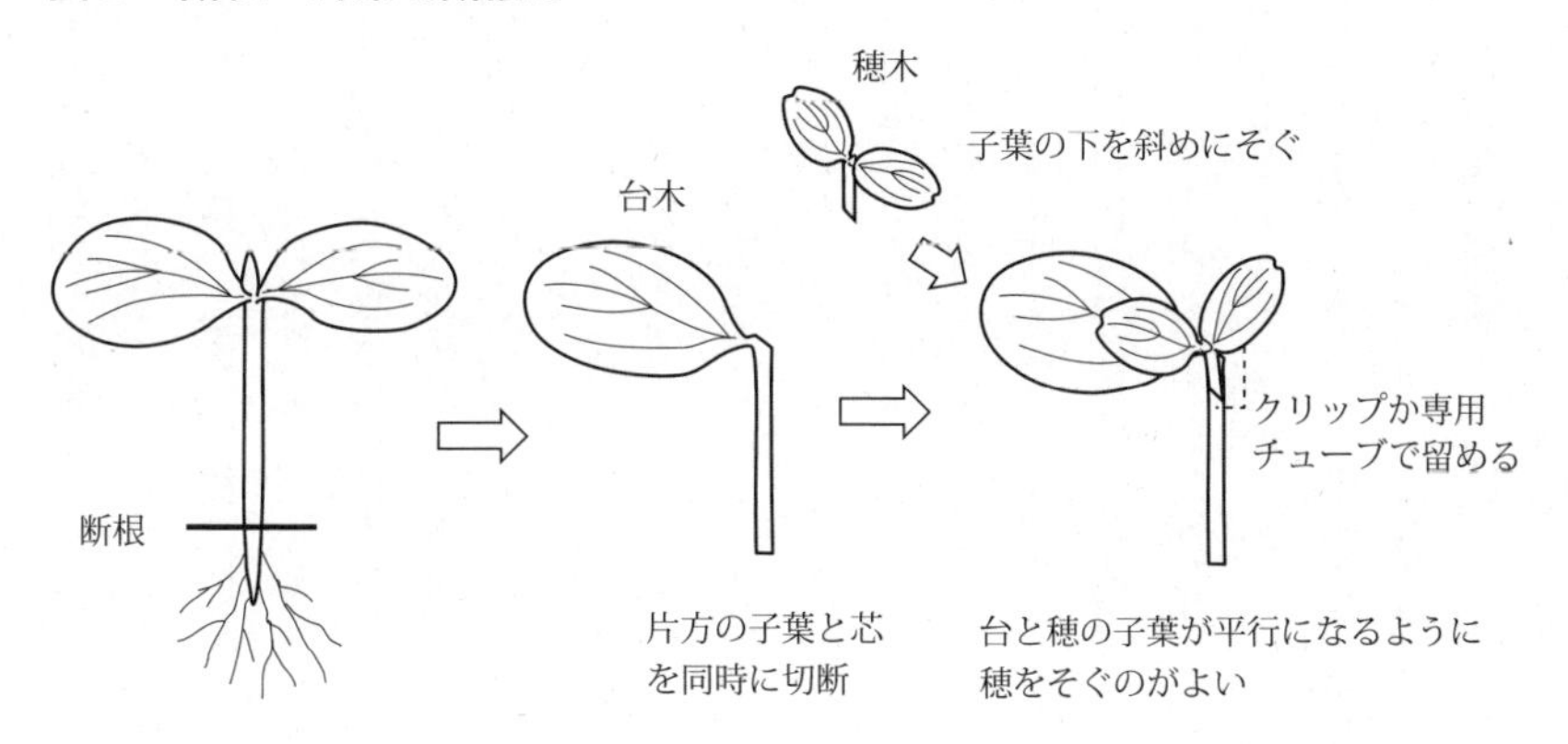

図6　断根・挿し接ぎ

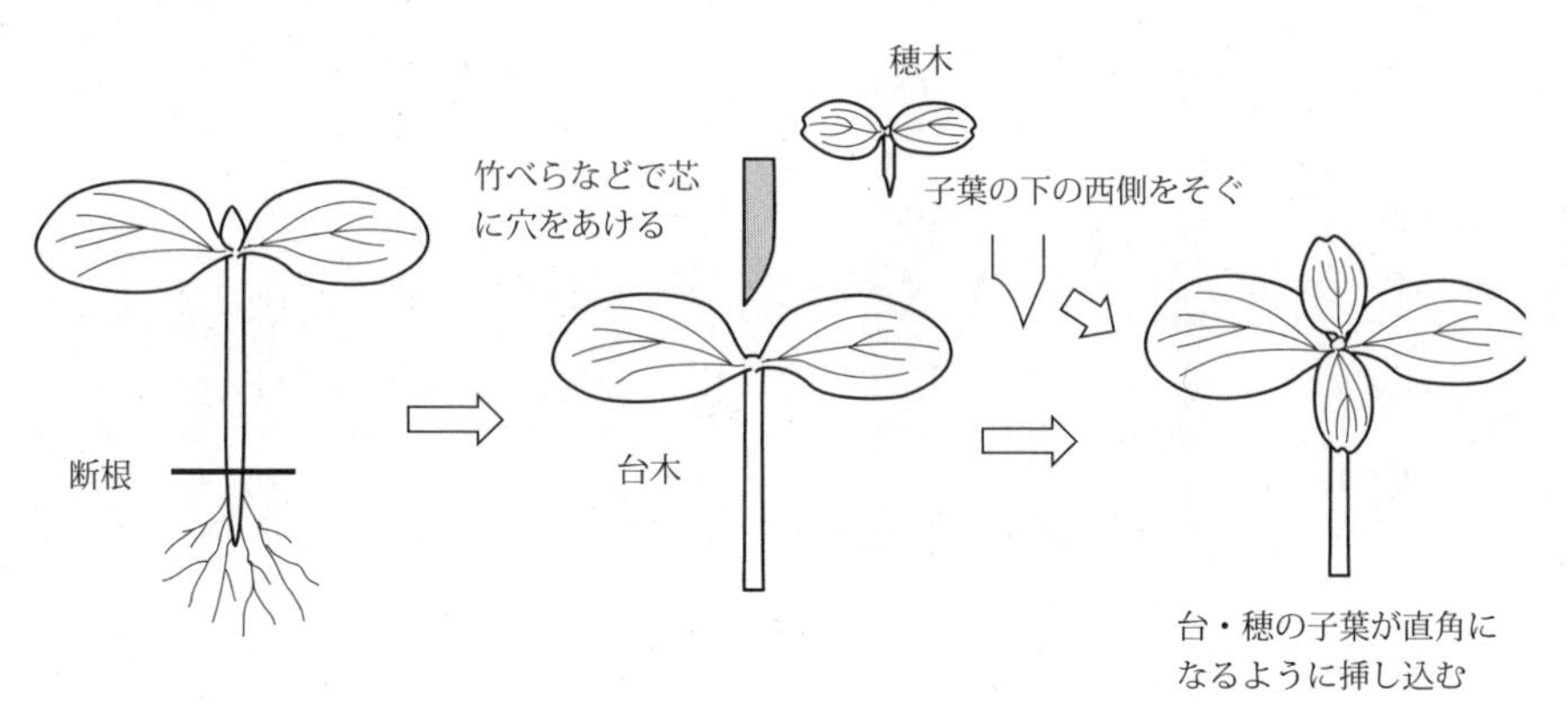

図7　断根接ぎ木の挿し木後の順化法

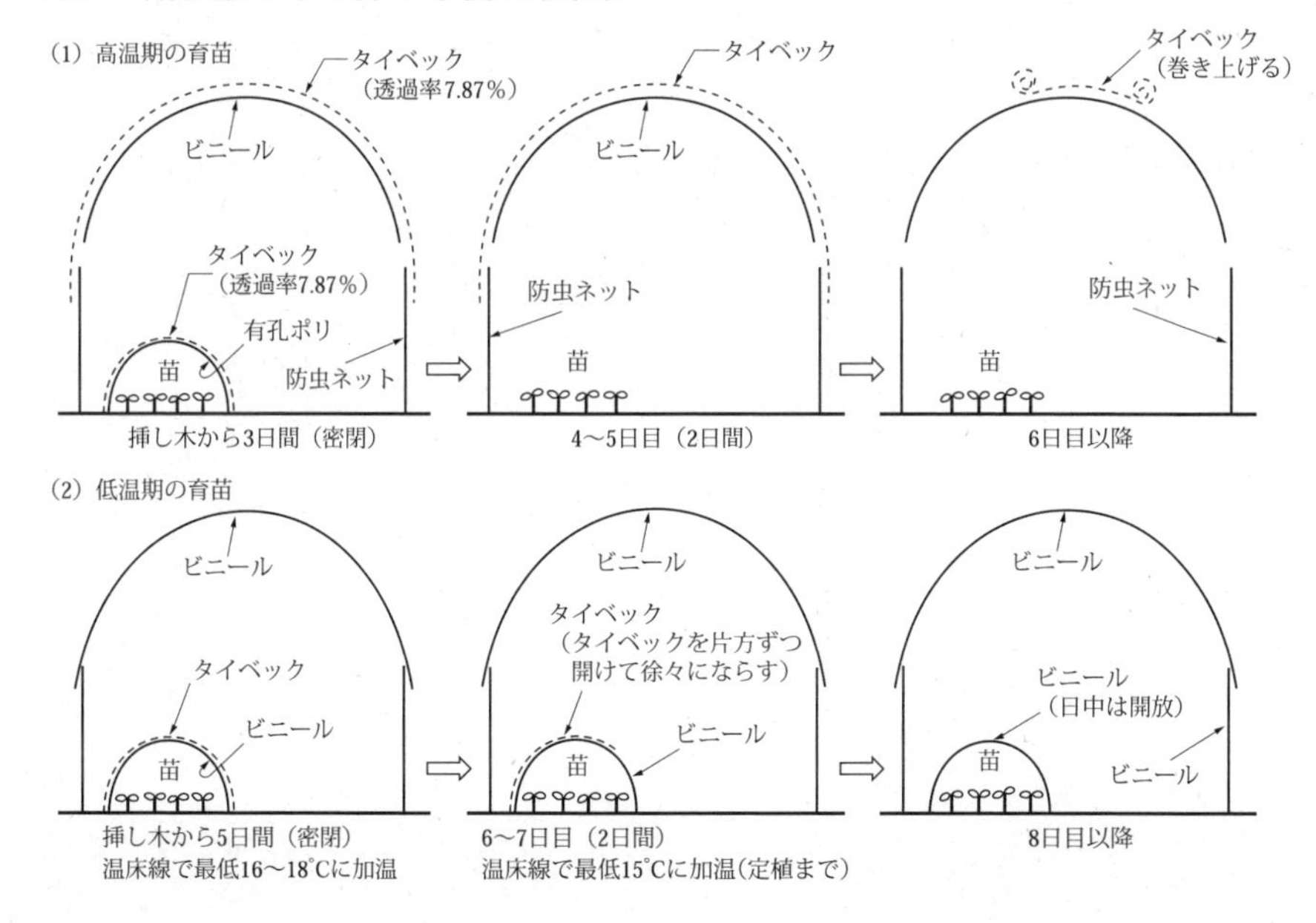

活着促進処理　接ぎ木した苗は、すぐに用土に挿して吸水させるよりも、萎れない状態のなかでしばらく置いた後に挿したほうが、活着が促進されて結果がよい。また、挿すときの衝撃による穂木の脱落も少ない。

接ぎ木苗の大量生産方式では、活着促進処理専用装置も開発されているが、自家育苗では箱にポリエチレンを敷いて、接いだ苗を入れ、上部もポリエチレンでくるんで湿気を保たせ、直射光の当たらない場所に挿し木までおいておけばよい。この場合の湿気は、特に与えることを考えなくても、ポリエチレン内に苗が蒸散する分で十分なことが多い。

処理する時間は温度条件で決まるが、接ぎ木の一連の作業をてきぱきと能率的に片づけるには、接ぎ木して二四時間後くらいに挿し木してしまいたい。そのために、高温期は常温処理で十分であるが、低温期は最低二二℃くらいの加温された場所におくことになる。

もし温度を制御できる恒温器を持っている場合には、二八℃で処理すると効果がより確実である。なお、この方法をとった場合には、二四時間後に必ず挿すか、温度を二〇℃くらいまで下げるかしないと、苗の消耗の弊害が出てしまう。

順化の方法　活着促進処理を終えて用土に挿した断根接ぎ木苗の順化法を前頁図7に示した。順化は、蒸散量の多い高温期のほうが長くかかるような印象があるが、実際には、発根が早い分、高温期のほうが早く自然光下に出せる。図では遮光資材として市販のタイベックを使った場合を示しているが、同じような遮光程度を確保できさえすれば、ほかの資材を使用してもかまわない。その場合、高温期には黒色系統の資材を避け、熱線を反射するシルバー系統の資材を選ぶのがよい。

農業技術大系野菜編第一巻　簡易接ぎ木法と順化
一九九八年より抜粋

養分吸収の特徴と施肥

山崎浩司　高知県農林水産部

キュウリの養分吸収量

キュウリの養分吸収量は、図1に示すように、生育に伴って増大する。

一般的には、定植後一か月くらいまでの栄養生長期の養分吸収は比較的緩慢であるが、その後、雌花が開花し果実が肥大してくると急激に増大する。とくに窒素、カリ、石灰の吸収はこの時期に盛んとなる。これに反して、リン酸と苦土の吸収量は急激な増加がみられず、緩やかに増大する。

収穫物一tを生産するのに必要な養分吸収量は、おおむね窒素二・四kg、リン酸〇・九kg、カリ三・四kg、石灰二・八kg、苦土〇・八kgである。収穫盛期には、一日に一〇a当たり窒素〇・四kg、リン酸〇・三kg、カリ〇・八kgを吸収するとされている。吸収量の三〇～六〇%は果実の収穫によって圃場外に持ち出されるが、石灰の持ち出し量は少ない。これは、石灰の大部分が茎葉に含まれているためである。

養分吸収に影響する要因

養分吸収は、地温や土壌の通気性、養分バランス、接ぎ木などによって影響を受ける。地温を二〇℃から一四℃まで低下させる

図1　半促成キュウリの時期別養分吸収量（五味ら1970）

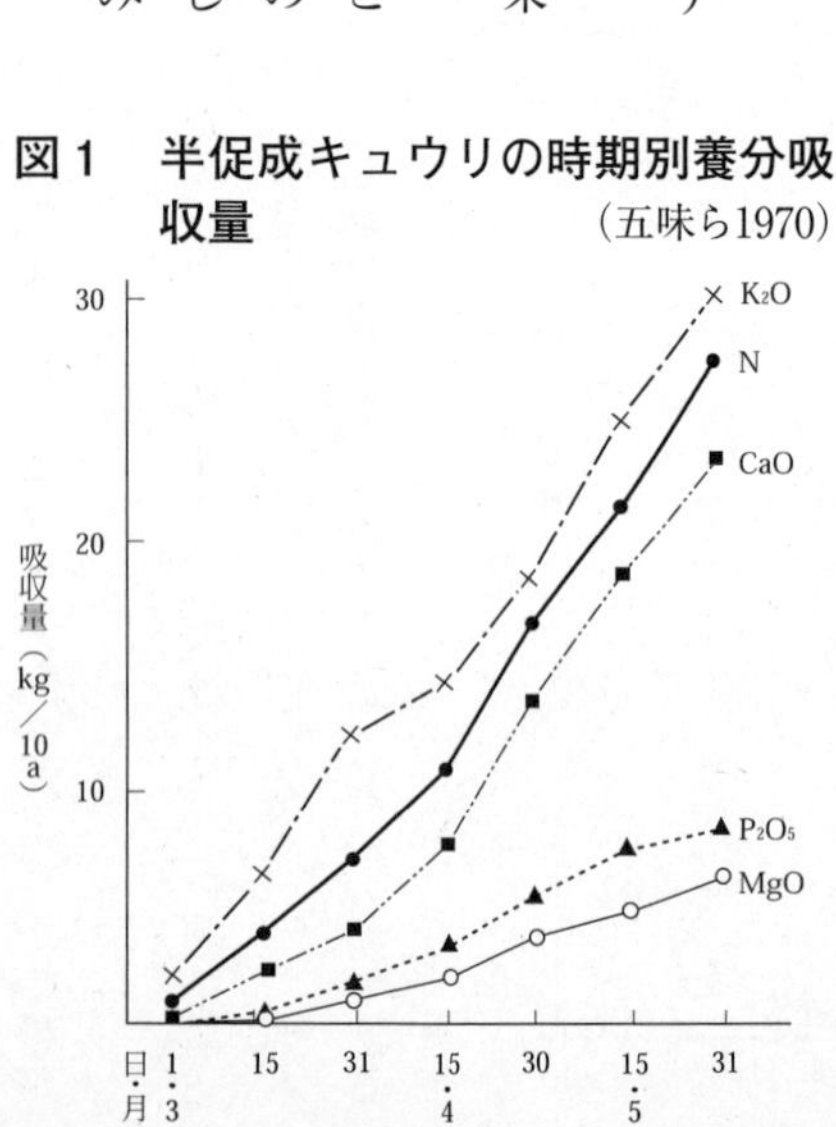

と、リン酸やカリの吸収は大きく抑制され、カルシウム、マンガンなどの吸収力も低下する。また、土壌中の空気が一〇％以下になると、窒素やカリの吸収が大幅に低下する。

養分間のバランスによっても養分吸収は影響を受ける。土壌中にアンモニア態窒素や交換性カリ、交換性石灰などが過剰に蓄積すると、マグネシウムの吸収が抑制され、葉にマグネシウム欠乏症を生じる。また、接ぎ木キュウリではアンモニア態窒素が、自根の場合にはカリの過剰が、マグネシウムの吸収を大きく抑制する。

ブルームレス台木の養分吸収特性

ケイ素の吸収特性　ブルームレス台木に接ぎ木したキュウリでは、クロダネカボチャに接いだ場合よりも、地上部のケイ素含有率が著しく低下する。ブルームレス台に接いだキュウリの果実にブルームが発生しないのは、このケイ素の吸収移行が悪いためだと考えられている。

マンガンの吸収特性　培地中のマンガン濃度の程度によって、マンガンの吸収移行がクロダネ台とブルームレス台で異なる。土壌中のマンガン含量が八〇ｐｐｍを超えると、ブルームレス台木キュウリの葉中マンガン含量はクロダネ台キュウリよりも大幅に増大し、葉中マンガンが八〇ｐｐｍを超えるとマンガン過剰症が多発する。これは、台木によって、マンガン耐性が異なることを示唆している。

また、マンガンの吸収は、施用窒素の形態によっても異なる。培地中の硝酸態窒素含量が高いとマンガンの吸収が促進されるといわれているが、キュウリも例外ではない。水耕栽培において、アンモニア態窒素と硝酸態窒素の濃度が同じ培養液でキュウリを栽培すると、園試処方のように硝酸態窒素が多い培養液組成で栽培した場合よりも葉中のマンガン含量が低下し、マンガン過剰症の発生も軽減された。

マンガン過剰症とケイ素　マンガンの吸収にはケイ素も大きく関与している。前述のように、ブルームレス台木では自根やクロダネ台に比べてケイ素の吸収移行が悪く、低pHやマンガン過剰下ではマンガン過剰症の発生が多い。しかし、ブルームレス台木でも、ケイ酸の施用により、マンガンの吸収を抑制し、過剰症の発生をある程度抑制することができる。

このことから、ブルームレス台木を使用する際には、クロダネ台を使用する場合よりも土壌pHの低下に留意するとともに、場合によっては石灰質資材やケイ酸質資材などを施用して、マンガンの過剰吸収を防止することが必要となる。

施肥の考え方

養分吸収パターンと施肥　施肥においては、基本的に、養分吸収パターンに応じて必要最小限の量を施用していくのが望ましい。キュウリの場合、収穫が始まるとそれ以後は茎葉の生長と果実の肥大、収穫が並行してすすみ、これが栽培期間中継続される。そのため、栽培期間を通じて適度な肥料分が必要となる。

こうしたキュウリ栽培の特徴を踏まえたとき、土壌中の無機窒素レベルの変動が大きいと作物に悪影響を及ぼすので、きめ細かい追肥により窒素含量の変動を少なくすることが望ましい。緩効性被覆肥料の施用などによって、ある程度土壌中の窒素レベルが維持できれば、追肥の回数を減らすことも可能である。

作型と施肥　作型別にキュウリの養分吸収量を示すと次頁表1のとおりである。

ハウス抑制栽培において、一〇ａ当たり八ｔの収量を得るためには、最低限、窒素一九kg、リン酸七kg、カリ二七kg、石灰二二kg、苦土六kgが必要である。また、平均収量が一四tであるハウス促成栽培では、窒素三四kg、リン酸一三kg、カリ四八kg、平均収量が三tの露地栽培では、窒素七kg、リン酸三kg、カリ一〇kgを必要とする。

しかし、実際には、土壌コロイドによる吸着や灌水に伴う下層への溶脱などにより、施用した肥料分のすべてが作物に利用可能な形で残存するわけではない。とくに、油かすなどの有機質肥料を施用した場合には、施用窒素の六〇～七〇%しか溶出しないことが明らかにされている。

また、安定した収量、品質を得るためには、土壌中に乾土一〇〇g当たり五～一〇mg以上の無機態窒素が必要なことから、吸収量以上の窒素が施用されている。すなわち、栽培期間が短い作型では、吸収量の一・五～二倍を元肥五〇%、追肥五〇%程度に施用した場合によい結果が得られた試験例が多い。さらに、ハウス促成など栽培が長期におよぶ作型では、追肥の割合を多くする必要がある。

ハウス栽培での施肥　ハウス抑制栽培では、促成栽培に比べて、定植後から収穫始めまでの間の養分吸収量が多くなっている。その理由として、ハウス抑制栽培でのこの時期がキュウリにとって適温期であるために、生育が旺盛となって吸肥力が強いこと、また高温期育苗のために着果節位がやや高く、それだけ茎葉の生長もすすむためであると考えられる。したがって、ハウス抑制栽培では、促成栽培の場合よりも元肥の割合をやや多くする必要がある。

表1　キュウリの作型別養分吸収量

作型	平均収量（t/10a）	養分吸収量（kg/10a）				
		窒素	リン酸	カリ	石灰	苦土
ハウス促成	14	33.7	12.6	47.7	38.6	10.8
ハウス抑制	8	19.2	7.2	27.3	22.1	6.2
露　地	3	7.2	2.7	10.2	8.3	2.3

元肥に油かすなどの有機質肥料を使用する場合には、遅くとも定植の一週間から一〇日前までに施用する。定植の直前に多量の有機質肥料を施用すると、分解過程で発生するガスや有機酸などによって作物に害を及ぼすことがあるので注意する。

また、ビニールの被覆前に肥料を施用すると、降雨によって肥料成分が流亡し、水質の悪化をまねくので、できるだけビニールの被覆後に施用する。

リン酸の施用　施用されたリン酸は、土壌中で鉄やアルミニウム、石灰などと結合して不可給態化する。これらは作物に利用されにくいため、不足する土壌中の有効態リン酸含量よりも多くのリン酸を施用する必要がある。

リン酸の施用倍率は、壌質土で二～三倍、粘質土で三～四倍、黒ボク混入土でリン酸吸収係数が二〇〇〇以下の場合には四～六倍、二〇〇〇以上の場合には八～一六倍程度である。しかし、ハウス栽培では、乾土一〇〇g当たり三〇〇mg以上の有効態リン酸を含有している圃場が多く、リン酸の施用効果が低いことも明らかにされている。

過剰施肥の見直し　このように、安定した作物生産を行なうために、吸収量以上の施肥を行なうことはやむをえない面もあるが、吸収量の数倍もの窒素を施用している農家では、濃度障害などを起こして減収したり、減収にならなくても施用効果が認められなかったりする事例も多い。

また、過剰な施肥は、硝酸態窒素やリンなどによる水質富化、および地球温暖化ガスのひとつである亜酸化窒素の発生などをまねくことが明らかにされている。近年、環境への負荷が少ない栽培法が求められているなかで、適正な施肥を行なうことはきわめて重要なことである。

土壌消毒と施肥　ハウスなどの連作地では、ほとんどの場合、土壌病害の発生を回避するために臭化メチルなどで土壌消毒が行なわれる。元肥の施用直後に土壌消毒を実施した場合には、微生物の死滅によって硝酸化成作用が抑制され、アンモニアの蓄積によるマグネシウムの吸収阻害やキュウリの生育抑制を生じることがある。

そのため、土壌消毒は、元肥を施用してから一〇日以上経過し、ある程度硝酸化成が進んだ段階で行なうのが望ましい。施肥後、土壌消毒までに十分な期間が確保できない場合には、元肥に硝酸態窒素の含有割合が多い肥料を使用するか、定植後に根付肥として硝酸態窒素を含む液肥などを施用したほうがよい。

圃場条件と施肥

農業技術大系野菜編第一巻　養分吸収の特徴と施肥の考え方　一九九八年より抜粋

山崎浩司　高知県農林水産部

キュウリ栽培に適する圃場条件

土壌の物理性　キュウリは根の酸素要求量が高いので、土層が深く、排水の良好な圃場で栽培するのがよい。現地の調査では、作土が二五cm以上ないと十分な収量を上げることがむずかしいという結果が得られている。排水不良の圃場では、降雨後の浸水などによって根が枯死するので、うねをできるだけ高くし、圃場の周囲に排水溝を掘るなどの工夫が必要となる。

土壌の化学性　土壌pHは六～六・五が望ましい。pHが低いと、マンガン過剰症や亜硝酸のガス害などが発生し、生産が不安定となる。そのため、pHが低い場合には、石灰質資材を施用してpHを矯正する。

矯正に必要な石灰量は、土壌によって異なる。そこで、対象土壌に段階的に各種カルシウム資材を添加して、pHを測定した後、緩衝曲線によって算出するのが最もよい。しかし、この方法は手間がかかるので、一般にはpHを一上げるために、砂質土で一〇〇kg程度、埴壌土で二〇〇～三〇〇kgの苦土石灰などが施用されている。なお、窒素施用量が多いと土壌pHが低下しやすいため、過剰施肥を避けることも必要である。

土壌の種類と施肥

安定した作物生産を行なうためには、緩衝能の高い土壌であることが望ましい。腐植や粘土含量が多い土壌は、陽イオン交換容量（CEC）が高く、施用されたアンモニア態窒素などを一時的に吸着するため、施肥量が多くても作物に濃度障害を生じにくい。

一方、緩衝能が小さい砂質土で多肥栽培を行なうと、濃度障害が発生し、作物に悪影響を及ぼす。とくに、灌水量が少なくて土壌が乾燥する場合に濃度障害が起こりやすい。したがって、緩衝能の乏しい砂質土では、一度に多量の肥料を施用することを避け、数回に分けて施用するとともに、灌水量もやや多くする必要がある。

キュウリ栽培において生育阻害を起こす土壌ECは、表1に示すように、砂土で〇・六dS／m、埴壌土で一・二dS／m、腐植質埴土で一・五dS／m程度である。

表1　土壌ＥＣ値と野菜の生育・枯死限界（高知農試）（単位：dS/m）

土　壌	生育阻害限界点			枯死限界点		
	キュウリ	トマト	ピーマン	キュウリ	トマト	ピーマン
砂　土	0.6	0.8	1.1	1.4	1.9	2.0
沖積埴壌土	1.2	1.5	1.5	3.0	3.2	3.5
腐植質埴土	1.5	1.5	2.0	3.2	3.5	4.8

注　乾土：水＝1：2

施肥の量と時期

元肥　元肥の施用量は、有機配合肥料を使用する場合、一〇a当たり窒素成分で三〇～四五kgとする。栽培期間が短い作型において、追肥省略のために緩効性被覆肥料を元肥に施用する場合には、これよりも多い施肥量でも問題はない。また、抑制栽培では、一般に促成栽培よりも多くの施肥が行なわれている。しかし、過剰な施肥は、濃度障害やガス障害を起こして減収につながるばかりでなく、地下水の硝酸態窒素汚染など環境にも悪影響を及ぼすので注意を要する。

土つくりのために切わらを施用する場合、定植の直前に多量施用すると、窒素飢餓を起こして生育が著しく抑制されることがある。そのため、切わら一tに対して五kg程度の窒素を補給する。

一方、家畜糞堆肥には、稲わらやバーク堆肥の二～五倍の肥料分が含まれている。家畜糞堆肥の連用により肥沃になっている圃場では、土壌分析結果に基づき、施用量をやや少なくするなどの措置が必要である。これに対し、下層土がやせていて窒素やリン酸が少ない圃場で深耕を行なう場合には、元肥の施用量を二割程度多くする。

追肥　追肥は、はじめの雌花が開花、肥大し始めた頃から行なう。追肥の時期が遅れると、その後の成り疲れや曲がり果など品質の低下をまねくので注意する。

草勢が弱くなってくると、茎が急に細くなったり、生長点付近が小さくなってかんざし状となるので、このような場合にはただちに追肥を行なう。また、摘心栽培の場合には、側枝の発生をよくするためにも摘心の一週間前頃に追肥を行なうのが望ましい。

液肥は、速効性で草勢の調節を行ないやすいうえ、尿素態窒素を含むものが多いため、濃度障害を生じにくい。また、すでに灌水施設を設置している圃場では、液肥混入器を付設するだけで簡便に施肥を行なうことができる。これらのことから、追肥に液肥を使用する農家が多い。

液肥の施用量は、初期には一回に一〇a当たり窒素成分で〇・五～一kg、収穫最盛期以降には一～二kgで、灌水を兼ねて三～四日おきに施用している。

化成肥料や有機配合肥料を施用する場合には、一回の追肥施用量を一〇a当たり窒素成分で二～五kg程度にとどめる。一回の施用量が多いと、根いたみやガス障害を生じることがあるので注意する。追肥の間隔は、前期で一〇～一五日、中・後期で七～一〇日に一回程度とする。

養液土耕栽培の施肥

近年、養液土耕栽培に取り組む農家が増加しつつある。これは、圃場に点滴チューブを使用して、水とともに肥料を供給する栽培法である。元肥なしでも慣行と同等の収量が得られることから、施肥量の低減、すなわち肥料代の節約と、自動給液装置を利用した施肥の省力化などに効果のあることが認められている。

高知県内での栽培事例をみると、一日当たりの窒素施用量は初期で二〇〇～二五〇gであるが、収穫開始後三〇〇gに増加している。なお、灌水量は、定植後活着までやや多めにするが、活着後は一日当たり八五〇～一二〇〇ℓとしている。砂質土など保水力の悪い土壌では一日二～三回に分けて供給する必要がある。

施肥診断の指標と施肥の目安

施肥の量および時期については、種々の試験結果や農家の経験に基づき、前述した方法で行なわれていることが多い。しかし、土壌肥沃度や栽培方法、草勢の強弱などの違いから、農家間でのバラツキも大きい。そこで、施肥の客観的な指標として、次のような事項があげられる。

土壌の無機窒素含量　作物の生育や収量に、最も大きな影響を及ぼす肥料成分は、窒素である。キュウリ栽培に適する土壌無機窒素含量は、促成栽培の場合、栽培前半で乾土一〇〇g当たり一〇～二〇mg、後半で五mg程度である。また、抑制の摘心栽培では、前半一五～二五mg、後半一〇～一五mgが適当であるとされている。これを目安に、土壌中に無機態窒素が多く残存していれば追肥をひかえ、無機窒素含量が少なくなれば追肥を行なう。

キュウリは栄養生長と生殖生長が並行してすすむため、栽培期間中に土壌無機窒素含量が大きく変化するのは好ましくない。

土壌ＥＣ　土壌無機窒素含量の測定には器材や技術を必要とするため、農家が自分で行なうことは困難である。土壌中の硝酸態窒素含量はＥＣ（電気伝導度）と相関が高いことから、一般には土壌ＥＣを測定して硝酸態窒素の施肥設計を行なっている場合が多い。

すなわち、表2に示すように、土壌ＥＣ値が低ければ標準的な施肥を行なうが、高い場合には濃度障害回避のために施肥量をひかえる。栽培期間中の適正な土壌ＥＣ値は、土壌と水の比が1：2の場合、細～中粒の埴壌土で〇・五～一・〇dS／mである。

表2　土壌ＥＣ値による野菜の元肥施用量の目安

EC(dS/m)	砂質土	壌質～強粘質土	黒ボク混入土
0.4以下	標準施肥	標準施肥	
0.4～0.6	半量施肥	2/3量施肥	
0.6～0.9	1/3量施肥	半量施肥	
0.9～1.2	無 施 用	1/3量施肥	
1.2以上	無 施 用	無施用	

注　除塩後の測定による。ECの測定は乾土：水＝1：2
硫酸塩や塩酸塩の蓄積がないことが前提

この土壌ＥＣの測定による診断は簡便であるため、元肥や追肥の施用量を決める際によく活用されている。しかし、近年では、硫酸根などの蓄積によって、ＥＣ値と硝酸態窒素含量の相関が崩れ、ＥＣ値が高いにもかかわらず硝酸態窒素がほとんどない事例もみられるようになってきた。このため、メルコクァント試験紙による比色などを実施して、硝酸態窒素の存在を確認しておく必要が生じてきた。

土壌溶液の硝酸濃度　土壌溶液採取器などを使って採取した土壌溶液について、メルコクァント試験紙などを使用し、硝酸態窒素を測定して診断する方法である。土壌ＥＣによる診断に比べて、測定時に水を加えたり振とうしたりする必要がないので簡便である。適正値については、栽培全期間を通じて硝酸で四〇〇～八〇〇ｐｐｍ（硝酸態窒素として九〇～一八〇ｐｐｍ）あれば十分という報告もある。

作物汁液中の硝酸濃度　作物の栄養状態を把握する方法として、汁液中の硝酸態窒素を測定し、追肥の目安とする方法である。摘心栽培の場合には、一四～一六節の葉または側枝第一葉の葉柄から、ニンニク絞り器などを使用して汁液を採取し、硝酸を測定する。

硝酸濃度は、半促成栽培では四月に三五〇〇～五〇〇〇ｐｐｍ、五～六月に九〇〇～一八〇〇ｐｐｍ、六月以降に五〇〇～一五〇〇ｐｐｍ、抑制栽培では収穫全期間を通じて三五〇〇～五〇〇〇ｐｐｍが適当とされている。実際の測定値がこの指標値よりも低くなった場合には、液肥などを使用して追肥を行なう。

農業技術大系野菜編第一巻　圃場条件と肥料の種類・量の判断　一九九八年より抜粋

リアルタイム栄養診断による追肥

山崎晴民　埼玉県園芸試験場

慣行の施肥の問題点

キュウリは栄養生長と生殖生長が同時に進行しながら果実の収穫が行なわれるため、生育期間中の栄養状態を高く維持することが品質の安定、高収量を得るために必要である。従来の施肥では、このことが強調され、しかもキュウリが比較的多肥栽培に耐えることから、作物が必要とする以上に肥料を与えることがあった。そのため、土壌中に過剰の養分が集積する状態を招いたり、過剰に集積した養分を湛水除塩や雨水除塩によって圃場外へ排出する方法がとられ、今日では富化養分の環境への負荷が懸念されている。

ところで、キュウリの栽培では、栄養状態の維持のために、作付け前に元肥に全施肥量の半量程度を施用し、果実の収穫が始まり、栄養生長と生殖生長がくり返される時期には、通路への施肥や灌水にともなう液肥の施用などの追肥が行なわれるのが一般的である。追肥にあたっては、葉の大きさ、葉色、側枝の伸びのようすといった外観を判断基準としてキュウリの栄養状態を把握し、生産者の経験による判断に基づいて追肥が行なわれることが多く、キュウリの耐肥性と相まって、必要以上の肥料が施用される場合もみられる。

そうしたことを改善し、生産性を上げ環境への負荷を少なくし、肥料を効率的に施用していくためには、栄養状態を正しく診断し追肥を行なっていく必要がある。ここでは、キュウリの葉柄汁液の硝酸とリン濃度を測定することにより、追肥を判断していく方法について紹介する。

リアルタイム栄養診断

施肥を適正に行なうため、作付け前には土壌診断を行ない、各肥料成分の元肥施用量を判断することが行なわれてきた。

一方、追肥については土壌による診断よりも、栽培期間中の作物の栄養状態を把握するほうがより的確と考えられる。しかも、その診断が迅速（リアルタイム）、簡易にできれば、追肥にすぐに生かすことができる。リアルタイム栄養診断では、作物体の汁液を対象とする。測定部位は葉身より多汁質な葉柄のほうが適している。

葉柄汁液の測定部位

汁液の採取は、葉柄を二cm前後に切断して、ニンニク搾り器で圧搾するか葉柄を乳鉢で磨砕する方法で行なう。一定量の葉柄に水を加え、振とうして浸出液を用いる方法もあるが、葉柄を切断する大きさや浸出時間により差がみられるので注意を要する。なお、葉柄を採取する場合、葉位によって養分濃度が異なるため、栄養診断を正確に行なうためには前もって測定葉位を決めておく必要がある。

抑制栽培キュウリを対象にして、収穫初期から後期における各節本葉の葉柄汁液を測定した結果、下位葉に比べ上位葉は葉柄汁液の硝酸濃度が低く、特に収穫中期以降その差が大きくなった（図1）。栄養診断を行なうには、前後の葉位に比べ硝酸濃度の差が少ない葉位が適していると考え、測定時期でほぼ同濃度であった一四～一六節の本葉、および本葉と同濃度であった側枝第一葉をキュウリの

図1　測定節位別のキュウリ葉柄汁液中の硝酸濃度

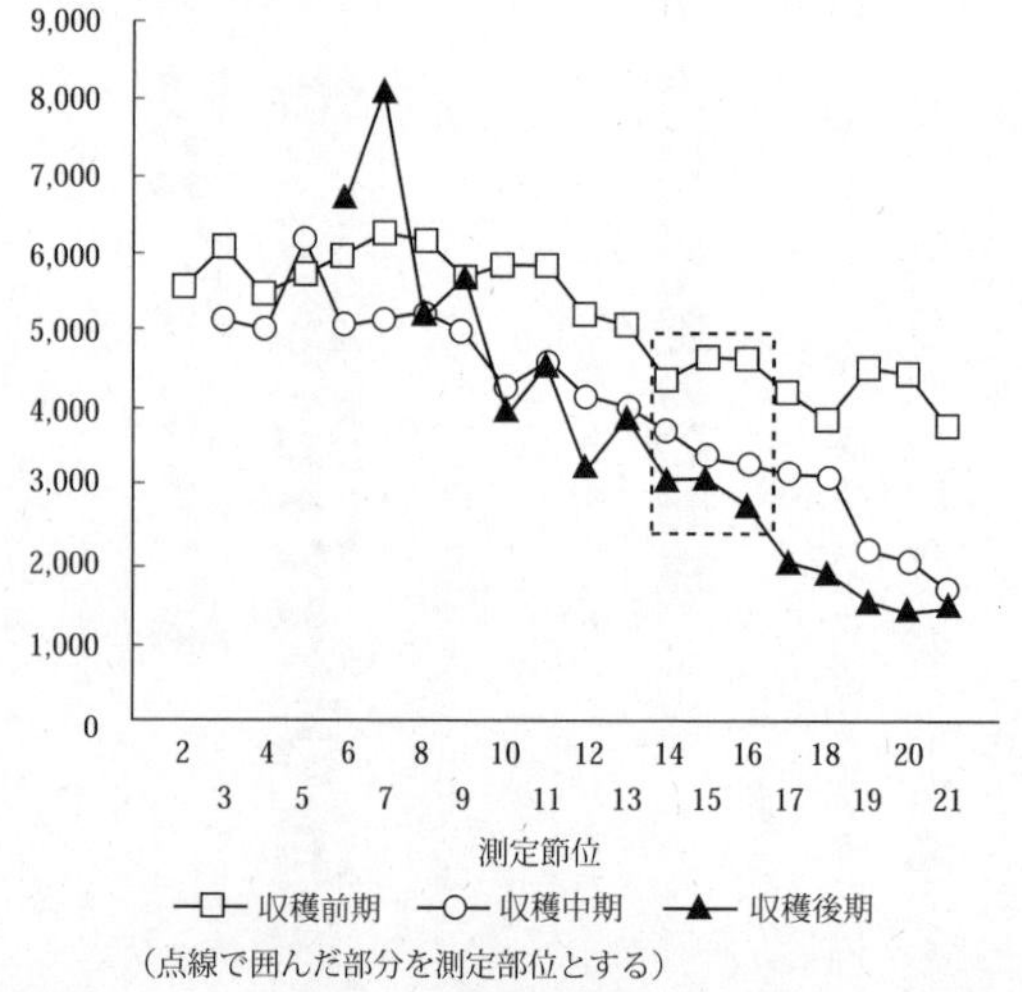

（点線で囲んだ部分を測定部位とする）

測定部位としている。

基準値

葉柄汁液濃度と収量　リアルタイム栄養診断では従来の葉分析とは異なる手法を用いるため、新たに診断基準値の策定が必要である。一般に作物は、土壌や植物体の養分濃度が高くなると直線的に生育量も多くなるが、土壌および植物体養分が一定濃度以上になると、生育量は平衡状態なる。さらに濃度が高くなると生育量は減少し、無駄な施肥が多くなり、施肥効率は顕著に低下し適正な施肥管理とはいえなくなる。したがって、施肥レベルを変えたときに、作物体中の硝酸濃度およびリン濃度と収量との関係を調べ、収量が漸増または平衡状態になったときの作物体養分濃度を明らかにした。

また、現地の実態を見ると、県内のキュウリ産地である深谷市のハウス二〇棟のキュウリ葉柄汁液中の硝酸濃度およびリン濃度を調査した結果、葉柄汁液中の養分濃度はハウス間で多いときには一〇倍以上の差がみられ、多施肥で栽培されていることがうかがえた。

葉柄汁液濃度の基準値　葉柄汁液の硝酸、リン濃度と果実収量の関係および現地の実態から、半促成栽培と抑制栽培について表1のような診断基準値を設定した。

汁液栄養診断では、硝酸については、測定値を診断基準値と照らし合わせ、基準値より高ければ追肥をひかえ、基準値内ならば通常の施肥管理を、また基準値より低ければすぐに追肥を行なうことにより、適正な施肥管理を行なう。また、リンは施肥量のほとんどを元肥で施用することが多いが、汁液診断を行なうことにより、液肥などで追肥するリンの施用量を少なくしたり、次作の作付けにおける元肥施用量を基準値に基づき削減することができる。

表1　キュウリ葉柄汁液の硝酸およびリン濃度の診断基準値

作型（収穫期間）	基準値（ppm）		
半促成栽培 （3月下～6月下旬）	硝酸	4月下旬	3,500 ～ 5,000
		5 ～ 6月	900 ～ 1,800
		6月以降	500 ～ 1,500
	リン	4月上旬	80 ～ 100
		5 ～ 6月	80 ～ 100
		6月以降	30 ～ 50
抑制栽培 （9月中～ 11月下旬）	硝酸	収穫全期間	3,500 ～ 5,000
	リン	収穫全期間	80 ～ 100

葉柄汁液の硝酸濃度の簡易測定法

測定方法として硝酸濃度を簡易に測定する方法は以前からあったが、測定精度、測定時間の点で十分とはいえなかった。しかし、数年前から、硝酸イオン試験紙、小型反射式光度計システムおよびコンパクトイオンメータなどが販売された。これらの簡易測定法はいずれも従来測定法との相関が高く、リアルタイム栄養診断に用いる機器として実用性が高く、生産現場での診断に活用することができる。

硝酸イオン試験紙　測定範囲は〇～五〇〇ｐｐｍではあるが、一〇〇ｐｐｍを超えると測定誤差が大きくなる。そのため、葉柄汁液をピペットとメスシリンダーを用いて、一〇〇ｐｐｍ以下に蒸留水で希釈する。希釈した汁液に試験紙を一～二秒浸し、一分後にその色調から硝酸濃度を読み取り、希釈倍率を掛けて硝酸濃度を測定する。

小型反射式光度計システム（ＲＱフレックス）　硝酸イオン試験紙と小型反射式光度計

がセットになった測定機器で、希釈までの操作は硝酸イオン試験紙と同様である。希釈後の操作方法は、希釈液に浸すと同時に光度計のスタートスイッチを押し、反応時間（硝酸の場合一分）終了五秒前を知らせるアラームが鳴ったら、試験紙をアダプターに差し込むと硝酸濃度がppm単位で表示される。また、試験紙の種類を替えることにより、リンの測定ができる。

コンパクトイオンメータ　汁液をセンサー部分に滴下して測定するもので、希釈する必要はほとんどなく、迅速性では硝酸イオン試験紙や小型反射式光度計よりも優れている。しかし、電極が劣化する可能性があるため、校正液で電極の精度を確認する必要がある。このイオンメータは硝酸とカリについて販売されている。

農業技術大系野菜編第一巻　汁液栄養診断による追肥　一九九八年より抜粋

栽植密度・栽植方式

高橋英生　宮崎県経済連

露地栽培

栽植密度　露地栽培では、ハウス栽培とちがって限られた容積の中での栽培という制約がないため、うね間、株間を広くする場合が多い。一般には、アーチ形の支柱にネットを張り、アーチの内側を通路とする方法がとられる（図1）。栽植密度は一〇a当たり八三〇〜一〇〇〇株が標準であり、うね間二五〇〜三〇〇cm、株間六〇〜八〇cmの二条植えにする。

冷涼地の普通栽培や、温暖地の露地抑制栽培では、栽培後半がしだいに低温になるため、子づるの摘心をすると、孫づるの発生や伸長が遅れて、葉数不足や茎葉の老化を招き、後期の収量の低下につながる。そこで、株間を七五〜九〇cmと広くとり、側枝については整枝をできるだけ軽度にして、放任に近い栽培にすると省力的で収量も多い。

栽植方法　春植えの場合は、黒ポリマルチまたは黒にシルバーのストライプの入ったマルチをして、十分な灌水をした後、地温を高めておいて定植する。

夏植えの場合は、シルバーマルチか白マルチを利用して地温の上昇を抑えるか、黒マルチをしてその上に敷わらを十分に敷いて地温の上昇を防ぐ。

直まき栽培の場合は、うねの高さを畑では一五cm以上、水田では二五cm以上の高うねとし、うね面が緩やかな傾斜をもつようにする。さらに、種子をまくところは、直径二〇cmくらいをうね面より約五cm高くし、湿害や疫病の被害を防ぐ。

図1　キュウリの露地栽培（単位：cm）

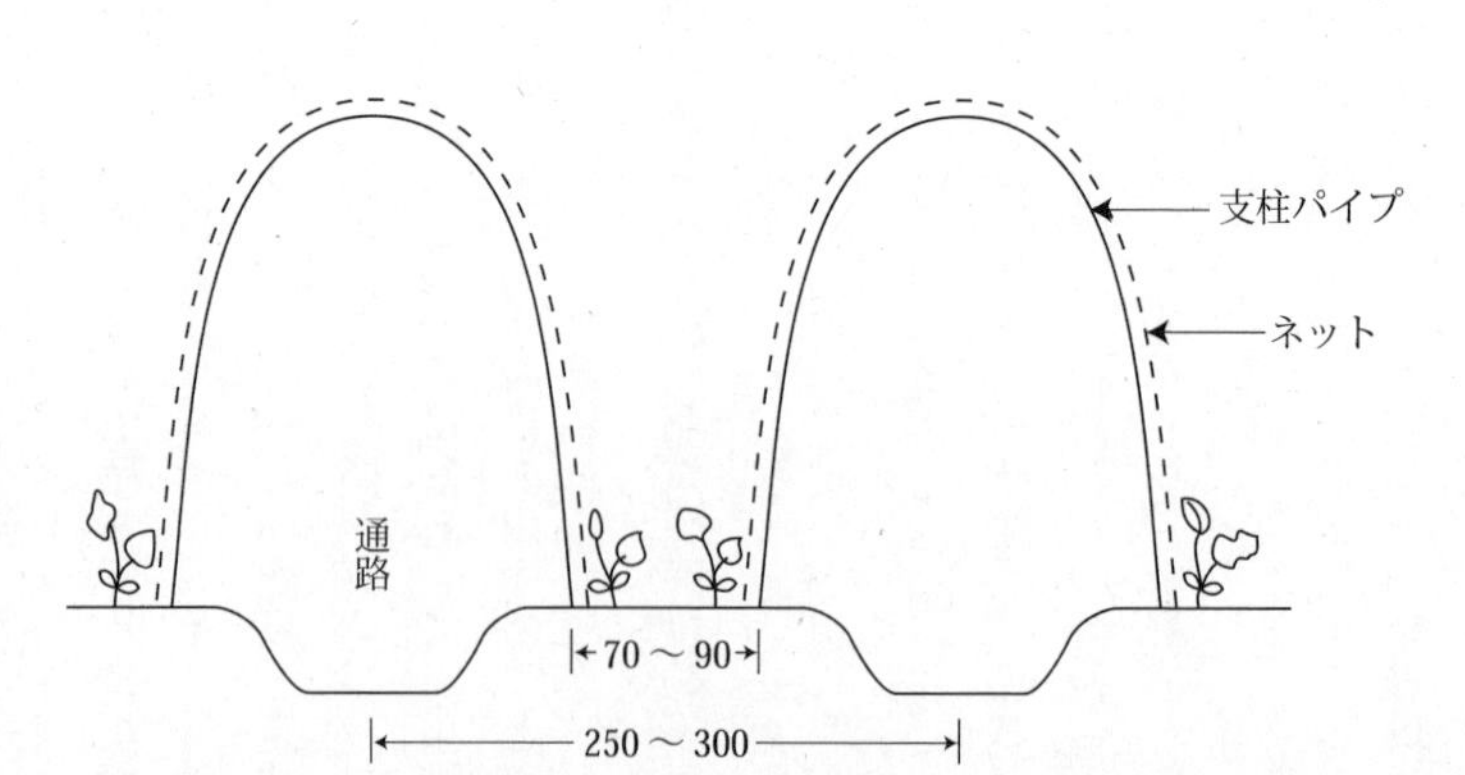

施設栽培

摘心栽培　摘心栽培では、子づると孫づる、それ以降の側枝からの収量が総収量の八〇%以上を占めるので、増収のためには子づる、孫づるの十分な発生が必要であり、そのための空間を確保しなければならない。

一株当たりの子づる、孫づるの発生数は疎植ほど多くなるが、単位面積当たりでは、ある程度、密植すると多くなる。

栽植密度を高くしていくと収量の増加がみられるが、増収幅は期待するほど大きくなく、光環境や通風が悪くなり、上物率の減少、品質低下などを招く。作業条件も悪くなる。このようなことから、適正範囲の中での疎植が最近の流れである。

黒いぼキュウリが主流の時代の摘心栽培では、一㎡当たり一・八～二・四株の植付けが行なわれていた。白いぼキュウリになってからは、側枝からの収穫がさらに重視されるようになり、一㎡当たり一～一・二株が標準となっている。

つる下げ栽培　平成四年頃から栽培が増加してきたつる下げ栽培では、主枝摘心後に子づるあるいは孫づるを、一株当たり四～五本伸ばす。子づるまたは孫づるの間隔を二二～二五㎝とするため、一㎡当たり一～一・二株の植付けとする場合が多い。うね間一八〇～二〇〇㎝、株間は四五～五〇㎝で、うねの中央に一列植えする。子づるは二本ずつ、うねの左右に誘引する。

無摘心栽培　主枝着果型の黒いぼキュウリの栽培方法で、最近では、ほとんど行なわれなくなっている。無摘心栽培では、主枝を伸ばしていき、この主枝からの収穫を中心とする。主枝は一本仕立てとし、斜め誘引か、つるおろし誘引とする。主枝を斜め誘引する場合は株間を広めに、つるおろし誘引にする場合は株間を狭めにして植え付ける。

多収するためには、栽植株数を増やす必要があり、一㎡当たり二・八～三株が植え込まれる。うね間一八〇～二〇〇㎝、株間一八～二〇㎝で一列植えとして、一うね二列に振り分け仕立てするか、三六～四〇㎝株間で二列植えにする。

栽植方法　一般的なハウスの間口は、一・八mまたは二mの倍数になっていることが多い。そのため、うね間も一・八mまたは二mが多いが、二・七mの大うねや、一・三五～一・五mの小うね二列ずつの寄せうねにする例もある。栽植本数を変える場合は、うね間はそのままで、株間を変えて調整する。

マルチ栽培のときは、うねの中央に一列植えにして一列仕立てにするか、一列植えにしておいて二列に振り分けて仕立てる。マルチをしないときは、一うね二列植えにすることが多い。

大うねの場合、うねの中央を軽く溝で割り、寄せうねの形にすることも多く、こうすることで、うね内の水分の調節がしやすくなる。

植付けは、露地栽培、ハウス栽培を問わず浅植えがよい。

うねの方向と生育

うねの方向　作物の受光総量は、東西うねが南北うねに比べて大きく、とくに冬期に顕著であるとされている。しかし、草丈が高い作物では、東西うねにすると、作物同士の陰ができるので、光線が均一に当たらない。一

図2　床面上における直達光日量透過率の分布

(Kozaiら1978)

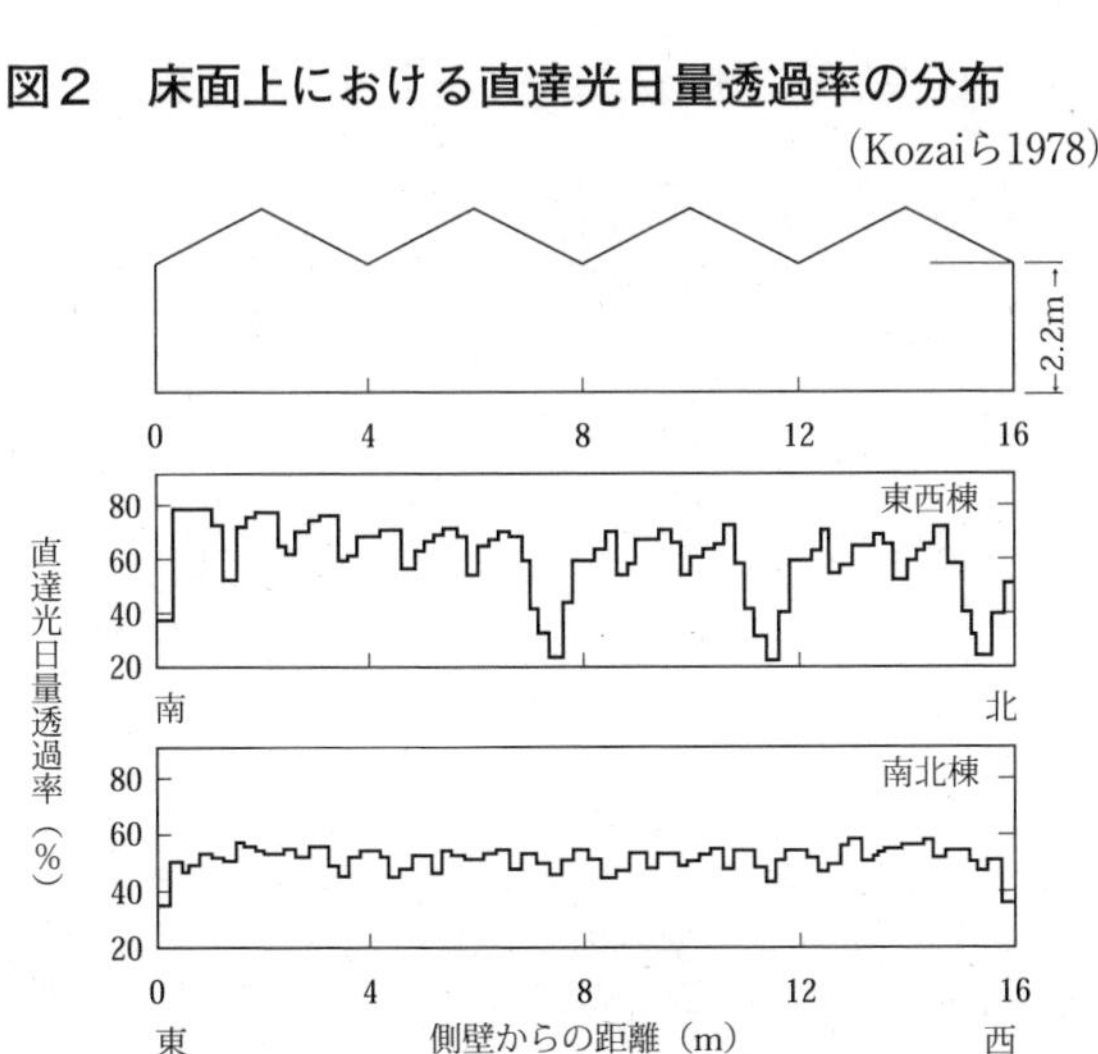

方、南北うねは総受光量はやや少ないが、作物全体に均一な受光が得られる。

キュウリは葉が大きく、草丈が一・五～一・八ｍもあるので、南北方向うねとして、全体に光線が当たるようにするのがよい。施設栽培でも、露地栽培でも、均等な受光が得られる南北うねが好結果を得られる。

施設の棟の方向　前頁図２は大阪の冬至における四連棟温室の東西棟床面および南北棟床面の直達光日量透過率の分布を示している。東西棟では、平均透過率は高いものの、温室内の場所による不均一が著しい。一方、南北棟では平均透過率は低いが、その分布はほぼ均一である。

キュウリの施設栽培では、南北方向の棟で、南北うねでの栽培を行なうのがよい。

農業技術大系野菜編第一巻　栽植密度・栽植方式、うね方向と生育　一九九八年より抜粋

マルチの種類と使い方

高橋英生　宮崎県経済連

マルチの種類と利用効果

マルチは地温の調節、土壌水分の蒸発抑制、肥料養分の溶脱防止、土壌の跳ね上がりによる茎葉や果実の汚染防止、雑草防止など多くの効果があり、このほかにも銀色マルチによるアブラムシの忌避効果、高温期の地温上昇抑制などの効果もある。このためキュウリ栽培では、露地栽培、施設栽培のいずれでもマルチ栽培が行なわれることが多い。

マルチの資材としては、プラスチックフィルムが中心であるが、稲わら、麦わら、雑草なども使用されている。

プラスチックフィルムには、フィルムの色の面からみただけでも透明、黒色、白色、銀色、緑色などがある。さらに、黒色に銀色のストライプが入ったもの、表が白で裏が黒、あるいは表が銀色で裏が黒のものなど多くの種類があり、それぞれの目的で使用されている。このほか、通気のための小穴の開いたもの、除草剤を含んだもの、アルミ蒸着による高反射性のものなど、いろいろな機能を持つマルチ資材がある。これらのうち、キュウリ栽培に使用されることの多いマルチ資材は表1のとおりである。

透明マルチ　厚さ〇・〇二～〇・〇三㎜の透明ポリフィルムが使用される。ハウスやトンネルに使用された古ビニールやポリフィルムが利用されることも多い。

透明マルチは太陽光線をよく通し、昼間は裸地に比べて地温の上昇が著しく、地下三cm付近で三～六℃、夜間も二～四℃高く保たれる。地温を高くする効果はポリフィルムよりもビニールのほうが大きい。短所は、マルチ下に雑草が繁茂することと、マルチの裏面に緑藻が付いて片づけにくくなること。

黒色マルチ　黒色ポリフィルムは、可視部の光線がほとんど透過せず、近赤外部がわずかに透過する。このため、透明マルチに比べ、昼間はフィルム面の温度が上昇するが、地下五cmのところでは一～二℃低い。マルチの下に光線がほとんど入らないので、雑草の

表1　キュウリ栽培に使われるマルチの種類と特性

マルチの種類	地温上昇	地温抑制	雑草防除	水分調節	害虫防除
透明ビニール	◎	×	×	◎	△
透明ポリ	◎	×	×	◎	△
黒ポリ	○	○	◎	◎	△
シルバーポリ	△	○	◎	◎	◎
グリーンポリ	◎	×	○	◎	△
白黒ダブルポリ（白面）	×	◎	◎	◎	○
稲わら	×	◎	△	○	△

注　◎は効果大きい，○は効果あり，△は無マルチ並み，×は効果ない，あるいは逆効果

害は問題にならない。

黒ポリマルチは価格が安いので、露地キュウリ栽培に利用されることが多い。夏期の栽培で利用する場合は、マルチの上に敷わらなどを十分に行ない、地温の上昇を防ぐ。

シルバーマルチ　アルミの断熱性、遮光性、反射性を生かした資材。アルミ粉末をポリエチレン層ではさみ、三層構造としたもの、アルミ粉末を直接フィルムに練り込んだものがある。これらは元来保温資材として開発されたものだが、アブラムシ忌避効果があることが明らかになり、地温上昇防止と、アブラムシの飛来防止を目的に露地キュウリのマルチとして使用されている。

最近では、秋～春の施設栽培キュウリでも利用される動きがみられる。この場合、低温期の利用になるが、地温を下げる問題はあまりないようである。

高反射マルチ　フィルムにアルミを蒸着したもので、優れた遮熱効果があり、夏期の地温上昇を抑制する効果が大きい。そのため、夏期のキュウリ栽培では増収効果が認められ、アブラムシなどの忌避効果も大きい。

しかし、資材費がやや高いことと、作業者に対する反射光の影響が大きいことから、利用は少ない。

グリーンマルチ　波長五〇〇～六〇〇nmの緑色域の光は、光合成その他の生理作用に対して効果が低いことが知られており、雑草の発芽と幼植物の生育を強く抑制する。グリーンマルチは、この性質を利用して地温上昇を図りながら、雑草の生育は抑制しようというものである。

しかし、現在までの製品の多くは、昇温効果の面では透明マルチと黒色マルチの中間的な性質を示すものの、雑草の抑制では、その効果を十分発揮するものとはなっていない。

敷わら　敷わらは、稲わら、麦わら、刈草などを用いて、土のはね返りによる果実や茎葉の汚染防止、土壌水分のコントロール、地温の上昇抑制などを目的とする。

昼間の土壌表面温度の上昇を抑える効果が大きいため、夏野菜の栽培には都合がよいが、定植や播種が春に行なわれる場合、時期が早すぎると地温が上がらないため、生育が遅れることがあるので注意を要する。

夏期のキュウリ栽培では、ポリフィルムマルチと組み合わせて利用する場合も多く、利用効果が大きい。施設栽培キュウリでも、通路部分に多量の敷わらをする事例がある。地温と土壌水分の変化を少なくし、夜間はハウス内の湿気を吸収し、昼間は湿気を放出するという効果もある。

露地栽培での使い方

低温期定植　春植えで、地温が十分高くない時期の定植では、地温上昇をねらいとしたマルチ資材が利用される。この場合、地温上昇という面からは透明ポリが優れるが、雑草の発生を防ぐには黒色ポリ、アブラムシの飛来を防ぐためには銀色ポリや黒に銀色のストライプの入ったものを利用する。

春植えキュウリのマルチ栽培では、土壌水分が適湿の状態でマルチを行ない、地温の上昇を待って播種あるいは植付けを行なう。適湿条件で耕うん、施肥、うね立てなどを行なえば、マルチ前にうねを雨に当てたり、十分な灌水をする必要はない。

高温期定植　夏秋キュウリや露地抑制栽培など、植付けが高温期の場合は、地温の上昇抑制とアブラムシの飛来防止のために、銀色あるいは白色のマルチが利用される。また、黒ポリマルチの上に、厚めの敷わらを組み合わせれば、雑草の発生を防ぎながら、地温の上昇を抑えることができる。

露地栽培のキュウリでは、定植後、生育初期に草勢をコントロールする必要性が少なく、順調な活着と初期からの草勢が求められる。そのため、露地栽培キュウリの土壌水分管理は全期間を通じて適湿管理でよい。

施設栽培での使い方

高温期定植　施設栽培では、定植後の初期生育時に、徒長的な生育を回避するための草勢のコントロールが行なわれる。そのためには、土壌水分と地温の管理が必要である。

したがって、定植が高温期に行なわれる作型では、定植前や定植直後からマルチせず、冬にかかってから行なうのがよい。マルチを行なう時期としては、菌核病、灰色かび病の子のう盤ができ始める、地温二〇℃くらいになった頃でよい。生育が急ぎすぎたり、茎葉が大きくなりすぎたりするのを防ぐとともに、根群を深く張らせる面でも優れている。

低温期定植　低温期の定植の場合、定植直前に多量の灌水をすると地温が下がる。ベッドができたら、十分灌水し、マルチを張って地温を上げておく。これによって、活着までの間が少量の灌水ですみ、活着後は節水して、キュウリの草型を整えるのに適した土壌水分管理に無理なく移行することができる。

農業技術大系野菜編第一巻　マルチの種類と地温、土壌水分への影響　一九九八年より抜粋

定植時の環境条件と活着

藤田祐子　福島県農業試験場

地温と活着

キュウリは温度に対する反応が敏感な作物で、苗の定植にあたっては温度、特に地温が重要な活着促進の要因となる。定植直後の温度管理は、その後の着果状況や草姿にも影響する。

キュウリの根の伸長適温は一八～二三℃と比較的高温で、定植作業が高温期にあたる場合は特に問題はないが、定植作業が低温期にあたる場合は地温を確保するための工夫が必要である。定植時の地温は最低でも一五℃は必要で、それ以下では明らかに生育が劣る。

露地栽培の場合は、晩霜の心配がなく地温を確保できる時期が、自然条件での栽培の低温限界である。定植時期が低温限界に近く、一五℃以上の地温の確保が危ぶまれる作型の場合は、定植準備を早めに行ない、マルチを被覆しておく。さらに低温期の定植となる作型ではトンネルを併用する。トンネル用の被覆資材としては農業用ビニールやポリエチレンフィルムのほか、通気性被覆資材を用いるのも有効である。また、定植時期が低温期にあたる場合は、苗を本圃の温度条件に順化しておくことも重要である。

地温の確保が困難な低温期の施設栽培では、マルチやトンネルの被覆を早めに行なって十分に地温を確保する。場合によっては、定植前日から暖房機を運転する。また、定植作業終了後はただちに保温し、当日のうちに夜間温度を確保できるような時間帯に作業を終了するようにする。ただし、施設栽培では活着を促進するために高温管理になりがちなので、適温を保つように注意する。

定植時期が高温期にあたる場合、地温が二五℃以上になると徒長して軟弱になりやすく、特に施設内に定植する場合は注意が必要である。条件によっては、定植作業を一五時以降に行なったり、遮光資材を利用したりして活着を促進するのも一つの方法である。ただし、遮光資材は軟弱徒長の原因ともなるので、使用期間は極力短くする。使用する場合も朝晩の数時間は光に当て、日中の日差しが強い場合のみ被覆するなどして、活着後はただちに除去する。

定植後の水管理

定植後の水分管理も、活着促進の重要な要因となる。定植後の灌水量は必要最小限にとどめたい。定植時期が高温期にあたる場合は、灌水量が多いと軟弱徒長しやすいし、低温期にあたる場合は、地温を下げて活着促進には逆効果になる。

定植後は、根鉢の部分が乾いたら灌水し、活着までは二〜三回、一回の灌水量は一〇〇〜二〇〇mℓ程度にとどめるのが望ましい。あらかじめ、定植圃場に適当な土壌水分を含ませておいたり（もちろん地温が確保されていることが前提条件）、定植前に育苗ポットに灌水しておくようにすると、定植後の管理は容易となり灌水量も少なくてすむ。

高温期に施設内に定植する場合は必要以上に灌水してしまいがちなので、特に注意したい。少ない灌水量で苗の活着を促進するためには、前述のように、定植圃場や育苗ポットの水分の調整、作業時間帯の選択、遮光資材の利用などが考えられるが、通路に散水するなどして施設内の湿度を高めるのも有効である。

風の影響

定植作業は、無風の晴天日に行なうのが望ましい。特に露地栽培では風の影響を強く受ける。地上部が風にあおられて不安定だと活着が遅れる。また、強風で接ぎ木部が折れることがある。風の影響が心配な場合は、苗を安定させるために、短い支柱を立てて固定するなどの工夫が必要である。

施設栽培では風はさほど問題にはならないが、定植後の苗に直接冷たい風が当たるような管理は望ましくない。苗を運搬する際も同様である。

農業技術大系野菜編第一巻　定植時の環境条件と活着
一九九八年より抜粋

温度と生育・収量・品質

稲山光男　埼玉県園芸試験場

温度環境の意味と温度管理の考え方

温度環境は、キュウリの生育環境を構成するいろいろな環境構成要因のなかで、光とともに重要な要因のひとつである。最も良好な状態でキュウリを生育させるためには、適温域の温度環境を保つように工夫した温度管理を行なう必要がある（表1）。

しかし、キュウリは長期間にわたって栽培され、その栽培期間中に茎葉の繁茂だけでなく、より多くの収量と高い上物率が得られなければならない。そこで、キュウリの栽培では、単に順調な生育を促すために適温域の温度環境を与えておくだけでなく、長期間の栽培に耐え続けられるよう、キュウリの生理作用を十分考慮した温度管理を行なう必要がある。

表1　果菜類の生育適温および限界温度（℃）

作物		昼気温 最高限界	昼気温 適温	夜気温 適温	夜気温 最低限界
ナス科	トマト	35	25〜20	13〜 8	5
	ナス	35	28〜23	18〜13	10
	ピーマン	35	30〜25	20〜15	12
ウリ科	キュウリ	35	28〜23	15〜10	8
	スイカ	35	28〜23	18〜13	10
	温室メロン	35	30〜25	23〜18	15
	マクワ型メロン	35	25〜20	15〜10	8
	カボチャ	35	25〜20	15〜10	8
イチゴ		30	23〜18	10〜 5	3

キュウリの温度管理を考える場合、一日を昼温管理と夜温管理に分け、また気温管理と地温管理にそれぞれ分ける必要がある。

そして、昼温管理をさらに午前と午後の温度管理に分ける必要があり、夜温の管理についても昼温管理と同様に、夕方から前半夜の温度管理と後半夜の温度管理に分ける必要がある。このように分けたうえで、目標温度を変えて管理することが大切である。

一方、地温については、気温管理のように一日の時間帯によってきめ細かい管理を行なう必要はなく、適地温を保つよう管理すればよい。地温の場合、気温のように日変化の較差が大きいといったことがなく、根の活動が地上部の活動と違うからである。

温度と生育

昼温　日中の温度管理は、光合成との関係においてとらえることが基本である。光合成と温度との間には、図1に示したような関係があり、二五℃前後の温度で光合成が最も盛んに行なわれる。

キュウリの光合成は、他の果菜類に比べて比較的低い温度でよく行なわれる。図2からもわかるように光合成が最も盛んに行なわれる温度は二五～二八℃であり、ナス科の野菜は別としても、同じウリ科の野菜であるカボチャやマクワウリに比べてやや低いところに適温域がある。

しかし、栽培されているキュウリは、光を群落条件で受光しているとともに、空中湿度や土壌水分、CO_2も光合成に関与している。それに毎日が晴天日とは限らない環境条件で生育している。また、栽培施設の被覆資材や換気方法、換気口の大きさなどによって、温度の上昇特性や保温特性にも違いがみられる。したがって、昼間の管理温度は、図1や図2を参考にしながら、三〇℃を換気の設定温度にする必要がある。

キュウリの光合成特性は、一日の光合成量の約七〇%が午前中に行なわれることである。このことから、昼温の管理は午前中に重点をおいて行なわれている。午後には、午前中に生産された光合成産物が、葉から果実や生長点、根など他の器官に転流される。そこで午後の温度管理は、転流の促進と、呼吸による光合成産物の必要以上の消費を抑制することを重点に行なう。

以上に述べた点を考慮すると、キュウリ栽培においては、午前中を二五～三〇℃、午後は午前中に比べて低めの二五～二三℃、そして日没にかけては徐々に温度を下げて管理することが望ましい。

ただし、曇天の日や雨天の日には光合成作用があまり行なわれない。このような日射量

図1　キュウリの光合成・呼吸速度と温度

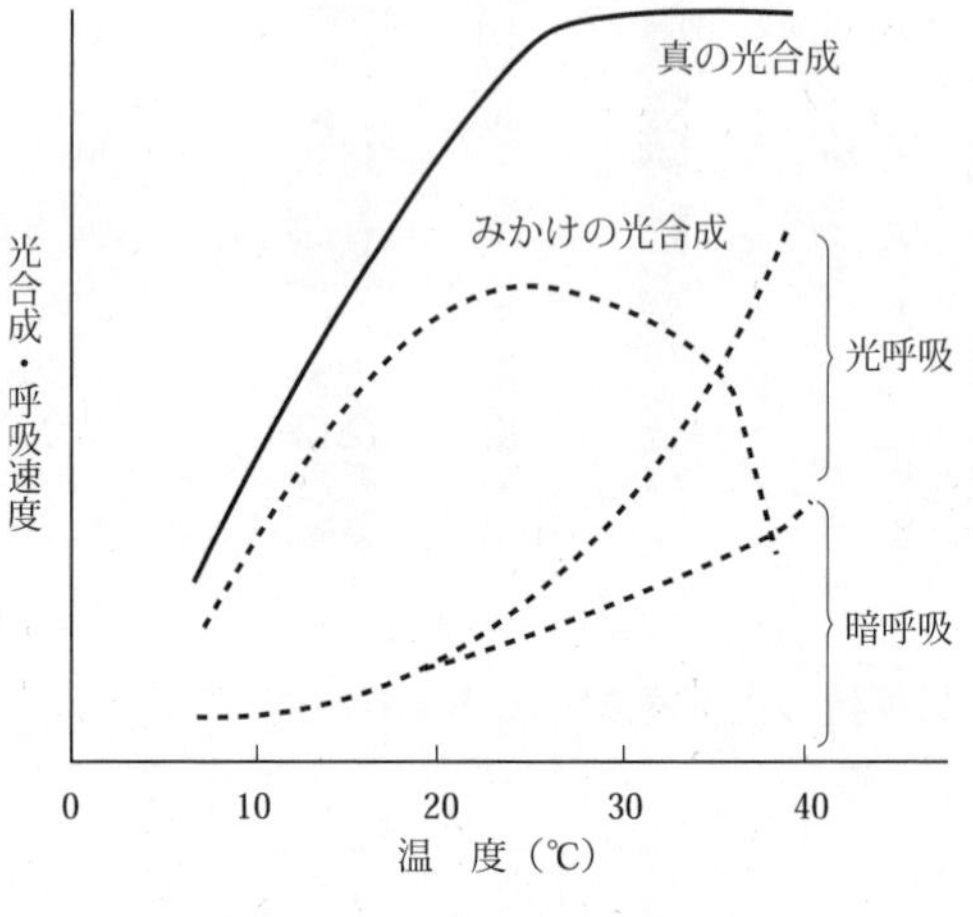

図2　果菜類の温度と光合成（津野）

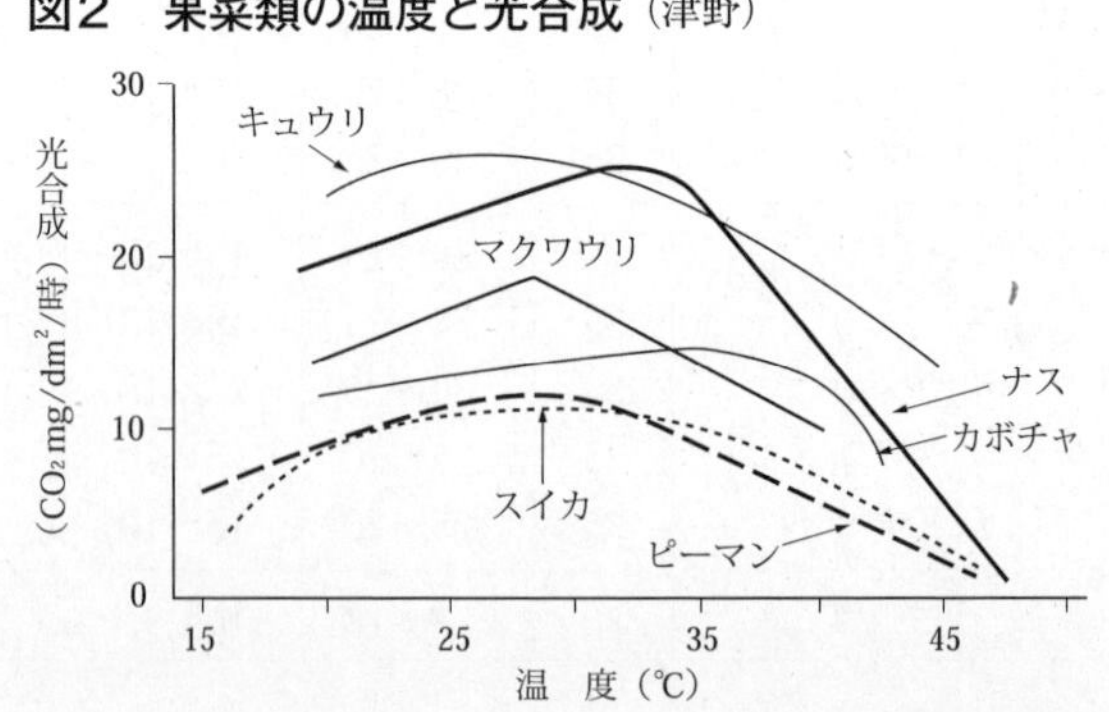

が少ない条件下で晴天日と同様な高温管理を行なうと、光合成が抑えられるのに反して呼吸が促進されることになり、生産（光合成）に対して消費（呼吸）が増加し、生育上マイナスとなる。このように、昼温の管理は日射量を十分考慮して行なわれなければならない。

かりに、昼温を高温で管理すると、生育が徒長的になり、葉の老化が早まる。また、果実の果梗部が長くなり、果実そのものは短形果の傾向になってしまう。さらに、結実障害による尻細果の発生などが多くなり、果色が褪色し、品質低下の原因となる。

夜温　昼温管理のねらいが光合成の促進にあるのに対し、夜温の管理は、光合成産物の転流と呼吸消耗の抑制を重視した管理となる。キュウリ栽培では、夜温管理がどのように行なわれるかによって、生育が大きく左右される。したがって夜温管理は、その方法によって栽培技術全体を評価することができるほど重要な管理である。

図3は、夜温と光合成産物の転流について調べた結果である。この図から、高夜温では短時間で、低夜温では緩慢に、光合成産物が転流することがうかがえる。一方、呼吸による光合成産物の消耗は高夜温で促進され、低夜温で抑制される。このように高夜温で転流が促進され、低夜温で呼吸が抑制されることを管理技術にうまく組み入れることによって、光合成産物の蓄積をみることができる。

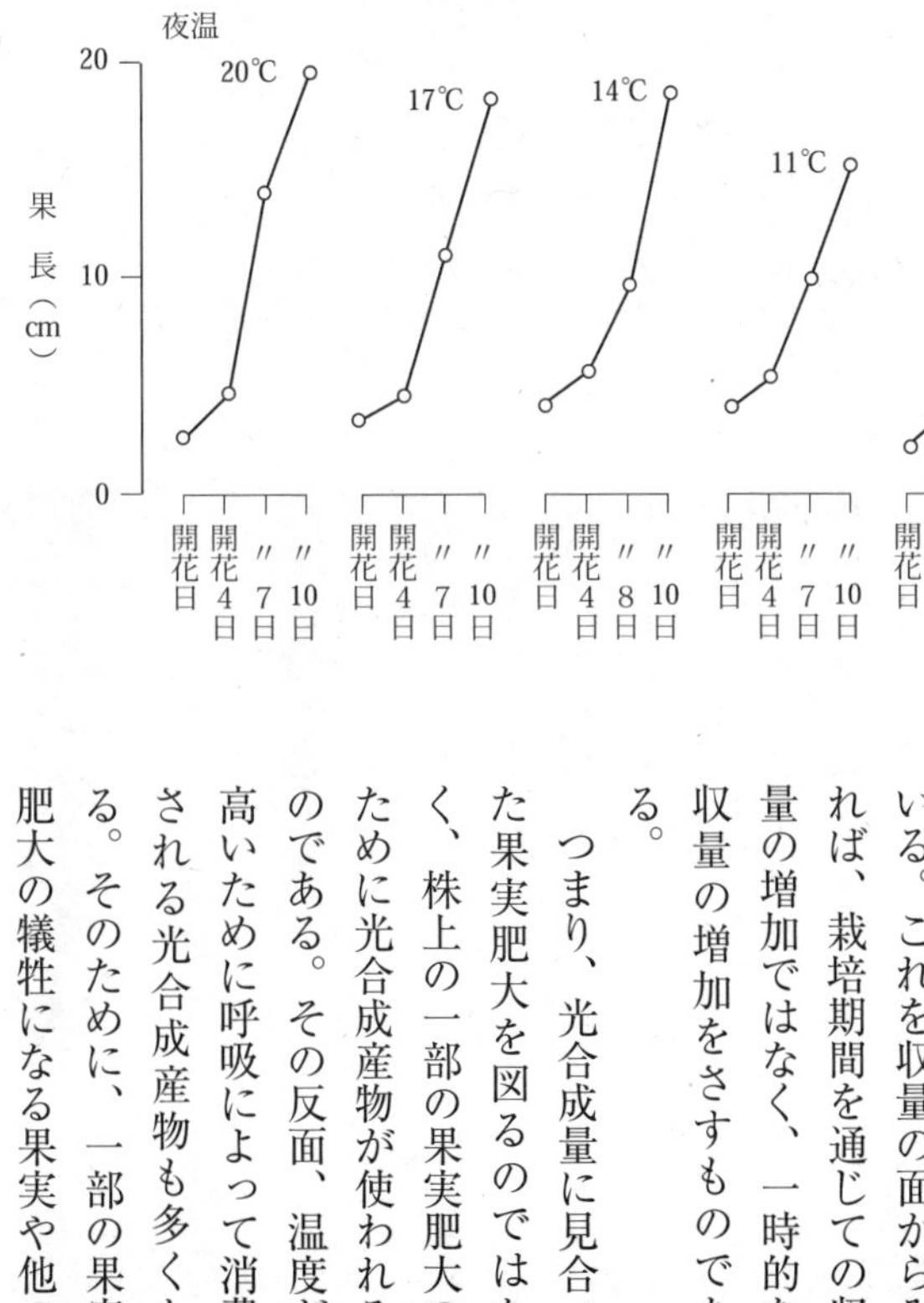

図3　キュウリ葉の転流・呼吸と夜温（土岐）

図4　夜温とキュウリ果実の肥大

温度と収量

短期的収量　短期的収量に影響する温度と収量の関係は、果実の肥大と温度との関係である。すなわち、図4に示したように、夜温の管理温度によって、果実の肥大速度に違いがみられる。

しかし、この現象は、キュウリの株上のすべての果実が肥大し続けられるということではなく、すでに肥大期に入っている株上の一部の果実のみの肥大が早まることを示している。これを収量の面からみれば、栽培期間を通じての収量の増加ではなく、一時的な収量の増加をさすものである。

つまり、光合成量に見合った果実肥大を図るのではなく、株上の一部の果実肥大のために光合成産物が使われるのである。その反面、温度が高いために呼吸によって消費される光合成産物も多くなる。そのために、一部の果実肥大の犠牲になる果実や他の器官も出てくることになる。長期的にみれば、発育が停滞する果実や光合成産物の分配を受けられず落果する果実、肥大しても十分な光合成産物の分配が得られずに奇形になる果実などが現われてくる。また、当然のことながら、果実のみでなく草勢への影響も大きい。

長期的収量　一方、管理温度が長期的収量に影響を及ぼす場面では、一時的な収量の増加はみられない。短期的影響とは違い、温度が直接的に一部の果実のみに作用するのではなく、光合成産物を株上に最も効率よく蓄積する温度管理によって、生育全体のなかで果実肥大が図られていくのである。

しかし、この温度管理のほうが、栽培期間全期を通してみると収量を大きく左右する。キュウリの着果特性、つまり株上の「節」に雌花が着生し、その雌花が開花・肥大するという一連の生育経過が温度管理の結果として、収量に結びつくからである。

つまり、長期的に収量に影響する温度管理は、果実の肥大のみに目をうばわれる管理ではない。栽培の全期間を通じて草勢が強く維持される温度管理を行なうことにより、着花（果）数が確保でき、着生した雌花が確実に正常な形で発育・肥大できることによって収量に反映されるのである。

温度と品質

キュウリの品質を構成する要素には、多種多様なものがある。品質を評価する場合には、評価する視点によって重視する要素が異なってくる。ここでは、生産や流通段階で一般的にいわれる形状や外観を、栽培上の問題としての品質に位置づけて述べることにする。

品質とその条件としての温度との関係をみると、昼温が高すぎると葉の老化が促進されることから、株が老化して果色や光沢が失なわれる。それと同時に、短い果実や不整形の果実が多くなり、いわゆるA級歩合が低くなる。午後の温度管理が低すぎると、果色や光沢が失なわれることはないが、果実は短くなる。

夜温との関係では、高夜温で管理すると呼吸消耗が促進されることから、落果が多くなり、不整形果が増加する。また、低夜温管理の条件下では、短形果や肩落ちした果形果が多くなる。

つまり、昼温・夜温とも適正に管理されないと、いずれの場合も不整形果の増加につながるのである。

農業技術大系野菜編第一巻　温度管理と生育・収量・品質　一九九八年より抜粋

変温管理の方法

稲山光男　埼玉県園芸試験場

変温管理の必要性

低温期のキュウリ栽培は、一九六〇年代の後半まで、冬期温暖な地域で地の利を生かして、黒いぼ品種を用いた「つる下げ栽培」が行なわれてきた。その後、ビニールが開発されたことから、ビニールを利用したトンネル栽培やハウス栽培が関東地方でも行なわれ、市場で産地間競争が起こった。

そこで関東地方では、低温期の作型へ夏系の白いぼ品種を導入した。また、経営規模がしだいに拡大されてくると、つる下げ栽培では多くの管理労力を要することから、夏キュウリの栽培で行なわれていた「摘心栽培」を施設栽培にとり入れて、省力化を図る試みがなされた。この摘心栽培においては、長期間収穫して多収を得るための基本となるのが側枝の発生であることから、側枝の発生を促す栽培技術が求められ、研究が行なわれた。

ところが、栽培農家を調査してみると、暖房機の加温能力が小さいハウスで、生育が遅れていても側枝の発生がよいことが発見された。この現象は夜温との関係が深いことから、夜温管理の試験が行なわれ、表1に示したような結果が得られた。

さらに、夜温の管理方法が側枝の発生と深い関係にあることについて、キュウリの生理作用の側から研究が深められた。その結果、夜温による光合成産物の転流と呼吸消耗が、キュウリの生育を大きく左右していることが明らかにされた。

以上の結果から、夜温の管理方法として、夕方から温度が徐々に低下して最低管理夜温に達するような加温管理をすることが、施設のキュウリ栽培では大切であって、このような管理をすることによって、草勢が維持されて高品質多収生産につながることがわかる。

近年では、複合環境制御装置による温度管理が行なわれている例も多い。この複合環境制御装置のプログラムは、表1の結果などが基礎となっている。また、複合環境制御装置も利用しない場合はタイマーとサーモスタットを連動させて、時間を追って加温設定温度を変えていけばよい。

いずれにせよ変温管理は、複合環境制御装置が開発される前に確立された技術であり、その管理の考え方によってプログラムが設計されているといえる。

表1　夜温とキュウリの生育・収量（埼玉園試）

処理区	草丈（cm）	生体重（g）	側枝数（本）	初期収量	
				果数（個）	重量（g）
10℃	179.0	557	12.4	53	4,775
15→10℃（夜勾配）	204.0	660	16.3	73	6,488
15℃	180.5	489	3.7	68	5,963
20℃	180.0	503	9.3	46	4,250

変温管理の実際

夜温の温度管理　表1からもわかるように、特に生育初期の低夜温管理が、子づるの発生を促すうえで最も重要である。

温度と光合成産物の転流や呼吸による消耗との関係は、温度が高いと転流速度が早く、低いと遅くなる。また呼吸作用も同様に、温度が高いと促進され、低温では抑制される。特に転流と温度の関係をみると、二〇℃の場合は光合成産物の転流が二時間で終了し、一五～一六℃では四時間、一三℃の場合は六時間というように、温度が高いほど早くなる。

このことから、夜温の管理方法としては、日没時から約四時間を一五～一六℃とし、その後の四～六時間を一～二℃下げ、次の時間帯ではさらに一～二℃下げた温度で管理する。つまり、夜間の時間帯を三つに分け、初めの時間帯を一五～一六℃とした場合、最後の時間帯を何度にするかで、中間の時間帯の設定温度をその中間にする、という考え方である。

ただし、夜間の最低温度の設定にあたっては、品種により耐低温性に違いがみられるので注意する必要がある。

晴天日の一日の温度管理　以上の夜温管理を踏まえて、晴天日における一日の温度管理をみてみると、次頁図1のようになる。

キュウリの光合成は日の出とともに始まり、午前中に一日の光合成量の大半が行なわれる。このことから、午前中はできるだけ光合成にとって最も適した温度環境で管理することが大切で、二八～三〇℃を目標にする。午後は呼吸による消耗を少なくするために、換気を強くして（十分に換気して）午前中より低い温度設定とし、日没に向かって温度が下降していくようにする。

午後の温度管理　午後の温度管理で注意したいのは、午前中に施設内へ蓄熱された熱（温度）に加え、午後も太陽エネルギーは供給され続けられることである。このため、外気温が低下していく推移に比べ、施設内温度の低下は緩慢である。そこで、午後は換気を積極的に行なって、施設内温度が時間の経過

図1　キュウリ栽培における温度の日変化（アミの部分は加温時間帯）

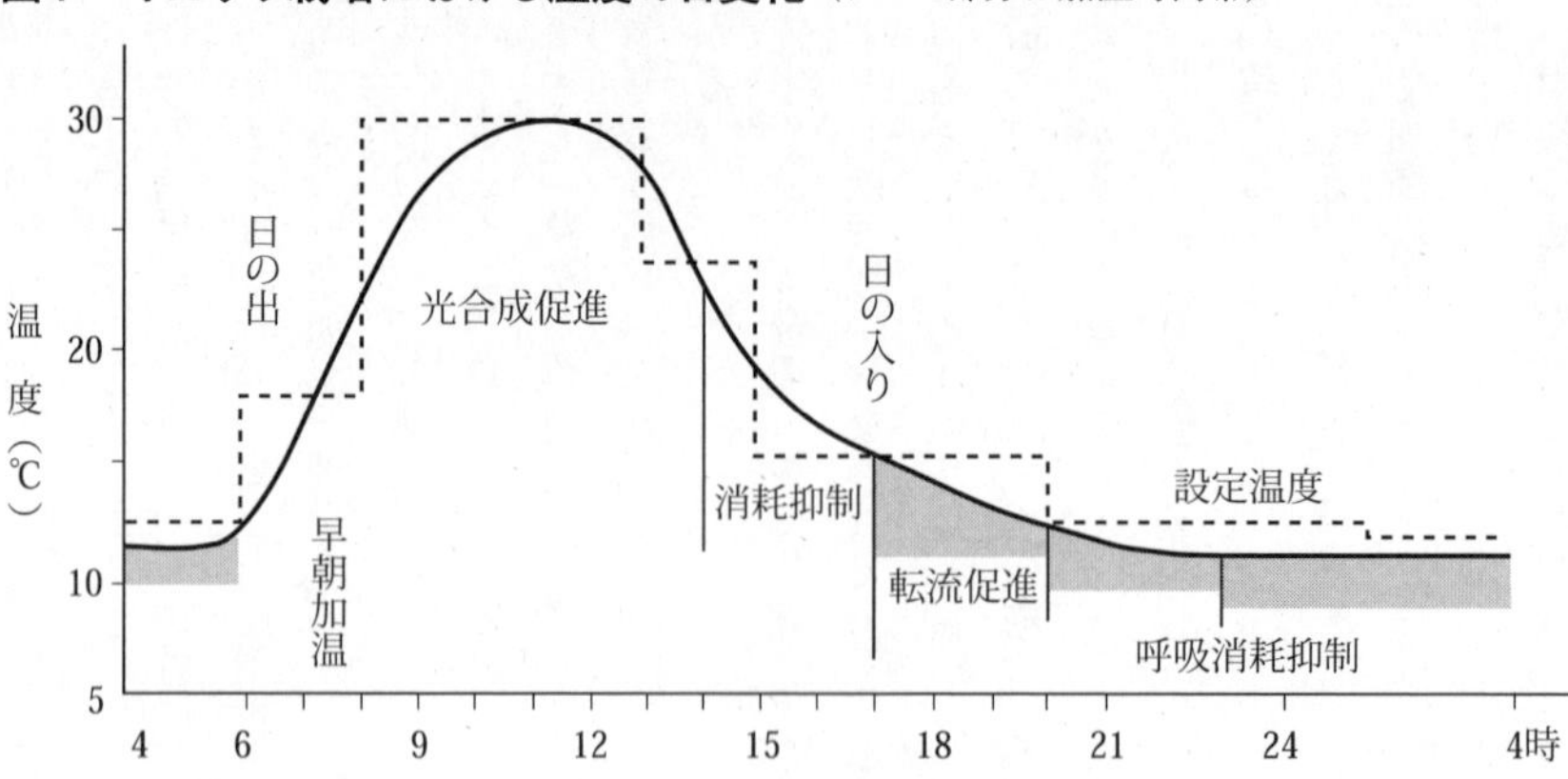

とともに低下していくように管理することが必要になる。これによって午前中に光合成で得た同化産物が高温による呼吸量増加で必要以上に消耗されることを抑制する。そして、夕方からの転流によって、体内各器官へ有効に分配されて蓄積されるのである。

たとえば、午後の管理温度の設定を二三～二四℃にしておくと、午前中の設定温度二八～三〇℃から、午後は換気によって徐々に温度が低下していく。さらに一五時以降になると、外気温が急に低下することから、施設内温度との較差が大きくなり、施設内温度も外気温の影響を受けて低下していく。

ところが、栽培施設では日中の温度管理と夜間の暖房による加温管理のほかに、カーテンの開閉による保温管理がある。したがって、午後の温度管理は天候によって設定どおりにいくとはかぎらない。

カーテン開閉の方法

以上の点から、午後の温度管理のなかで、カーテンの開閉が重要な意味をもってくる。カーテンは一般的に、日の出とともに施設内の温度が上昇してくると、温度とともに光合成に欠くことのできない光を取り入れるために、当然早めに開放される。夕方は、日中施設内に蓄積されたエネルギーを夜間に有効に利用するために、日没前にカーテンを密閉し、保温に努めることになる。

このことは、省エネルギーの面から考えると有効な手段といえるが、キュウリの生育管理面からみると、午後の温度管理の重要なポイントとなるところである。すなわち、カーテンを閉める操作の設定は、カーテンが密閉状態になったときに施設内温度が再び急上昇しないような操作や時間、温度にしておかなければならない。

カーテン開閉の具体的方法としては、ある時間になったらカーテンを少し開口部分を残すように閉め（半開状態）、時間をおいて密閉する方法をとるか、カーテンを密閉すると再び温度が上がるようであれば、カーテンを閉める時間を遅らせるようにする。あるいは、温度制御をするのであれば、カーテンの作動温度を低く設定するなどの対策を講じる。

午後の温度を下げていくことは、キュウリの呼吸作用を抑制し、呼吸による消耗を低下させ、光合成産物の体内蓄積を図る意義がある。

逆に、カーテンを閉めてから温度が再び上昇するような管理をすると、生理的には呼吸を促進し生育現象としては徒長につながるので注意が必要である。

農業技術大系野菜編第一巻　変温管理の考え方と方法
一九九八年より抜粋

図1　地温とキュウリの生育（埼玉園試）

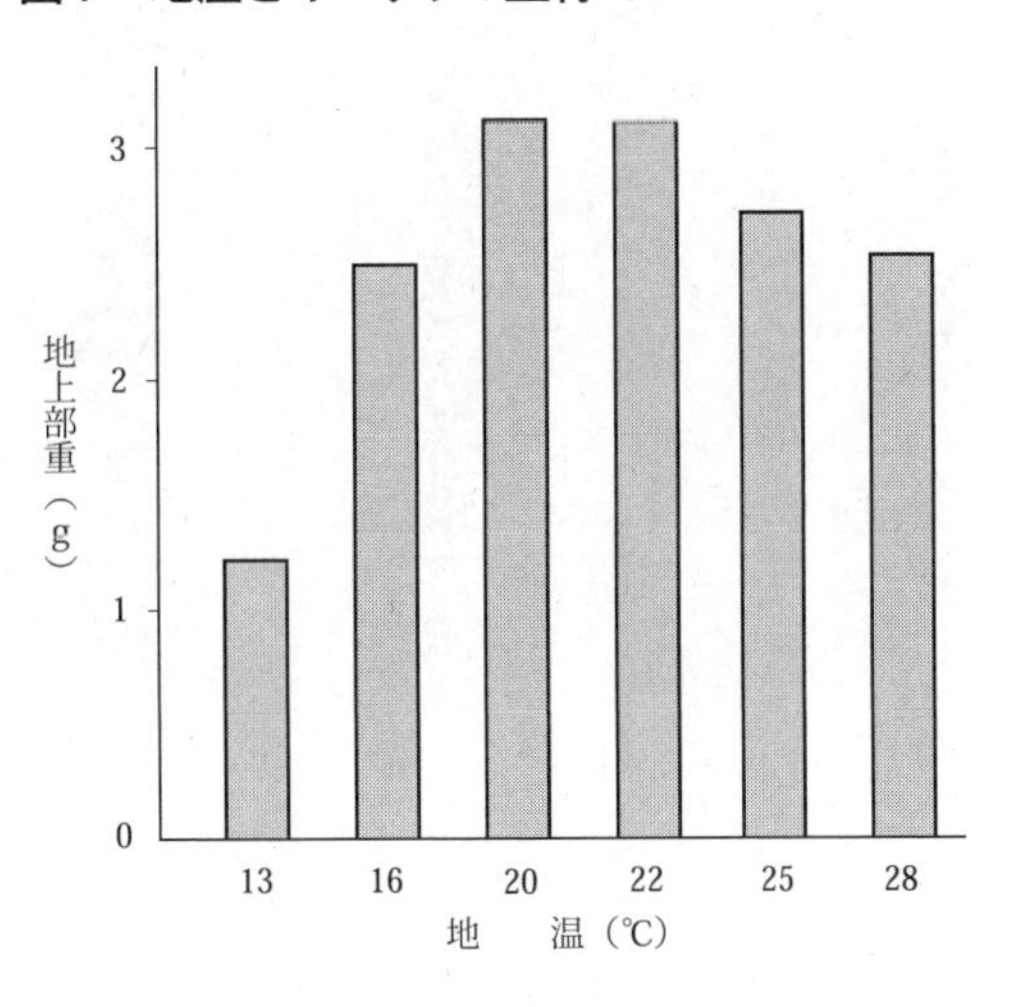

表1　野菜の根の生育温度（門田氏より作表）

項目＼種類	根の伸長（℃）			根の発生（℃）	
	最低温度	最適温度	最高温度	最低温度	最高温度
キュウリ	8	32	38	12	38
カボチャ（西洋種）	6	30	38	12	38
〃　（日本種）	8	32	38	12	38
スイカ	8	32	40	14	40
ヘチマ	10	32	42	16	40
ナス	8	28	38	12	38
トマト	6	28	36	8	36
インゲン	8	28	38	14	38
エンドウ	0	28	34	12	34
ハクサイ	4	26	36	4	38
ダイコン	2	28	36	5	36
カブ	4	26	40	4	38
ニンジン	6	28	36	8	34
ゴボウ	2	26	34	4	34
レタス	2	28	36	4	36

地温と根の伸長

稲山光男　埼玉県園芸試験場

最適地温の考え方

気温が地上部の生育に大きな影響を及ぼすのと同様に、地温は地下部（根）の発達を大きく左右して、地上部の生育にその影響が現われる。しかし、地下部の発達は、地上部のように直接観察することができない。そのために、地上部の生育に何らかの異常が見られるようになって初めて、経験上の判断から地下部の生育状況に起因することを感じる。

地温とキュウリの根の伸長、根毛の発生との関係については、表1に示したような報告がある。この結果から、キュウリやカボチャは一二℃で根毛が発生し、三〇℃が根の伸長適温とされている。

ただ、慣行の栽培条件下でみると、キュウリは、二〇℃前後で良好な生育を示す。図1は、慣行の気温管理のもとで地温を変えて、キュウリの生育との関係をみたものである。この結果から、一六～二五℃の範囲に適地温のあることがわかる。しかし、栽培経験から考えると、一六℃では生育が緩慢すぎ、気温の低い厳寒期では栽培することはむりである。一八～二三℃が、キュウリにとって最適地温であろうと思われる。

地温とその他の栽培環境

地温の場合は、気温（特に夜温）のように一～二℃の差の管理温度が生育に敏感に反応することはない。しかし栽培上では、地温と気温とが対の形で生育に影響する。すなわち、低気温管理を行なった場合には地温は高めのほうがよく、高めの気温管理をした場合には地温は低め（たとえば二三℃でなく一八℃）であっても、生育や収量に大きな支障をもたらすことはない。

もっとも、この地温・気温とキュウリの生育との関連も、キュウリの最適地温一八～二三℃の範囲内においていえることである。

農業技術大系野菜編第一巻　地温と根の伸長、発達　一九九八年より抜粋

灌水方法と生育

白木己歳　宮崎県総合農業試験場

ポット苗定植での灌水方法

本圃の灌水は、四つの時期に区分して考えるとわかりやすい。以下、ポット苗（セル苗をポットで二次育苗した苗も同じ）を定植する栽培の灌水について述べる。

①定植前　定植前の灌水は、うねの内部を湿らせるとともに、下層の水の天然供給域とうねとの間に毛管水による連絡をつくることが目的である。灌水量は土壌の乾燥具合で違うが、十分湿った状態にすることが必要である。そのため、いわゆる手灌水ではむりなことが多く、早めに灌水装置を準備し、これを用いて灌水を行なうようにする。

この灌水は、遅くとも定植五日くらい前には終え、うねの部分が圃場容水量よりも乾いた状態で定植期を迎えるようにしないと、定植苗の徒長をまねくし、低温期に地温が上がらないからである。なお、前作うねをすぐに利用する一部の半促成栽培などでは、この灌水は不要である。

②活着期　定植して活着するまでの灌水である。活着するのに必要な灌水の回数は、ふつう三～五回である。活着に要する日数は、どの作季でも一週間とみるのがよい。

灌水量は、一二cmポット苗を定植した場合、一回に五〇〇mℓくらいがめやすになろう。灌水する場所は、水を垂直方向へ浸透させるつもりで、株元だけとする。株元だけに灌水することにより、定植前の灌水で形成させておいた毛管連絡を伝って、数本の根が下層に導かれる。

③活着～収穫開始期　栽培前半のキュウリがどのような草姿になるかは、この時期の灌水によって強く影響される。そのため、葉が小ぶりで充実した草姿を目指すには、この時期の灌水をごく少量にとどめることが必要である。活着期に下層に届いた数本の根が、この時期に役割を発揮し、極端な萎れを防ぎながら少量の灌水での管理を可能にさせる。灌水は株元中心に行ない、うね全面が湿るような灌水はまだ避けなければならない。

一方、この時期の灌水技術平準化の行きついた形態として、全期間あるいは一定期間、灌水を完全に中断する管理法もある。中断日数は全期間行なったときで一三～一六日間になるが、通常は一〇日間くらいとし、慣行法よりも早めに次の段階の灌水を開始する。このやり方のほうが結果がよいようである。

灌水中断法は、どの作型にも導入できるが、葉が大きくなりやすいハウス抑制タイプの作型でとくに効果を発揮する。同時に、ハウスも抑制タイプのような高温期の作型では、強度の萎凋を起こすことも多いので、ときどき葉水をすることが前提になる。

いずれの灌水法をとった場合でも、定植前の灌水で形成されたうねと下層との毛管現象による水の連絡は、この時期の終盤にはほぼ失われたとみて、次の段階に移る。

④収穫開始期以降　収穫が始まると、果実肥大の負担が株にかかるとともに、株の蒸散量が急速に増える。このため、それまでの灌水による徒長・過繁茂の心配から、水不足を心配する側に注意する重点が変わる。この時期からの灌水は、灌水点を決めて行なう方法と、定期的に行なう方法とがあり、どちらの方法も自動灌水が可能である。

灌水点を決めて行なう方法は、テンシオメーターが必要になるが、土壌水分の状態を一定の範囲に保てるという利点がある。それに、少なくとも乾きすぎになる心配はなくなる。

これに対し、定期的に行なう方法には、過乾と過湿両面の心配がついて回る。そのため、この方法では、基本的な灌水間隔を決めたうえで、天候や草勢にあわせて灌水量を調整するのが無難である。

キュウリは、十分な収量を上げるためには十分な水が必要である反面、根（カボチャ根）の多くは浅い層に分布し、限られた根しか下層域に達しない。そのため、うねの部分の水分条件を重視した灌水の仕方が重要になるが、同時に、下層の天然供給域の水もしっかり利用する気でかからないと、どこかの時点で水不足を起こす。

下層の天然供給域の水を利用するには、収穫が始まる前に失われた毛管現象を復活させ、上層の水とつなげる必要がある。このことに一回の灌水量がからんでくる。というのは、灌水回数が多くても一回の灌水量が少なすぎると、うねの中層から上の部分で乾湿をくり返し、下層の天然供給域との間のつながりがいつまでもできないことがあるからである。こうした土壌水分の状態では、曲がり果や尻細果の発生が絶えない。

そのため、一回の灌水量として五㎜くらい（一〇a当たり五t）の比較的まとまった量を主体にすることで、下層の天然供給域との間のつながりをもたせておくようにしなければならない。もちろん、低温期に地温を下げる心配のある場合には、二～三㎜の少量の灌水を数多く行なう方法にしなければならないが、それでも、ときどきはまとまった量を灌水したほうが増収する。

自分が行なっている灌水のやり方の、とくに一回の灌水量が適当かどうかは、通路をみればほぼ判定できる。通路にいつも水が滲んでいるようであれば、下層の天然供給域との間の水のつながりができている証拠で、一回の灌水量が適当だとみてよい。これに対し、通路が白いままの状態であれば、少しまとまった量の灌水を考えてみる必要がある。

灌水の方式

キュウリの灌水装置の方式としては、点滴方式と散水方式が主な選択の対象になる。また、いわゆる手灌水と呼ばれるホースやじょろを使う方法も、補助的に用いられる。

点滴方式と散水方式の土壌中の水は、大まかに図1の状態で浸潤する。点滴方式では主に垂直方向に移動し、横方向の水分が不足したり、不均一になったりしやすい。これに対し散水方式では、横の広がりに優れ、垂直方向への水分の移動が少ない。

図1　灌水方式と水の浸潤パターン

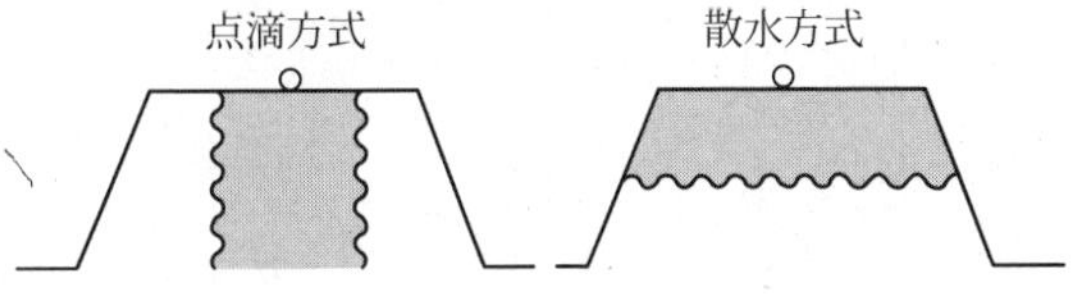

点滴方式
散水方式

ただし、灌水量を増やし、耕土層全体が湿るほどの多灌水をすれば、両方式の違いはなくなる。

生育時期と灌水の方式

定植前　定植前の灌水は、圃場が十分湿る状態まで行なわれるため、どの灌水方式でも問題はない。

活着期～収穫開始期　活着させるときの灌水では、根鉢を湿らせるために、確実に株元に水がかかる必要がある。しかも限られた水量しかやれない。そのため、この時期の灌水は次の収穫開始期頃までの灌水も含め、手灌水で行なわれることが多い。

しかし、この時期にも灌水装置を利用して省力化をはかるのが、今後の方向であろう。要は水を散らさず、狭い位置に、やりすぎないように灌水できればよいのである。

実際、チューブの点滴方式であれば、この時期だけチューブを根鉢の上まで引き寄せておけば、問題なく利用できる。この場合、根鉢部にかかる水を均一にするには、一定間隔に穴のある製品よりも、定植列を線状に灌水できる多孔性の製品のほうが、株間にもいくらか水がかかってしまうけれども結果がよい。もちろん、チューブの加工時に、株間に合わせた間隔の穴をつけられるなら、その製品を使うに越したことはない。この期間の灌水が終われば、チューブを定位置に戻す。

収穫開始以降　長期作の促成栽培では、収穫開始以降の本格的な灌水に適した方式は、三月頃までは点滴方式が管理しやすく、それ以降の季節には散水方式が効果的である。

　理由は、収穫が始まった頃から低温期にかけては、水のやりすぎに注意しながらも、上層と下層の水のつながりを保ちたいという事情をかかえており、そのためには主に垂直方向に水を移動させたほうがよいからである。

　また、寡日照期を乗り切るには、小ぶりな葉のキュウリでなければならず、そのためには肥料が効いていることが条件になるが、散水方式で下層に水が届くほどの灌水すると、土壌の肥料濃度が薄くなってしまう。この点からも、この時期には点滴方式が優れている。

　四月以降の蒸散量が多い季節になると、それまでよりも灌水量を増やして、根圏域をできるだけ広く湿らせる必要が出てくる。また、そうした灌水により少しくらい葉が大きくなっても、日照条件がよいので大した影響は出ない。このような理由から、この時期には散水方式が適する。

　しかし、一回の栽培に二つの方式の装置を設置することはできない。そこで、一つの方式で時期に応じた灌水を工夫することが必要になる。

時期に応じた灌水方式　点滴方式では、うねの肩部が乾燥したままになりやすい。点滴方式を採用している場合の工夫として、四月以降、マルチを取り除くか、たくし上げるかして、蓮口を使った手灌水で月に二〜三回湿らせるとよい。また、単に灌水量を増やすだけでも、これまで水が浸透しなかった部分が湿ることで、草勢に効果が現われる。

　一方、散水方式を取り入れている場合は、三月頃までは、水圧を落として点滴方式的な灌水をすることで欠点をカバーできる。ところで、点滴方式が適する時期のほとんどはマルチをかけている時期と重なる。そのため、散水状の灌水をするつもりでも、水はマルチを伝って滴下し、自然に点滴方式的になっているケースが少なくないようだ。この場合、温度が上がってマルチが不要になったら、これを取り除きさえすれば、散水方式としての特徴を発揮する。

　時期により灌水のやり方を変更する実際例として、筆者らの方法を紹介しておきたい。使用している方式は多孔チューブで、片面（膨らんだときの半月面）から水を出し、本来は散水方式として使用されている。これを、水の出る側を下にして配置すれば点滴方式と同じ特徴を示すので、灌水量の少ない時期はそのやり方で使用し、四月以降の適温期にはチューブをひっくり返して散水方式として使用している。

空中湿度の管理

農業技術大系野菜編第一巻　灌水方法と生育
一九九八年より抜粋

金井幸男　群馬県園芸試験場

空中湿度と生育

　キュウリは葉が大きく、収穫期には五〇〜六〇枚の葉が一株に着葉しており、蒸散を活発に行なっている。露地栽培の場合は湿度を制御することは不可能であるが、施設栽培では空中湿度の保持はキュウリの生育にとって重要な環境条件となる。

　キュウリの生育に及ぼす空中湿度の影響として、高湿ほど草丈の伸長速度が速いことが認められる（図1）。また、キュウリの光合成速度は、温度が三二℃と高い場合には湿度の上昇とともに上昇し、温度が二五℃の場合には湿度約七〇％で最大になり、低湿度と高湿度で抑制される（図2）。

光合成に及ぼす温度の影響は二八～三三℃で最大になるとされており、光合成速度を高めるためには温度の管理と合わせて湿度七〇％以上に保つことが効果的と思われる。

空中湿度が低くなると、体内水分が奪われ、光合成機能が低下してしまう。このような環境のもとでは葉の老化が早まり、側枝の発生・発育が悪く、草勢が低下し、曲がり果や尻太果の発生が多くなって低収量につながる。

したがって、午前中の光合成の盛んな時間帯に施設内を高湿度に保ち、葉を老化させないような管理を行なうことが必要である。

施設の種類と湿度環境

ガラスハウスでは、キュウリが栽培しづらいといわれる。これは、ガラスハウスではビニールハウスより光線透過が良好であり、気温が上昇しやすいことから換気回数が多くなって、日中のハウス内湿度が低下しやすいためである。

季節的にみると、冬から春にかけての施設栽培の作型において、温度制御を中心とした栽培管理のなかで換気が行なわれるため、野外の空気湿度が低いこととあいまって、施設内が低湿度になりやすい。

最近、ビニールの張替えの手間を省くためにMMA（アクリル板）や硬質フィルム（ポリエステル樹脂）を展張した施設が増加しているが、光線透過の良好な被覆資材を用いる場合には、より湿度管理に注意をはらう必要がある。

施設内湿度の管理

施設内での湿度は、気温と正反対の日変化をして、早朝に最も高く、正午すぎに最も低くなる。したがって、日中はキュウリに適した湿度を維持してやることが必要である。湿度維持の方法として、以下のことが考えられる。

通路への散水　施設内における日中の蒸発散量は、夏で四～五㎜、冬で一㎜といわれる。これを一〇aの床面積の施設に換算すると、冬季でも一tもの水が水蒸気となって発散されていることになる。したがって、キュウリ（植物体）への灌水以外に、施設内への散水が必要になる。

灌水チューブを通路やうねに設置しておき、午前中施

図1　空中湿度とキュウリの草丈伸長　（鴨田ら1983）

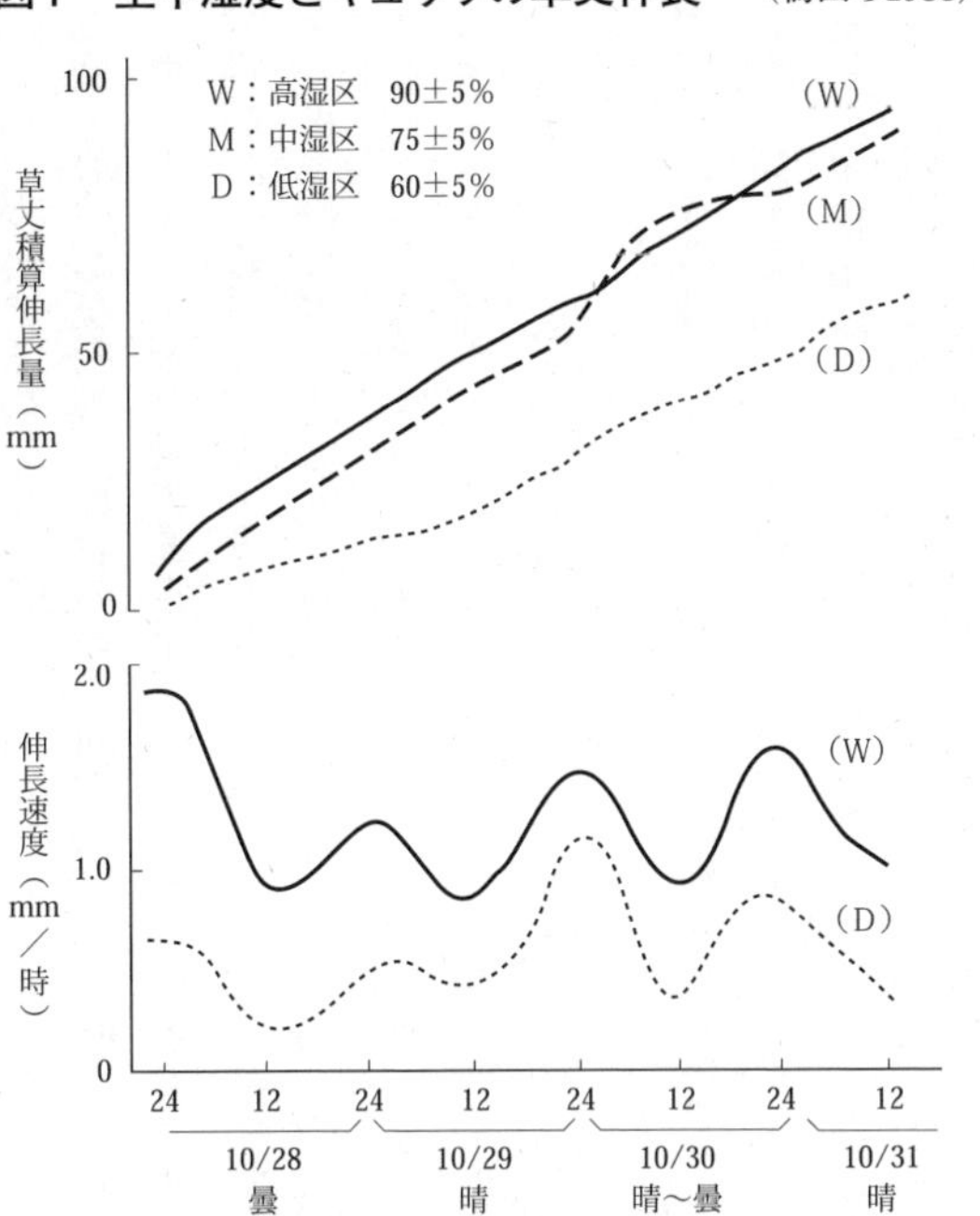

図2　相対湿度とキュウリの光合成　（照度55klx.）（脇ら1971）

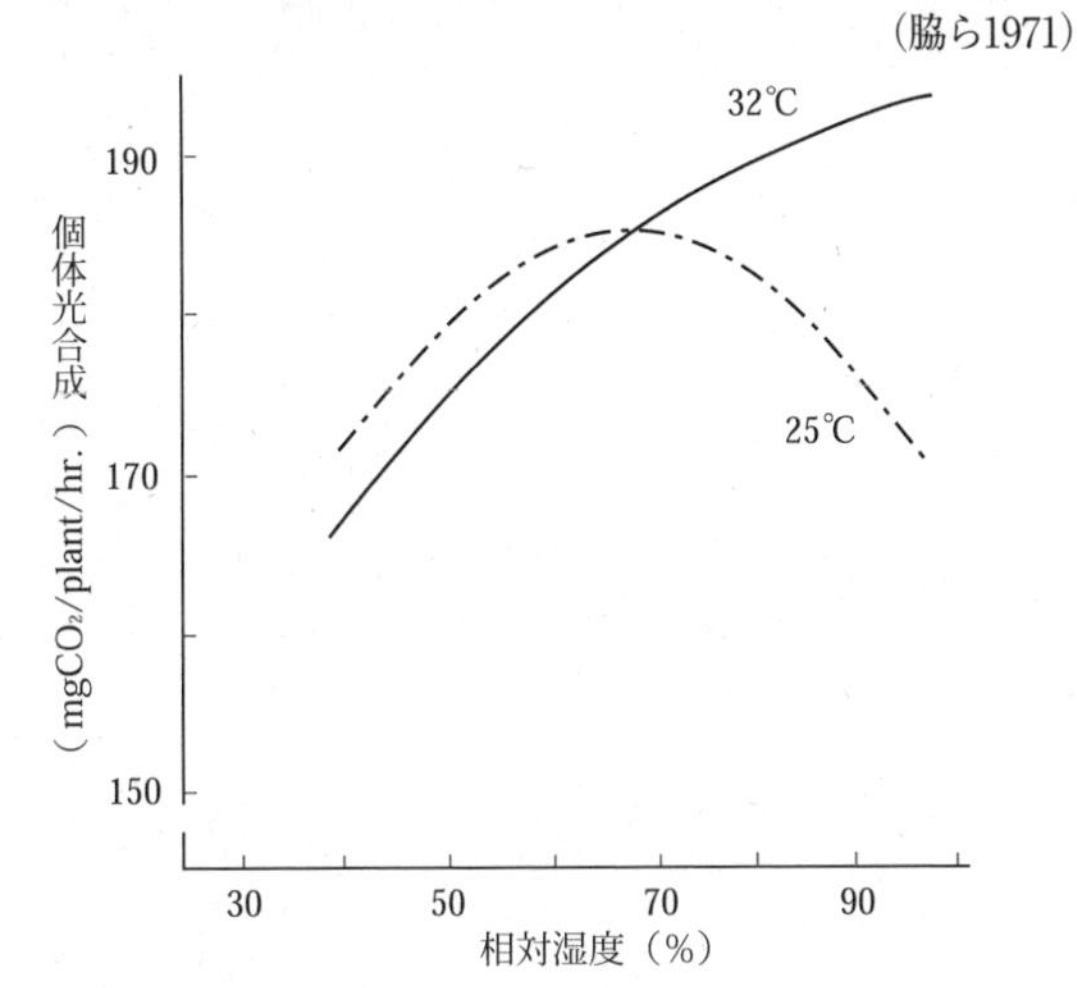

設内の温度が高まるのを待って散水する。

湿度中心の環境制御　施設の環境制御は、キュウリの生育に合わせて通常温度を優先にして行なわれる。これを施設内温度が三二℃になるまで湿度優先の制御（七〇～九〇％）とし、三二℃になってから天窓の換気を行なうことで、冬季でも八〇～八五％の湿度保持が可能であることが認められている（千葉農試一九八二）。

十二～二月の外気温の低い時期は、温度管理をやや高くして、施設の換気回数を少なくすると、午前中ほぼ密閉状態で推移するため、湿度保持に効果的である。

保温用カーテンの半開　施設に装備されている夜間の保温用カーテンを湿度保持に利用する方法である。日中カーテンを全開にせずに半開（三〇cm程度）にすることにより湿度を保持する。

この方法は、積極的な加湿をしないため夜間や翌日へ過剰な湿度を持ち越さない、換気は通常どおり行なわれるが、カーテンによって作物頭上でさえぎられるので、外の冷気が直接作物に当たらない、などの効果が認められている（埼玉園試一九八三）。一方、晴天日の日中はカーテンを九〇％程度閉めるため、作物体への光が減光されることになる。

細霧装置で加湿　固定または移動式の細霧ノズルを設置することにより、晴天日の昼間、高温・乾燥時に加湿を行なうことができる。湿度が低下しやすいガラス温室において細霧加湿を行なった結果、噴霧開始温度を二六℃、天窓開放温度を二八℃に設定することにより、湿度が三〇％以上高まり、収量が三割程度増収することが認められている。

細霧による加湿では、植物体をなるべく濡らさないように湿度のみを上昇させることが望ましい。ノズルの孔径と加圧が十分で、霧の粒径が五～一〇μm、葉面までの距離が六〇cm以上あれば、微細化した霧滴が葉面に降下しなくなる。ただし長時間噴霧していると、粒子が互いに接触してしだいに大きくなり、葉面の濡れが観察される。天候や施設内の湿度状況、噴霧装置の能力に合わせて、短時間の断続噴霧を繰り返す必要がある。

空中湿度と病害発生

高湿度環境は、キュウリの生育に適した環境であると同時に、多くの病原菌にも適した環境である。べと病、斑点細菌病などの多湿性病害は、葉に水滴があると胞子が発芽して侵入し発病する。そのため、葉面がある時間濡れていることが必要で、べと病では二～三時間、斑点細菌病では五～六時間が必要とされる。しかし、多湿条件下でも、葉面が濡れていなければ病原菌の侵入が少ないとされる。

したがって、葉の濡れが発生しないような栽培管理を行なう必要がある。以下、葉の濡れを防ぎ多湿性病害の発生を抑える湿度管理を具体的に述べる。

換気による湿度管理　光合成の盛んな午前中に気温と湿度を高めに保ち、午後に光合成産物の転流を考慮に入れて気温を下げる。この管理のなかで換気を行ない、施設内水蒸気を排出する。特に、夜間は保温のために密閉され、湿度が飽和状態となる。そして、内外の気温差や植物の体温と気温変化の違いなどにより施設内が結露しやすく、葉に濡れの現象が出やすい。葉の濡れが発生しないように、過剰な水分を夜間や翌日に持ち越さない換気管理を行なう。

暖房機の利用　暖房装置が設置された施設では、加温により施設内の温度を高め、これによって相対湿度を低くすることができる。

また、温風暖房機や撹拌扇により、強制的に空気を流動させることによって、作物体の濡れを防ぐことが可能である。四月以降、夜間の最低気温が上昇すると、暖房機の運転回数が減少し、施設内の空気の流動が悪くなるので、夜間保温用のカーテンを少し開放し、暖房機の設定温度を一～二℃高めるとよい。

透湿性資材の利用　内張りカーテンを、一定の水滴防止のための透水穴をもつ透水カーテンにする。透水カーテンを使用すると、標準のカーテンに比較して保温性には差がないものの、施設内の湿度はカーテンの内側で標準カーテンよりも低くなるとされる。カーテンと屋根面の間の湿度は反対に高くなるが、この高湿度は日の出後の換気により回避されることになる。こうした作用は不織布などでも同様に認められている。

除湿機による湿度調節　除湿機による湿度調節により、制御コストは高くなるものの、施設内水蒸気を結露させて強制排出し、相対湿度、絶対湿度ともに低下させることができる。除湿能力が高く、夜間の湿度を八五～九〇％程度に制御することが可能であり、多湿性病害の発生を抑制することができる。

農業技術大系野菜編第一巻　空中湿度の管理
一九九八年より抜粋

仕立て方・整枝

古藤英司　徳島県日和佐農業改良普及センター

品種タイプと仕立て方

品種の変遷　春系キュウリは、主枝成り性が強く、子づるの発生が少ない。そのため密植栽培で主枝を伸長させながらつる下げを行ない、主枝のみで収穫するつる下げ栽培であった。しかし、現在の主流である夏系キュウリは側枝成り性が強く、子づる、孫づるの発生も旺盛である。そのため夏系キュウリは主枝を摘心し、子づるを発生させ、子づるも適宜摘心して、主枝、子づる、孫づるで収穫する摘心栽培が中心である。しかし摘心栽培では栄養生長を盛んに行なっている生長点を次々と摘心するため、草勢を長期間維持することがむずかしい。近年ブルームレス台木に接ぎ木されることがほとんどであるため、草勢維持はますますむずかしくなっている。

草勢の強い品種　夏系キュウリでも遺伝的に草勢の強弱があり、シャープ1、アンコール1などは草勢の弱いタイプで、これらよりやや強いタイプにはるか、アンコール8などがある。シャープ7や久留米交配系は強いタイプになる。草勢の強い品種で摘心栽培する場合、下位節および上位節の子づるは一節摘心とし、中位節の子づるは生育の状態を見ながら一節から数節で摘心する。孫づるの摘心は、栄養生長が盛んな長日期でも、強い摘心は禁物である。まして短日期はつるの伸長のようすを見ながら慎重に摘心を行なう。いずれにしても、一度に行なう摘心は一株当たり三本以内とすることが望ましい。

草勢の弱い品種　一方、近年のキュウリは果実の形状がよく、しかも果実肥大の早い高収量型品種が主流である。これらの品種は総じて草勢はやや弱いタイプである。そのため、草勢を維持するためにいろいろな仕立て方が工夫されている。

すなわち、子づるを一本摘心せず「力枝」として残し、栄養生長と生殖生長のバランスをとる仕立て方であり、孫づる二～三本を摘心せずに放任する仕立て方であり、摘心しない数本の子づるを伸長させ、伸長させた子づるで収穫するつる下げ栽培である。これらの仕立て方は、生殖生長に傾く摘心を少なくし、栄養生長の盛んな生長点部を残して草勢を維持する考え方から生まれてきたものである。

つる下げ栽培　草勢の強い品種を、子づるのつる下げ栽培に利用する場合がある。この場合は子づるの伸長が旺盛であるため、子づるの低節位の果実肥大が遅れ、果形が乱れることがある。そのため、残す子づるの節位を上げたり、子づるをすべて一節で摘心して孫づるを利用するなどの工夫が必要である。

つる下げ栽培では、一節に二果着果すると下位節から順次肥大する果実肥大のリズムが崩れるため、一節一果着果が原則である。そのため、一節に二果着果すると片方を摘果することになるため、つる下げ栽培は一果成り性の品種が適するといえる。

露地栽培での仕立て方

主枝の摘心位置　露地栽培の仕立て方は、主枝を摘心し、子づるおよび孫づるをネットに固定しながら適宜摘心する方法である。

主枝の摘心位置は、長期栽培では定植期が低温で節間が短くなるため三〇節程度での摘心になる。一方、秋どり短期栽培は一八～二〇節での摘心になる。いずれも露地栽培での主枝摘心位置は節数で決定するのではなく、作業性を考慮してベッドから一五〇～一七〇cmの高さで摘心する。

子づるの扱い　下位節の子づるや雌花の処理は、節間のつまり具合や活着のよしあしを考慮する。節間がつまった場合は八～九節までの子づるは除去し、雌花はベッドから三〇cm程度上がったところに第一果を着けるように摘除する。活着が遅れた場合も同様に第一果の着果位置を上げて株の負担を少なくする。

子づるは、下位節のものは一節摘心とし、中位節および上位節のものについては生育の状況を見ながら二～三節で摘心するが、弱い場合は放任しておく。子づるの摘心を一度に多くすると、多くの果実が同時に肥大するため、草勢を低下させ、不整形果の発生原因にもなるので、一回に行なう摘心は一株当たり三本以内とする。

孫づるの摘心　孫づるは、展開葉を四～五枚程度もつものが常に四～五本程度あるような弱い摘心にする。また、草勢が衰えているときや、低温期にむかう場合は摘心は行なわない。

摘心栽培の仕立て方

生育の特徴　摘心栽培は、主枝、子づる、孫づるの生長点を次々と摘除するため、生殖生長に傾きやすい。そのため、摘心することで果実の肥大が促進されて一時的に収量が多くはなるが、草勢が低下しやすい。栄養生長の盛んな長日期は、摘心しても果実を肥大させながら側枝も順調に伸長するが、短日期のハウス栽培では果実肥大が優先されるため、次の側枝の発生と伸長が抑制される。側枝の伸長が活発になるのは、肥大中の果実数が少なくなってからのため、果実肥大時期と側枝伸長時期が交互に現われ、収穫量の変動が大きい。

子づるおよび孫づるは、主枝から四〇～五〇cm離れた位置に張った針金などに誘引す

図1　摘心栽培の主な仕立て方

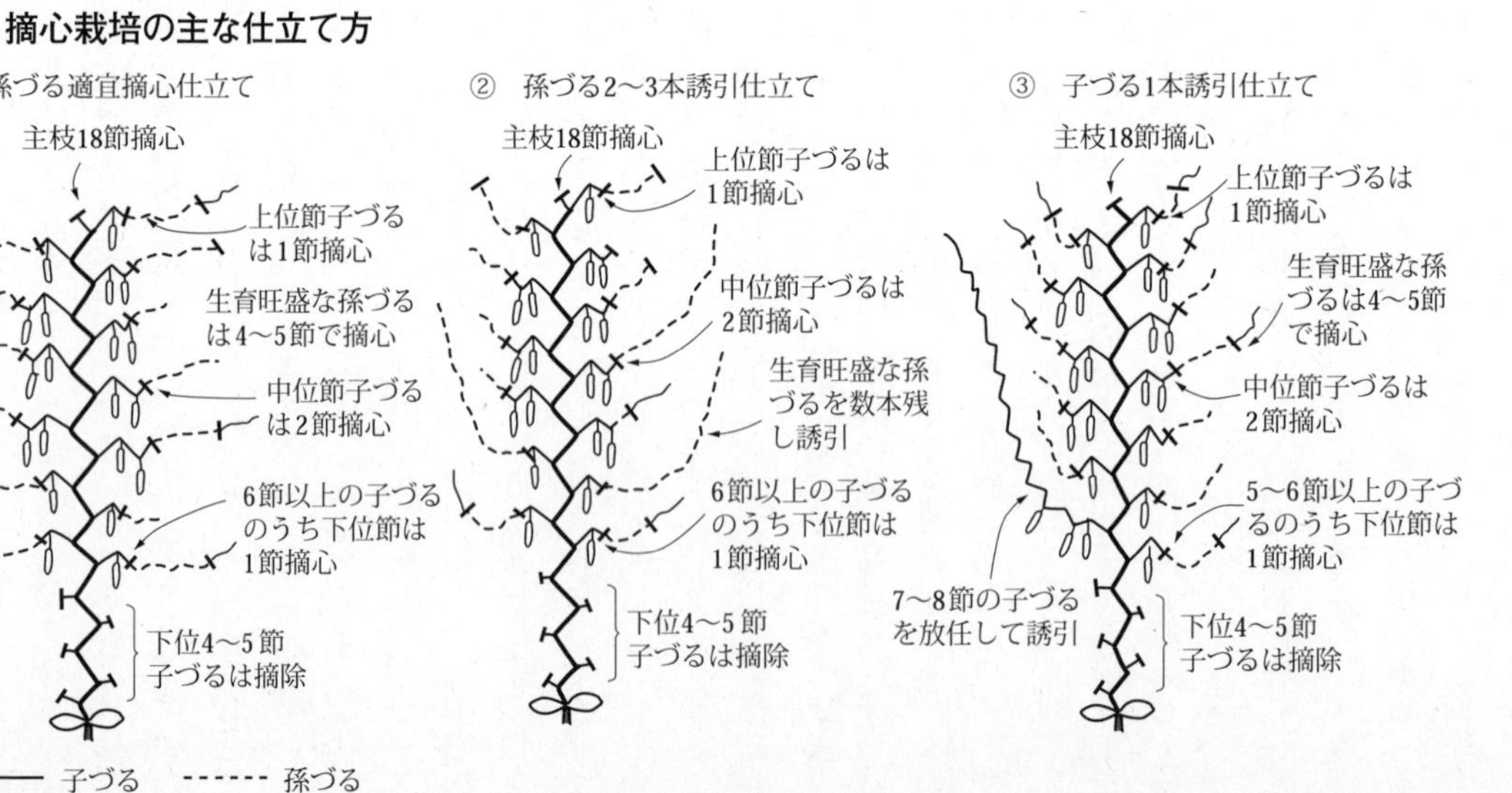

るが、誘引や摘葉を的確に行なわないと、葉と葉の相互遮蔽によって光合成産物が減少したり、幼果が茎葉に触れるなどして不整形果が多くなる。

　このように摘心栽培は、長日期の作型では栄養生長と生殖生長のバランスがとれ草勢の低下は少ないため、仕立て方の長所が生かされる。しかし短日期の作型では生育後半の草勢低下が激しく、良品生産できる期間は短くなる。

　孫づる適宜摘心仕立て　図1の①は、主枝を一七～一八節で摘心し、四～五節までの雌花と子づるは早めに除去する。五～六節以上の子づるのうち下位節の子づるは一節、中位節は二節、上位節は一節で摘心する。孫づるは伸長の状況を見て、勢いのよい孫づるは数節で摘心する。この仕立て方は、初期の収量は多くなるが、草勢が低下しやすい短期多収型である。

　孫づる二～三本誘引仕立て　図1の②は、草勢の低下を軽減するため、勢いのある孫づるを二～三本放任する仕立て方である。この方法は、孫づるの処理がやや複雑になるが、摘心しない生長点があるため草勢の低下が軽減され、長期栽培が可能になる。

　子づる一本誘引仕立て　図1の③のように、下位節の子づるを一本摘心せずに誘引する仕立て方がある。この方法は、生長点をもつ子づるが活発に栄養生長を続けるため、主枝側の孫づるの生育と充実に効果があり、長期栽培に適応できる。

つる下げ栽培の仕立て方

　生育の特徴　つる下げ栽培は、つる下げする側枝が垂直になり、つねに栄養生長する生長点をもつため草勢の低下は少ない。また、果実も開花中のものから収穫適期のものまで規則正しく着生し、葉も整然としていて受光態勢がよいため光合成産物の競合が少なく、長期間良品生産が可能である。しかし、一株当たりの側枝数が限られているため肥大中の果実が少なく、安定して収穫ができるものの、収穫量が急増することはない。

　これらの特徴をもつつる下げ栽培は、短日期を経過する越冬長期栽培に適する仕立て方である。越冬長期栽培は、生育初期は栄養生長傾向の生育をし、厳寒期は生殖生長に傾きやすい。

　生育初期の側枝つり上げ時期に栄養生長に傾いた生育をすると、側枝の果実肥大に比べて生長点部の生育が旺盛になる。そのため肥大中の果実が生長点部から遠くなり、うねに横たわる状態になって果実品質が悪くなる。

一方、生育中期以降の短日期に生殖生長に傾いた場合は、収穫量は増えるが節間伸長が鈍化し、はなはだしい場合は心止まりになる。心止まりになると節間伸長が再開するまで収量が極端に少なくなる。

　基本的な仕立て方　つる下げ栽培は充実した子づるを発生させるのがポイントであるため、摘心栽培より主枝摘心位置を二～三節下げる。次頁図2の①は四節までの子づるは摘除し、五節以上からの子づるを数本残す。上位節の子づるは一節摘心として初期の収量を確保し、一果収穫後切り戻す。残した子づるは、つるの伸長に応じて留め替え、つる下げを行なう。

　残す子づるの位置と本数　残す子づるの本数について筆者ら（一九九五）は、十一月二日に三・二㎡当たり四株定植し、下位節の子づるを三～四本、上位節の孫づるを一～二本残して検討した。下位節から三本残すと、四本残すのに比べて二月までの収量はやや多くなるが、三月以降は下位節から四本残し、なおかつ最上位の孫づるを二本残す六本仕立てが収量が高くなった（表1）。これは、日射量の少ない二月までは本数の少ないほうが光を有効に利用し、一つる当たりの生産能力が高まるためである。しかし日射量が多くなると、一つる当たりの生産能力の増加より、総節数が多い多数仕立てによる増収効果が高くなるためと考えられる。

越冬長期栽培　最適な仕立て本数は栽植密度との関連のなかで決定されるが、越冬長期栽培のつる下げ栽培では、寡日照期は仕立て本数を少なくし、多日照期には仕立て本数を多くするのが多収穫になる基本である。

そのため、最上位の孫づるは摘除せずに放任しておく。最上位の孫づるは、冬期は緩慢な生育をして収穫は期待できないが、二月以降に伸長し、一株当たりの節数を増加させて収量増加に役立つ大切な役割をもっている。

ハウス抑制栽培　ハウス抑制栽培では初期の草勢が強くなるため、草勢を落ち着かせてつる下げ側枝の果実肥大を安定させる必要がある。

図2の②は、残す子づるの節位を上げ、下位節の子づるを一節摘心して果実を肥大させ、草勢を落ちつかせてからつる下げを行なう方法である。また図2の③はすべての子づるを一節摘心し、子づるに比べて草勢の落ちつく孫づるを誘引してつる下げを行なう方法である。

一方、摘心子づるをもたない仕立て方もある。図2の④がそれで、主枝を七～八節で摘心し、子づるを数本誘引してつる下げを行なう方法である。この方法は摘心子づるでの収穫がないこと、生育初期は栄養生長に傾きやすいことなどから、初期収量がやや少なくなるものの、長期間草勢を維持することができる。

図2　つる下げ栽培の主な仕立て方

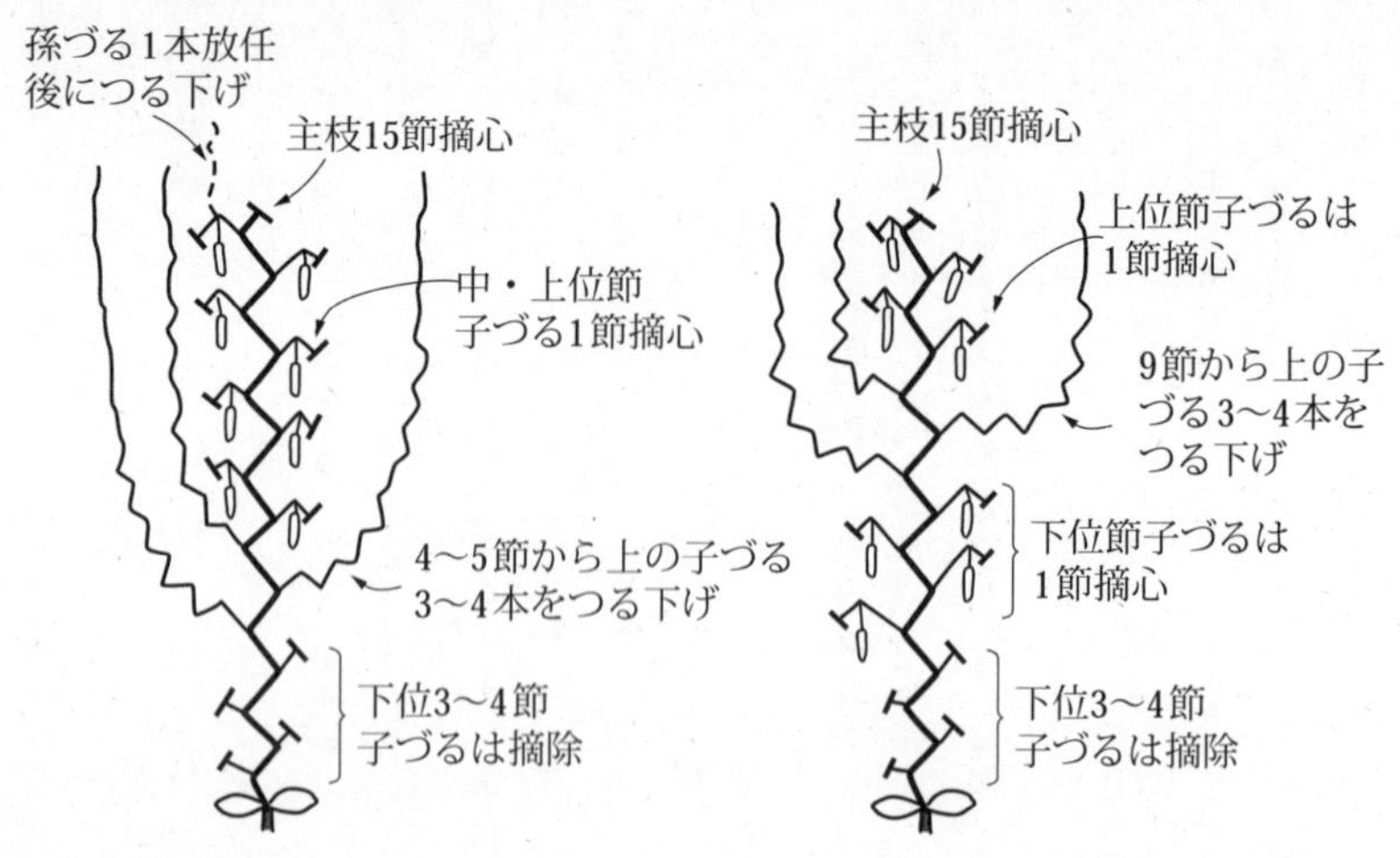

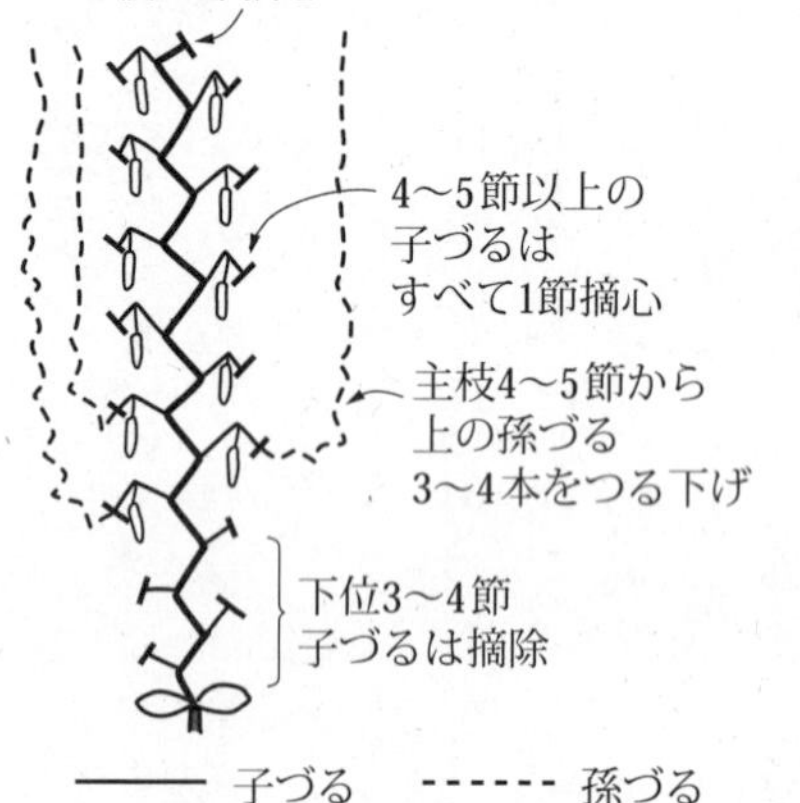

表1　つる下げ栽培の仕立て本数が収量に及ぼす影響

つる下げ本数	12～1月	2月	3～4月	合 計
下位３本上位１本	183本	150本	282本	615本
下位４本上位１本	148	151	326	625
下位４本上位２本	152	164	360	676

注　下位3本は6～8節からの子づる，下位4本は6～9節からの子づる，上位1本は15節からの孫づる，上位2本は14，15節からの孫づる
　収穫本数は$3.3m^2$（4株）当たり，収穫期間は12/7～4/30

農業技術大系野菜編第一巻　仕立て方・整枝と生育　一九九八年より抜粋

緑のカーテン22m！

徳島県上板町　多田弘幸さん

編集部

「夏になると日差しが強くて、雨戸を閉めて、エアコンをつけんと生活できんかったんです」そんな多田さんの悩みを解決したのが、ゴーヤーでつくる緑のカーテン。家の南と東に張りめぐらされたカーテンの総延長は二二m！　最近はエアコンもほとんど使わなくなったそうだ。多田さんに栽培のコツを教えてもらった。

二回の摘心　五月末に株間五〇〜六〇cmで定植。ポイントの一つは二回の摘心。一回目は本葉五〜七枚のとき（草丈三〇cm）に親ヅルの先端を摘む。次は草丈が七〇cm〜一mに伸びた頃、出てきた子ヅルのうち三本ほどを摘心。すると今度は、子ヅルの脇から孫ヅルがどんどん伸びてくるので、「株元がスカスカ」なんてことにならずにすむ。

実をこまめに収穫　実は二〇cmになる前にこまめに収穫。大きな実をたくさん着けてしまうと、養分や水分が実のほうにいってしまい、新しいツルや葉が出にくくなる。

堆肥で土づくり　プランターではなく庭に直接植えたほうが、手間がかからない。多田さんは、「冬に堆肥を入れておくので、秋まで濃い緑の葉になる。ツルの伸びもいい」とのこと。堆肥の量はカーテン二〇m当たり一輪車で五杯ほど。

施肥　元肥は二〇m当たり野菜専用化成肥料三〜四kgを、スコップで土と混ぜておく。実がなり始めたら、化成肥料を一株にひとつまみほど追肥。その後も、秋までに一〜二回追肥する。

灌水　暑くなる七月頃からは、朝夕の二回、土が黒くなるまでたっぷりと。とくに夕方に多めに灌水すると、午前十時頃に葉が巻く現象が出なくなる。

今年の春は竹パウダーも散布してみた。じつは、ゴーヤーの苦味が苦手だという多田さん。竹パウダーを入れると、苦くないゴーヤーがとれると聞いたからだそうだ。

現代農業二〇一二年八月号

8月下旬でも葉っぱは元気（2011年8月26日撮影）。高さ2.6mの手作りのアーチに漁網を張ってツルを絡ませていく。室温は5〜8℃も低くなる

緑のカーテンを上手につくるコツ

淡野一郎　(株)サカタのタネ

　緑のカーテンは、遮光効果だけでなく、葉からの蒸散による冷却効果も加わるので涼しく、建物の蓄熱も抑制できることから、夜間も効果が期待できます。横浜市環境科学研究所の調査では、八㎡の緑のカーテンで、七～九月のあいだに八畳用エアコン一台分相当の電力を削減できるといったデータも出ています。

　昨年使われた植物は一位がゴーヤー（ニガウリ）、二位がアサガオでした。今年もこの順位に変化はないものの、他の品目への関心も高まりました。実際に当社で販売したミニタイプのネットメロン「ころたん」は、通信販売は三日で受注終了、直営店は四時間で完売というすさまじい人気でした。

ゴーヤーカーテンのつくり方

播種・定植　ゴーヤーの苗は、五月の連休頃、店頭にたくさん並びます。しかしこの時期に植え付けると、暑さの厳しい八月に株が疲れ、緑のカーテンとして機能しない可能性があります。また、五月中は季節風が吹くことがあり、初心者が緑のカーテンに取り組むには難しい季節ともいえます。

　ゴーヤーは、生育の適温であれば育苗に二五日前後、緑のカーテンとして機能し始めるのに定植から約一カ月かかります。そしてカーテンの寿命は、管理の仕方にもよりますが定植から二カ月程度です。

　関東地方を例にとると、梅雨明け（平年なら七月二十一日頃）から緑のカーテンとして機能させるには、五月下旬に種播き、六月下旬に定植するのがよいことになります。しかしこの場合は、八月下旬にはシェードとして機能しなくなる可能性があります。九月の残暑厳しい時期も緑のカーテンを楽しみたいのであれば、六月上～中旬に播種、七月上～中旬に定植する作型が温暖地ではベストです。

8月3日のゴーヤーカーテン。6月3日播種、6月30日定植

　緑のカーテンに使えるツル性植物の多くは、発芽に二〇℃以上を必要とする高温性作物が中心です。ゴーヤーの場合は二五～三〇℃が適温です。五月中旬までの種播きでは、保温箱などの中で管理しないと、発芽に失敗することが多いです。六月上～中旬の播種であれば、発芽適温も十分確保でき、保温などの面倒な管理は必要ありません。

コンテナ　緑のカーテン用のコンテナは、一株植えなら三〇ℓ、二株なら五〇ℓのプランターが適しています。土の量が多いほど水やりの手間が省け、よく茂ります。

　ウリ科作物は根が浅く張るので、直射日光

が土表面に当たると暑さで根が傷みます。土の乾きを抑えるためにも、コンテナはネットの内側に置くようにします。加えて、通気の確保や虫などの侵入を防ぐために、コンテナは地面に直置きせずブロックなどをかませて空間をつくるとよいでしょう。

培養土　市販の野菜用の培養土を使うか、自分でつくります。赤玉土や畑土を六割、腐葉土三割、バーミキュライト一割を混ぜた土一〇ℓに、苦土石灰〇・七～一・五g、有機配合肥料二〇～三〇gを施すとよいでしょう。

　栽培中に土が沈んでくるので、増し土をして、乾きにくくすると同時に、根の張るスペースを確保します。

コンテナとネットの設置法

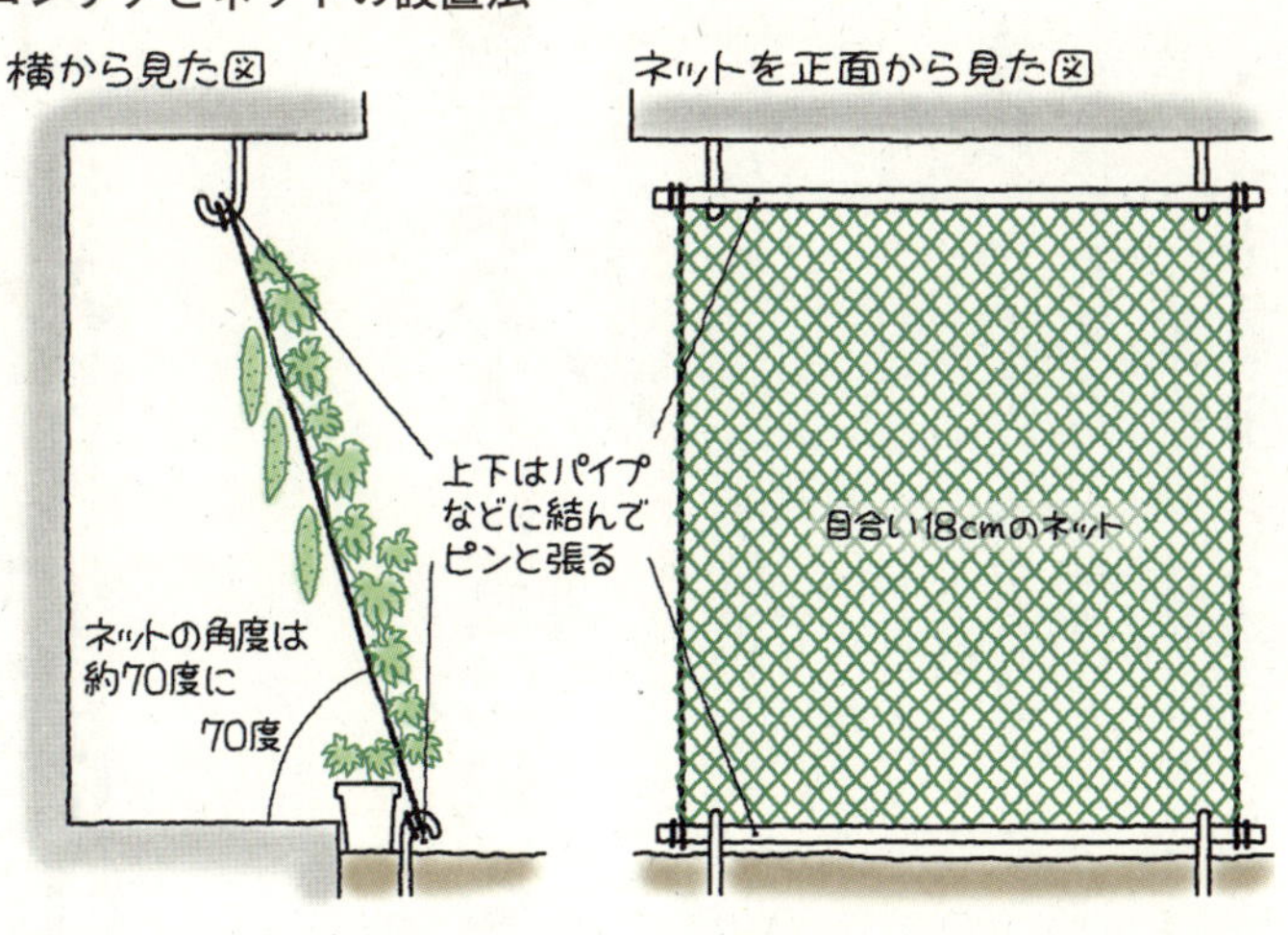

ネットの内側にコンテナを置き、葉で培土の乾燥や地温上昇を防ぐ

ネット　ネットは目合い一〇～二四㎝のあいだ、一八㎝程度が適しています。ツルがネットにからむウリ科作物は、菱目や角目にこだわらなくてもいいですが、張りやすさでは角目のほうが適しています。コツはピンと張ることです。上下はパイプなどに結んで、左右はヒモ等でしっかり張るようにします。さらに、七〇度程度の角度で建物に向かって斜めに張ることも大切です。これにより、葉はネットの上に、果実は下に垂れて、風などによる葉や果実への傷みを小さくできます。台風に備えるよう左右に可動するようにするという記述もみかけますが、これは経験上、株の傷みを助長するのでおすすめできません。

摘芯・誘引　本葉七枚と八枚のあいだで親ヅルを摘み取ります。こうすると、残した本葉の脇から子ヅルが伸びてきます。そのうち、元気のよい子ヅル三本を残し、左右真ん中に誘引して伸ばすことで、ネット全体で繁らせることができます。孫ヅルは放任します。

摘花・摘果　摘芯をすると、側枝は多くなる一方で雌花が着きやすく、果実がなりやすくなります。果実の収穫が目的であればこれでよいのですが、緑のカーテンは葉を茂らせることが目的ですから、雌花や果実は早めに摘むようにします。果実もちゃんと収穫したいのであれば、カーテンができてから着果させ、その数も最低限にすることが大切です。

追肥　作物の栽培では、肥料が多いと葉ばかりが茂って栄養生長が盛んになり、果実が着きにくくなります。緑のカーテンは葉を茂らせることが目的ですから、この性質を逆に利用。早いうちから多めの肥料を施すことで、栄養生長を旺盛にして生殖生長を抑えます。

　植え付け後二週間目から追肥を始め、一週間に一回、一株当たり約九gの化成肥料を施します。

かん水　蒸散量が多い緑のカーテンは、水やりが大切です。雨や曇りの日は基本的に必要ありませんが、晴れの日は、朝十時ぐらいまでにコンテナからあふれるくらい、しっかり水やりします。予算があれば、自動かん水装置をつけると安心です。大規模になるほど自動かん水は威力を発揮します。

現代農業二〇一二年八月号　今からでも間に合う！
緑のカーテンをうまくつくるコツ

ゴーヤーで健康

糖尿病の人に喜ばれるゴーヤー水

福岡県八女市　田中稔也さん

編集部

糖尿病　「ゴーヤーは霜がおりるまでとろうと思えばとれますが、最盛期は九月いっぱいまでです。そしたらゴーヤー水をとります。ヘチマ水と同じようにハサミでツルを切り、一升ビンやペットボトルの口にツル先を差し込んでおくだけです。このへんではゴーヤーの樹液が糖尿病の特効薬になるといわれてまして、うちでも一〇年ぐらい前からとり始めました」

糖尿病で悩んでいた友人の川崎さんは、ゴーヤー水を毎日お猪口(ちょこ)に一杯飲み始めて半年ほどの間に、八・〇あったヘモグロビンA1cが、六・四〜六・五を維持できるようになったそうだ。

化粧水　また、ゴーヤー水は飲むばかりでなく、ヘチマ水のように化粧水にしてもよいらしい。

実、わき芽、葉を煎じる　さらに、ゴーヤーの実を薄く切って天日乾燥させ、煎じてお茶代わりにして飲みます。ゴーヤーのわき芽、葉を三cmぐらいに切って乾燥させてもいいです。

現代農業二〇〇六年七月号

ゴーヤー水で乾燥肌のかゆみをふせぐ

富山県富山市　清水久子

「読者のへや」を読んでいると、自分も何か書きたくなりました。自分が実験してみてよかったことですので、読者の皆様にも、と思いまして書いてみました。ゴーヤー水で、乾燥肌のかゆみを防ぐ方法です。

始めるのは十一月頃からです。地面から三〇cmほどのところで茎を切り、根の部分の切り口をビンやペットボトルなどに差し込み、茎から出てくる水をとります。三〜四日で五〇〇ccほどとれます。茶漉しで漉したゴーヤー水を二〇〇ccほどお風呂に入れます。半年ほど試してきましたが、今のところかゆみが出ていません。

現代農業二〇〇八年五月号　読者のへや

ゴーヤー水をとる田中稔也さん。ゴーヤーの茎を地際から30〜40cmで切り、切り口をビンの口にさしておく。500ccなら2〜3日でたまる。茶漉しやガーゼで漉してゴミをとり除く（撮影　関　朝之）

ゴーヤー水が虫刺されに効いた、種もいい

愛知県東海市　神野範子

先日、ミカン畑でハチに刺されました。刺されたのは目の下で、むくむくと腫れてくるのがわかり、あせってしまいました。『現代農業』でゴーヤー水の記事を見ていたので急いで作ってみました。

畑の隅にあったゴーヤーの実を鎌で薄く切り、出てくる水を腫れたところにつけまくりました。ちょうど一〇㎝くらいのゴーヤー一本で、すっかりよくなりました。家に帰って患部を冷やしたら、痕はなし、かゆみなしの痛みなしです。今までは刺されると、四日から一週間は腫れてかゆいのが治りませんでした。

また、ゴーヤーの種を粉末にして飲んでいます。コレステロール値を下げる作用があるといわれています。医者に測ってもらいましたら確実に下がりましたので、続けて飲んでいます。コレステロール値の気になる方、飲んでみてください。

現代農業二〇〇八年一二月号／二〇〇九年一一月号
読者のへや

虫除けに、お肌の保湿に、かんたんゴーヤー酢

長野県上田市　清水幸子さん

秋山友香

上田市の清水幸子さんに、虫除けにもお肌のケアにも使えるゴーヤー酢の作り方を聞きました。

作り方は、輪切りにしたゴーヤーを広口ビンにいっぱい詰めて、食酢をひたひたに入れるだけ。約一カ月経ったら酢だけ取り出し別のビンに移します（漬け終わったゴーヤーも食べられますが、すごく酸っぱい！）。

畑に出るときに、このゴーヤー酢を体のあちこちや、服の上からもスプレーすると、虫が寄っても滅多に刺しません。たとえ刺されたとしても、ゴーヤー酢を塗ればかゆみが止まります。さらに極めつきはお風呂上がりの保湿液として。長年愛用している清水さんはお肌ツルツル！　近所のお母さん方にも勧めたら、「一週間でお肌に変化が現われた」と喜ばれたそうです。高い化粧水は買う必要なし。食べ切れないほどたくさん成るゴーヤーで、皆さんもぜひ作ってみてください。

現代農業二〇一一年八月号　あっちの話こっちの話

火傷の傷みがスッと抜けるゴーヤー水

富山県富山市　清水久子さん

大土井真奈美

ゴーヤーはいろいろな料理に使われますが、富山市の清水さんから、ゴーヤー水が火傷にいいと教わりました。ゴーヤー水をとるのは九月下旬から十月上旬。ゴーヤーを十分食べたら、茎を切って最後にゴーヤー水をとるそうです。朝仕込めば、翌日の夕方には五〇〇㎖のペットボトルが満タン。一株から四〜五本分とれます。

集めたゴーヤー水は、お茶パックで漉し、一年くらいは常温で保存できます。ただ、緑色のオリが底に溜まるのでそこはよけて使っています。

使い方は、火傷したところにゴーヤー水を塗るだけ。これでスッと傷みが消えるそうです。熱いフライパンなどにふれて火傷したときには試してみてください。

現代農業二〇一二年一〇月号　あっちの話こっちの話

の味噌漬け

大分県竹田市
阿南貝子

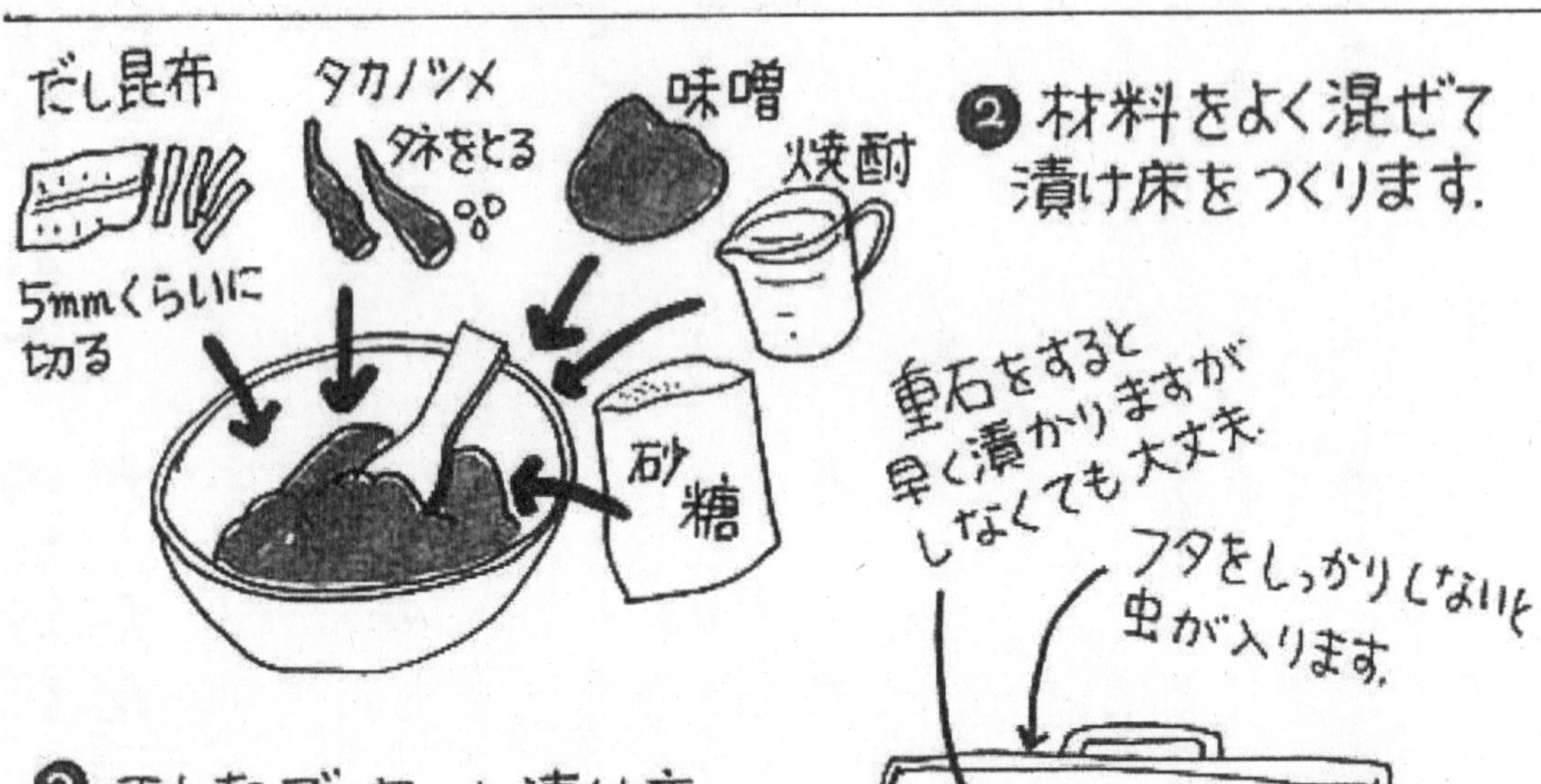

ゴーヤー（ニガウリ）

甘辛くて ほんのり苦く、食欲がわいてくるので、夏バテの食にはうってつけです。息子が宴会のつまみに持っていったところニガウリを嫌いな人がパクパク食べて、後で「これ、ニガウリだったんですか？」と驚いていたそうです。

〈材　料〉

ゴーヤー		5kg
漬け床	だし昆布	200g
	タカノツメ	少々
	味噌	2kg
	砂糖	1kg
	焼酎	1カップ

❶ ゴーヤーは縦半分に切ってスプーンでタネをとり、朝から午後3時ころまで干します。

あっさり漬け

群馬県吉井町
武藤文子

③漬け汁の材料を一度煮立たせ、常温になるまで冷ます。

しょうゆ
酢
みりん
砂糖

トウガラシは輪切りにし、火を止めてから入れる。

④ゴーヤーと漬け汁をプラスチックの密閉容器に入れ、冷蔵庫で2〜3日漬ける。

薄味でおいしいのですが
時間が経つと味がかわってきます。
そこで水気を切って、味噌に
漬け込むと、また違った味が
楽しめ、長持ちするようにも
なります。
こんな私は
欲張りでしょうか…?!

え、近藤泉

ゴーヤーの

真夏には野菜がたくさんとれます。　私の漬け物はたくさん実ってくれた野菜に対する感謝の気持ちの現れとでもいいましょうか……。
　この漬け物は、暑いのでさっぱりした味に仕上げてみようと思い、ゴーヤーの苦みを残しつつ、酢で味をつけてみました。

〈材料〉

ゴーヤー		1kg
漬け汁	しょう油	180cc
	酢	180cc
	みりん	50cc
	砂糖	50g
トウガラシ		2～3本

① ゴーヤーはタテ2ッ割りにして、タネとワタを取り除いて洗う。

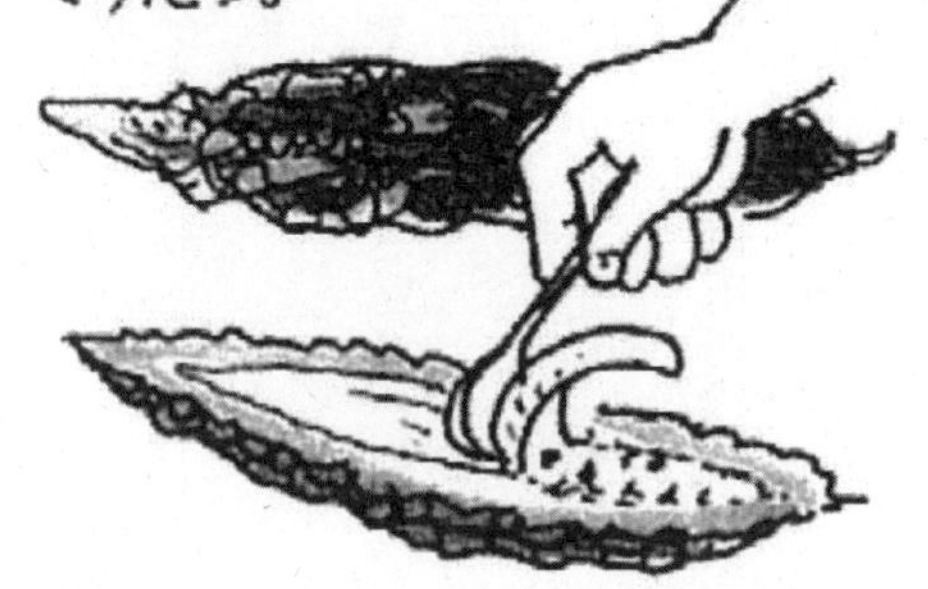

② ゴーヤーを2～3cm幅の小口切りにし、サッと熱湯にくぐらせてからザルにあげよく水を切る。

熱湯に長く浸すと、歯ざわりが悪くなるので、注意！

二度収穫できる
ゴーヤーの切り戻し栽培

林 三徳　福岡県農業総合試験場

近年、ゴーヤーの育種が進み、沖縄県農試育成の「群星（むるぶし）」、「汐風（しおかぜ）」など、雌花の着成に優れ、収量が多いＦ１品種が次々と登場しています。生産者も経営的に魅力を感じ、九州全県で唯一面積の拡大が進んでいる野菜品目になっています。

ここでは、雨よけハウス程度の施設で取り組めて、収益性の高い新しい栽培法「ハウス半促成ゴーヤーの切り戻し栽培法」を紹介します。

品薄になる九～十月は高値

北部九州でゴーヤーを露地栽培する場合、定植は五月上～中旬で、六月下旬から収穫が始まります。七月下旬から八月いっぱいが収穫最盛期になります。

これに対し、無加温のビニールハウスを利用した半促成栽培は、露地栽培ゴーヤーが出回る前の五月下旬（北部九州）から出荷できる点が、経営的な面白みです。

ゴーヤーの半促成栽培では、梅雨明けごろのハウスの中は高温過ぎるため、天井ビニールを除去したほうが生育は優れます。また、露地のゴーヤーが出回る七月下旬～八月上旬の時期には、半促成のゴーヤーは、茎葉の込み合いで果実の着色が悪くなり、不良果が増えます。生産者は、側枝かき等の作業にたいへん苦労します。

無加温・半促成ゴーヤーの収穫終わりは、露地ゴーヤーの出荷増による価格低下と、管理作業の煩雑さで決まってきます。

そして、露地栽培ゴーヤーの出荷ピークが過ぎる九月、十月になると、再び価格が上昇してきます。

主枝を切り戻して九月から再収穫

ゴーヤーは、非常に再生力が強く、側枝が次々と出てきます。また、十分な肥料と灌水量があれば、夏の適温期では開花から一五～一九日で三〇〇g前後の果実になります。切り戻して枝を更新しても、再び収穫できるまでの時間が短いのです。

そこで福岡農総試で考案したのが、ゴーヤーの価格が安い八月は収穫を一カ月ほど休み、九月から再び収穫する栽培法です（次頁の図）。つまり、七月末～八月上旬に、主枝の「切り戻し」を行なうのです。この方法ならば、価格が高くなる九月～十一月中旬まで収穫できます（ハウス栽培、北部九州の場

9月上旬のハウスゴーヤー。7月下旬まで収穫し、8月上旬に切り戻した。9月上旬より再収穫できる

合)。

ただし、品種は、雌花着成が良いF1品種を用いることが条件です。切り戻してから、再び果実の収穫が始まるのが早い品種でないと、この栽培法は成功しません。

この栽培法は「半促成＋抑制」の作型とみることもできます。ゴーヤーの抑制栽培は価格的には魅力がありますが、台風の襲来があるため、沖縄県や鹿児島県などの主産県では栽培が少ないのがねらい所なのです。台風の襲来がなければ、半促成用の苗と資材で「半促成＋抑制」の収穫ができる、「おカネをかけずに儲かる栽培法」ではないでしょうか。ビニールハウスがあれば、一度試してみてはいかがでしょう。

（現代農業二〇〇四年四月号　ゴーヤーの半促成切り戻し栽培）

ゴーヤの作型

作型	2月	3月	4月	5月	6月	7月	8月	9月	10月	収益性
	上中下	上中下	上中下	上中下	上中下	上中下	上中下	上中下	上中下	(10a当たり試算)
露地			播種 ○	定植 △		収穫期間 ■	■			粗収入80万円 4 t ×200円／kg
半促成	○	△			■	■				粗収入150万円 5 t ×300円／kg
半促成切り戻し栽培	○	△			半促成：4.5 t ■	■	切り戻し	抑制：2.5 t ■	■	粗収入210万円 7 t ×300円／kg

切り戻し栽培の方法

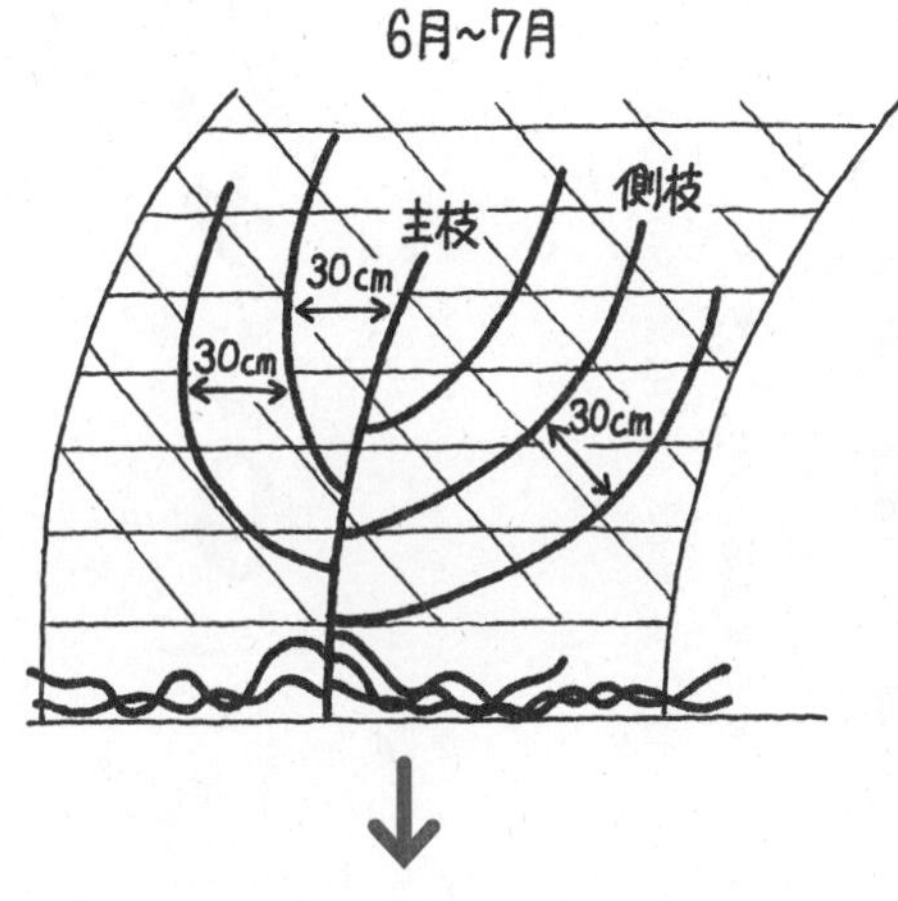

①6～7月までの収穫は、主枝と30cm間隔に誘引した側枝からとる。下部の側枝は地面をはわせておく

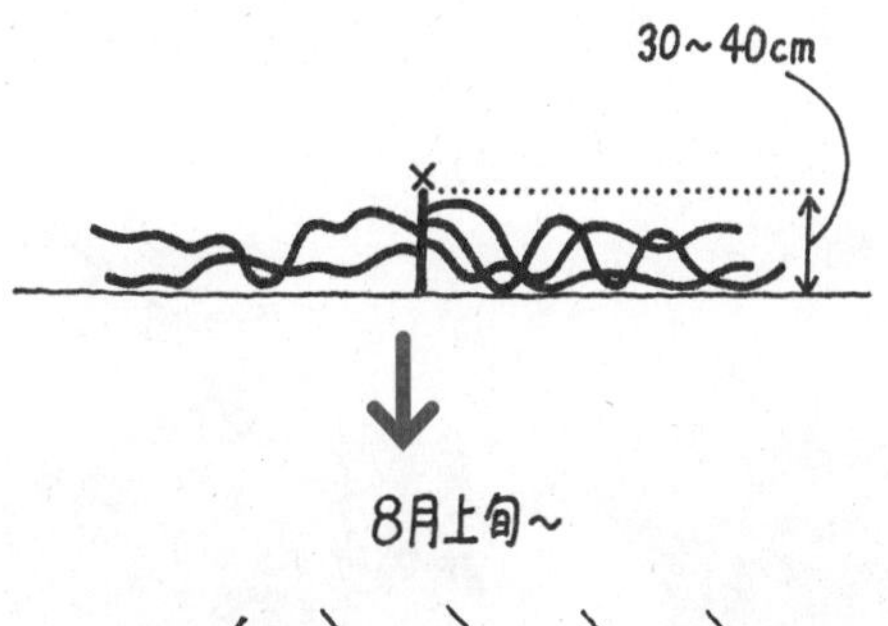

②7月下旬～8月上旬、茎葉が込み合ってくるころ、下部の1mほど伸びた勢いのいい側枝を数本残して、株元から30～40cmのところで主枝を切り戻す。切り離した枝は、ネットと一緒に除去（枝が込み合うようなら主枝を早めに切り戻し、7月下旬～8月上旬に、2回めの切り戻しを行なっても大差ない）

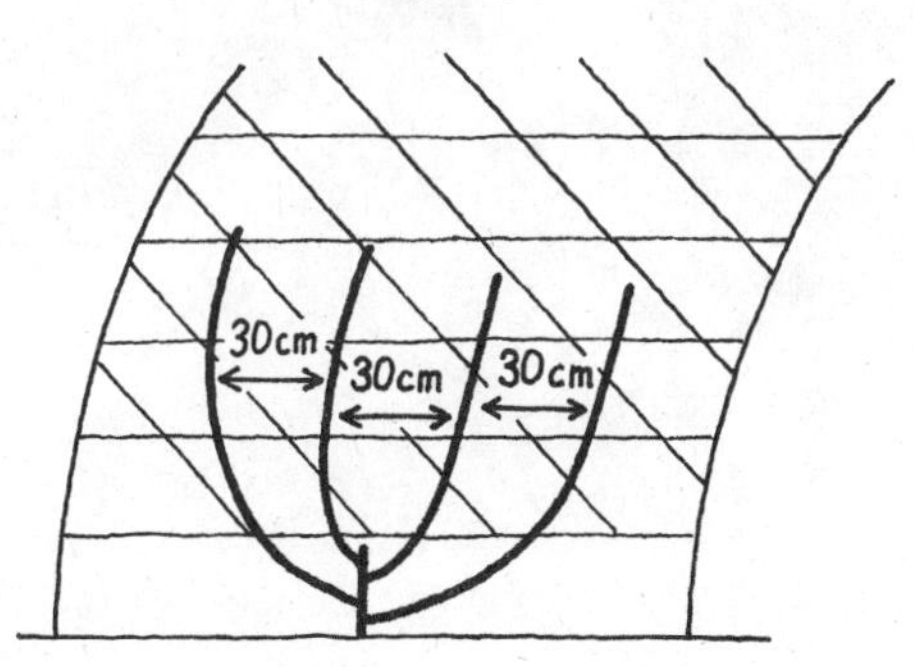

③新しいネットに張り替え、残した側枝を30cm間隔で誘引する。その後は放任。約1カ月後から再び盛んに実がなる

台風対策に効果てきめん

ゴーヤーの「パタン9（キュー）」栽培

城田英光　JAおきなわ

沖縄県ではニガウリのことを「ゴーヤー」といい、古くから親しんできた緑色野菜です。夏には主にジュースや野菜炒め（ゴーヤーチャンプルー）にして、夏バテ対策としてきました。ビタミンC含量が野菜の中で最も多く、このビタミンCは炒めても壊れにくいといわれます。また種には、モモルヂシンというインシュリン様物質も含まれています。

ゴーヤーは県内各地で栽培されていますが、主産地としては、名護市、糸満市、東風平町、久米島町、宮古島などがあります。

台風で大きな被害

作型は、十月定植（一〜五月どり）の促成栽培と、三〜四月定植（五〜九月どり）の普通栽培があります。ところが、沖縄は「台風の都」といわれ、年間に何度も台風の襲来に見舞われます。台風は、年間に二〇〜三〇個も発生し、これまでゴーヤー栽培は、台風のために大きな被害を被ってきました。

台風で倒される前に倒しておく

台風の被害を防ぐために、一九九七年、ゴーヤーの露地栽培において、「パタン9（キュー）」栽培の導入が南部地区を中心に進められました。

パタン9栽培とは、斜めにしたパイプ棚にゴーヤーを誘引し、台風が近づいたらパイプ棚をツルごと地面に倒し、防風ネットで覆うという栽培法です。台風が通過したら、元の状態に戻して栽培を続けます。

地域で収穫盛りのゴーヤーが台風で棚ごと吹き飛ばされて全滅することを何度も経験するうち、「倒される前に倒しておく」ことを考えつき、沖縄県経済連南部支所が普及した栽培方法です。

筆者。「パタン9」栽培の畑で収穫しているところ。写真の支柱は中古パイプを使っている

栽培実験の結果、ゴーヤーの生育にほとんど影響がなく、台風の通過後も約二カ月間の収穫ができました。この栽培法が確立すれば、ゴーヤーの周年栽培も可能になり、生産農家の経営が向上すると期待されています。

一〇a分の棚を一時間弱で倒せる

「パタン9」は、地面に垂直に差し込む支柱、水平方向に設置する横パイプ、縦二m横四mの長方形の棚、それを斜めに支える二m

台風通過後、防風ネットをはがしているところ

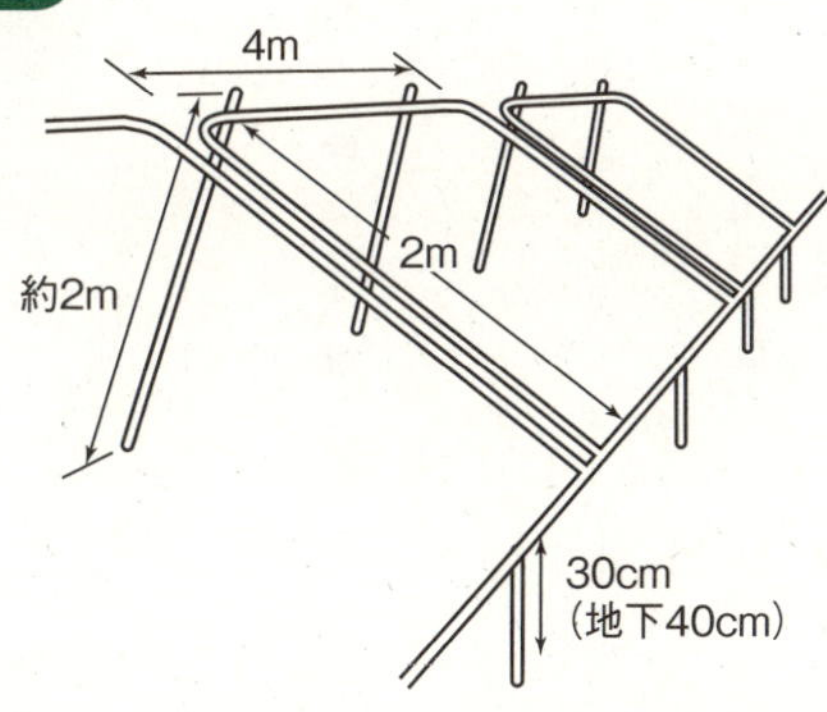

タテ2m、ヨコ4mのパイプ柵を斜め45度に組み、
反対側を約2mの支柱で支え、金具でとめる

台風が来たら支柱を抜いて
パイプ柵を倒し、ネットで覆う

台風時

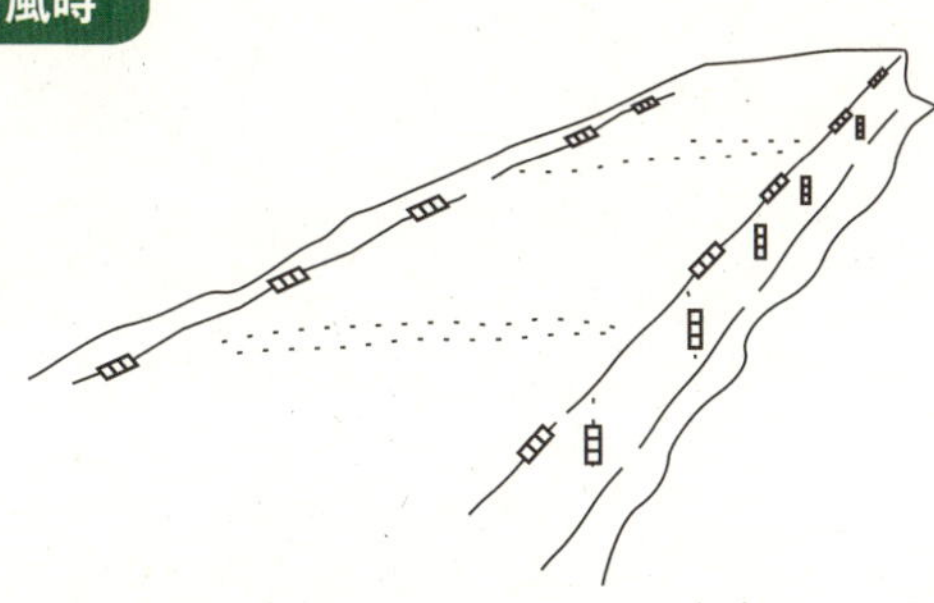

2mm目の防風ネットをかけ、そこをパッカーで
とめる。台風が通過したら元の状態に戻す

の棒から成ります（図）。長方形の棚は斜め四五度に組み立てます。このパイプ棚にネットを張り、ゴーヤーを誘引します。

台風が来たら、パイプ棚を支えている棒をはずして地面に倒し、その上から防風ネット（二㎜目）で覆います。棚を倒す作業は、二人で一〇a当たり一時間もかかりません。防風ネットをかけ、風で飛ばされないようにパッカーで固定するのに多少時間がかかります。

台風が通過したら元の状態に戻します。台風（とくに雨を伴わない風台風）に遭うとゴーヤーに塩害が出て枯れてしまうので、水で洗い流します。こうすると、塩害が最小限に抑えられます。

収穫がラク、果実の色もよい

パタン9栽培の利点は、台風に強いだけではありません。仕立て方が従来の垂直から斜めになることで、収穫がラクになります。従来の垂直仕立てでは葉が茂り、果実が見えにくかったのですが、斜めの棚に誘引すると果実がぶら下がるので見つけやすいのです。収穫時間はこれまでの半分ぐらいです。また果実に光がよく当たるので、果実の色のりもよくなります。

パタン9栽培はゴーヤーだけでなく、キュウリやヘチマ（沖縄ではナーベラーと呼んで大切な夏野菜の一つ）といったツル性の作物に応用が利きます。

現代農業二〇〇二年八月号　台風対策にてきめん！
ニガウリの「パタン9」栽培

ゴーヤーを1m這わせたら収量が2倍

大分県佐伯市　矢野昭生

私は夏秋ナスを栽培しています。一昨年、ゴーヤーを栽培したところ、大変面白かったので本腰を入れてやってみました。品種は八江農芸（株）の「えらぶ」です。八江農芸の指導員さんから「定植してからツルを一m這わせ、その後支柱に立たせると、茎が太くなり、根張りがよくなる」と聞いたので、さっそく、取り入れてみました。結果、非常によかったので、取り組みを紹介します。

土づくり　定植は四月中旬で、土づくりは四カ月前から開始します。十二月に堆肥を入れ、毎月一回、堆肥が混ざるように耕耘。定植一カ月前に元肥（有機肥料）を入れ、うねを作ります（図）。その後、地温確保のためにうね上に黒マルチします。地温が低いと根の伸びが悪くなります。

定植　四月中旬、苗の本葉が二〜三枚になったら定植です。ポットの土が一cmくらい地表に出るくらいに浅植えすると、あとの生育がいいように思います。

摘心・整枝　植え付け後、十分に灌水し、本葉が八枚になったら親ヅルを摘心して、子ヅル四本仕立てにします。残す子ヅルの選定が非常に大切で、長さ、勢力が同じくらいのものを選ばないと、あとの揃いが悪くなってしまいます。孫ヅルはすべて除去し、残した子ヅルが一m以上伸びるまで、そのままツルを地面に這わせて放任しました。

ツルを一m這わせてみると、這わせた部分からも根が出てきました。七月二十日の初出荷から少したった頃、根元の茎を見ると、太さ（直径）が三〜四cmになっていました。一昨年は親指大くらいだったものが、手で握れないほどの太さになったのです。茎が太くなるとは聞いていましたが、びっくりしました。

ゴーヤーの長期収穫は、葉色とツルの勢いを見ながら、追肥と灌水をしていくことが大切ですが、草勢が強い樹ができたので、収穫期間も長くなりました。普通の収穫期間は七〜九月ですが、途中でばてることなく、十月中旬まで収穫できました。収量も倍くらいになったと思います。実も大きくなり、光沢のあるいいものができました。

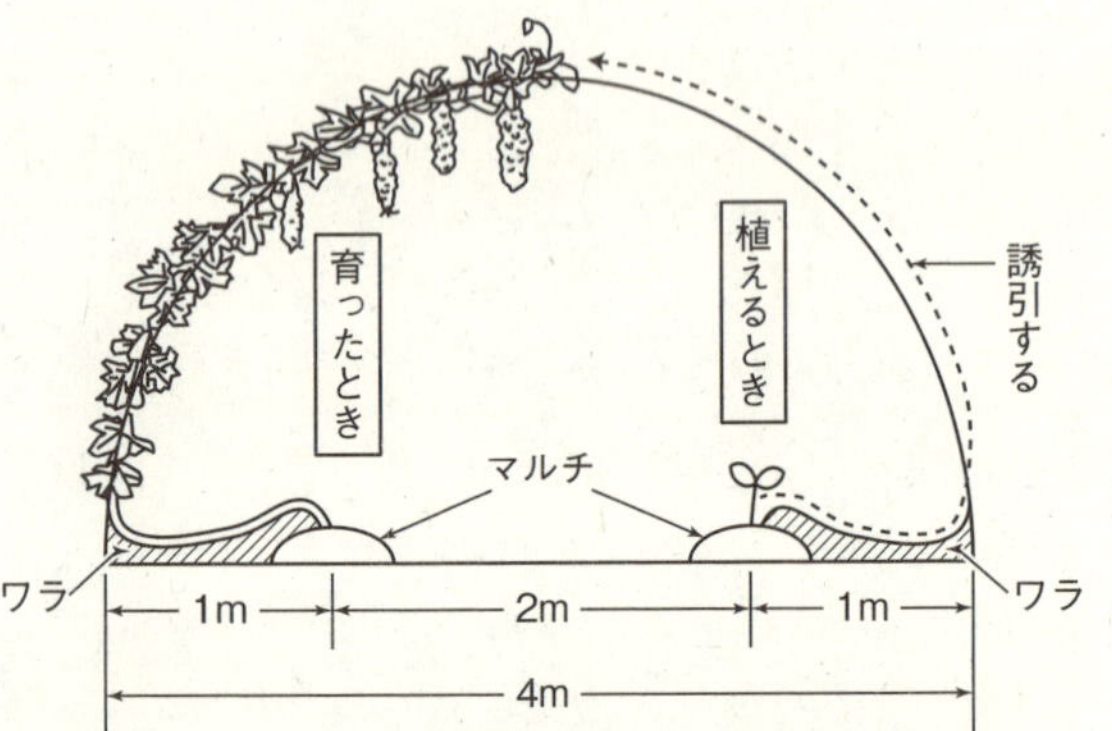

1m這わせたら茎の太さが倍以上になった

現代農業二〇〇六年七月号

Part 4

ニガウリ（ゴーヤ）栽培の基礎

田中　義弘　鹿児島県農業開発総合センター

植物としての特性

原産と来歴

ニガウリ（*Momordica charantia* L.）は、つる性のウリ科野菜であり、別名「ツルレイシ」と呼ばれている。これまで地方野菜として親しまれ、沖縄県では「ゴーヤ」、鹿児島県では、瓜を「ゴイ」や「ウイ」と呼ぶことから「ニガゴリ」「ニガゴイ」と呼ばれていた。しかし、最近では全国的に「ゴーヤ」の呼び名が一般的になっている。

原産は東インドまたは熱帯アジアといわれている。南ヨーロッパでは古くから観賞用としてつくられていたが、熱帯アジアや中国では重要な野菜であった。とくに、中国では珍重されており、冬野菜の欠乏時には南方産のものを遠地から輸入して高価に販売され、華北では漬物にも供されている。わが国の文献では『和爾雅』『大和本草』『倭漢三才図会』などに記載されており、江戸時代に中国大陸から導入されたといわれている。

沖縄県には一四二四年、尚巴志が三山を統一して海外との交流が盛んになり、各種の農用植物も移入され、このなかでニガウリも中国から導入され栽培が始まったとされる。鹿児島県では、昭和初期にはすでに県内各地で栽培されており、昭和五〇年代ころまでは各地でよく見かけていた。

ニガウリにはビタミンCが可食部一〇〇g当たり七六mgと多く含まれ、苦味成分には健胃と鎮静作用があり、機能性・健康野菜として全国的に消費が拡大している。その用途は、野菜炒めでの消費がもっとも多く、その他、てんぷら、茶、ジュース、酢のものなどに利用されている。加工品としては漬物が多いが、ニガウリ茶や乾燥ニガウリなどが民間の企業で販売されている。

性状と分類

花　ニガウリは、雌雄同株で雌雄異花の一年生草本である。雄花あるいは雌花が各節に一個着生し、在来種の多くは雄花が多く、雌花が少ない。株当たりの雌花着生割合は、気温および日長などの環境の影響も受けやすい形質である。その一方で、キュウリと同様にすべての節に雌花が着生する雌性型の系統が存在することが知られている。

種子　種子は米粒大からカボチャ大のものまであり、独特の斑紋と肥厚帯があり、採種後に黒色に着色するものもある。

茎　茎の形状は五角状で、品種によって色は異なり淡緑色から濃緑色まである。巻きひげは各節にあり、単一か二〜三本に分岐する。

葉　葉の形状は子葉、初生葉、本葉で異なり、子葉は楕円で、初生葉は丸く、本葉は掌状で五〜九裂片をもつ。葉色は淡緑色から濃緑色まで、葉形は切れ込み葉の先端が尖るものから丸いものまであり、また切れ込みの深さの程度も異なる。

根　根は浅根性で少ない。経済栽培では、つる割病対策としてカボチャ台木を使うことが多く、カボチャ台木の根域も三〇cm程度と浅い（次頁図1）。

果実　果実の形は、卵形、紡錘形、円筒形があり、果実の長さは五〜六〇cm、果皮色は白色から濃緑色まである。果実には多くの突起（イボ）があり、鋭い突起から丸い突起まである。果実は熟すると尻部から橙色に変化し、のちに果実は裂け、内部から赤くなった種衣（種子の周りの綿）が種子といっしょに落ちる（図2）。

図1　ニガウリ（カボチャ台木）の根域（右縦バーは30cm）

図2　熟したニガウリの果実

生育のステージと生理、生態

発芽

ニガウリは硬実種子であり、その種皮は厚く硬いため吸水しにくい。また、発芽適温も三〇℃程度と高いため、温度不足による発芽不揃いを起こしやすい。ペンチなどで種子の発芽孔を開いて、水に一二時間浸漬し発芽促進をはかる。

しかし、採種後間もない種子は、とくに発芽揃いが悪いことが経験的に知られている。そのため、育種場面では採種後すぐの種子を利用し育種の効率を上げるために、植物ホルモンであるエセフォン処理を行なうことで発芽促進および発芽揃い向上をはかっている。エセフォン二〇〇mg／ℓで一二時間浸漬すると効果が高い（岩本・石田二〇〇五）。

分枝特性

発芽開始後、子葉、初生葉、本葉と展開していく。側枝は初生葉節と本葉節から発生し、着果がない状態では、定植二か月後で一株から八〇本以上が発生する（図3、4）。親づるの本葉一節から四節に発生する子づるの伸長が優れ、初生葉位から発生する子づるはやや遅れて伸長する傾向にある。

また、側枝発生の多少は品種で異なり、雌花着生の少ない品種は多く、雌花着生の多い品種は少ない傾向にある。着果が多い時期は発生が少なく、着果が少なくなると発生が多くなり伸長も早くなる。

雌花・雄花の分化

ニガウリの雌花は三心皮、三室からなり、そのなかに胚珠を含んでいる。柱頭は三列し、各柱頭はさらに浅い二列の構造になる。花粉管誘導組織は三列した柱頭にそれぞれ一か所ずつあり、柱頭の基部付近で合流する。開花時の子房の長さは品種によって異なるが、現在栽培されている多くの品種は三〜四cm程度である（次々頁図5）。栽培期間中の栄養条件によっても異なることから、草勢の指標のひとつにもなる。

雌花着生率には品種、系統により大きな差異が認められ、地方在来の品種は雌花着生率一〇%程度のものが多かった。生産性を向上させるためには雌花着生率を高めることが重要とされ、これまでに育成された品種の多くは高い雌花着生率を示す。また、すべての節

図3　定植2か月後の分枝の状態

孫づるは親づるの下節位、とくに本葉1節からの発生が多い。また、子づるの10節以下からの発生が多い
親づる
本葉34節子
本葉33節子
本葉32節子
本葉31節子
本葉30節子
14節から29節くらいまで子づるが発生しない
本葉13節子
本葉12節子
本葉11節子
本葉10節子
本葉9節子
本葉8節子
本葉7節子
本葉6節子
本葉5節子
本葉4節子
本葉3節子
本葉2節子
本葉1節子
初生葉2子
初生葉1子
24節孫
22節孫

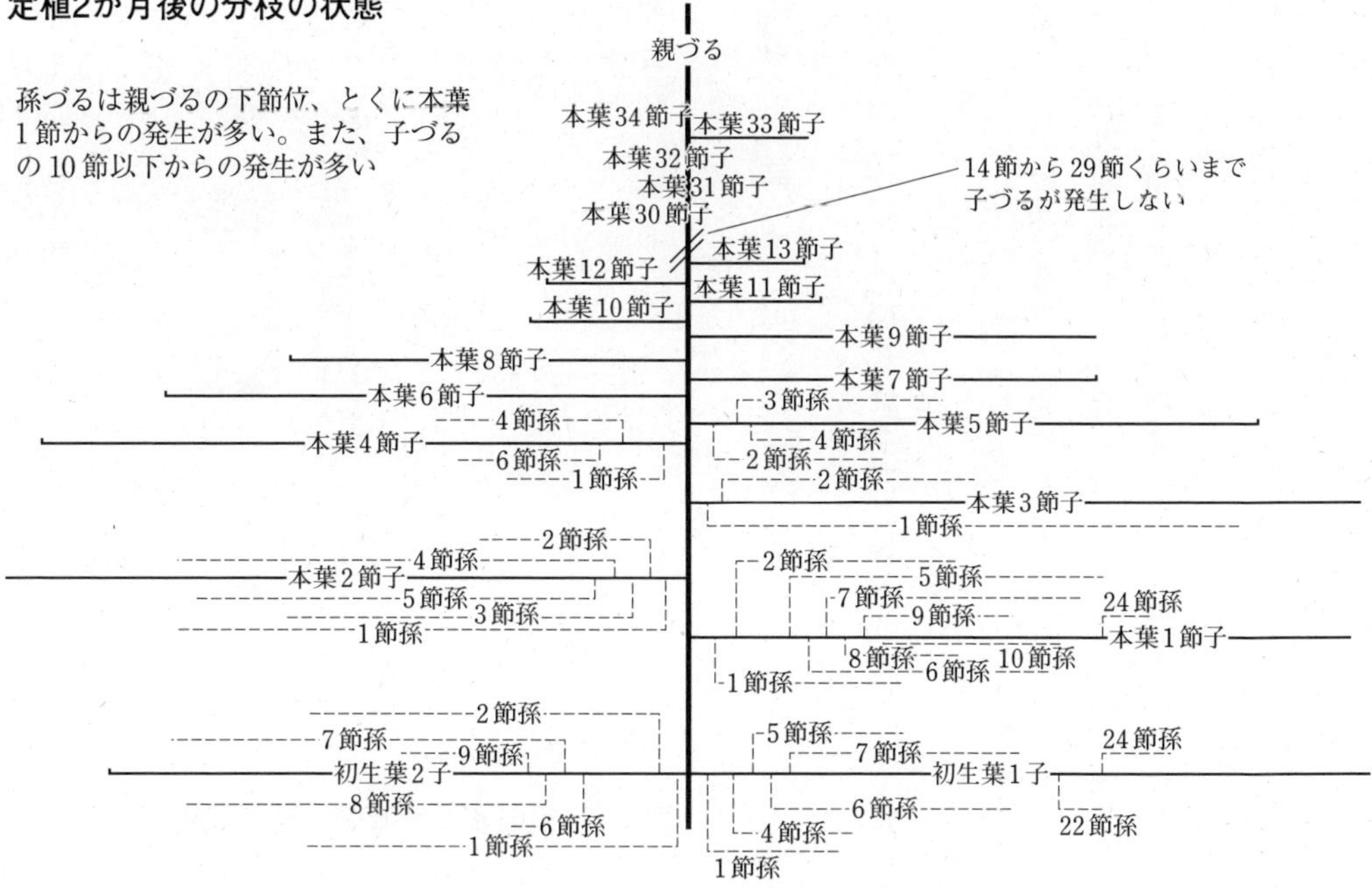

図4　定植2か月後の親づる・子づるの雌花着生節

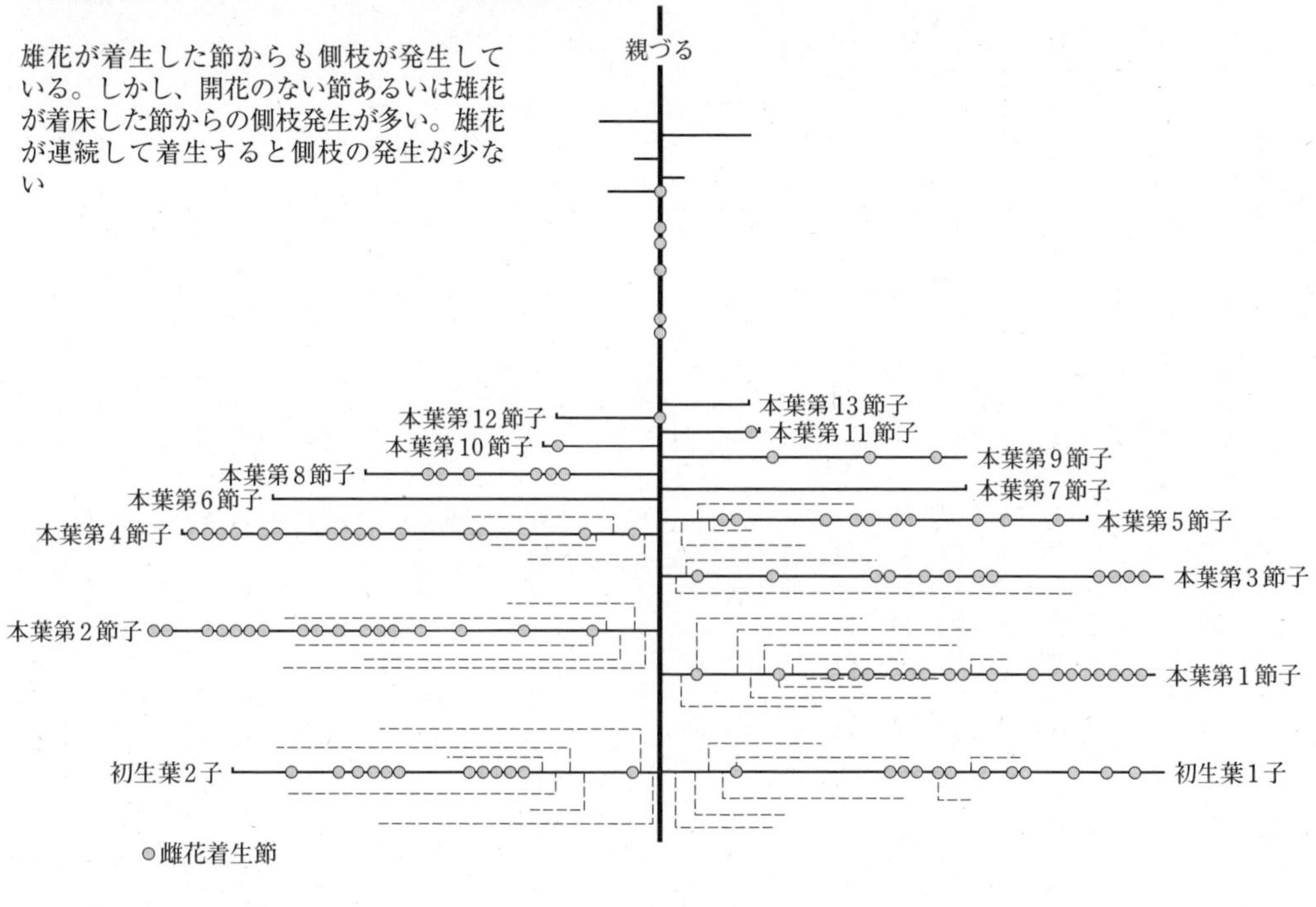

雄花が着生した節からも側枝が発生している。しかし、開花のない節あるいは雄花が着床した節からの側枝発生が多い。雄花が連続して着生すると側枝の発生が少ない
親づる
本葉第13節子
本葉第12節子
本葉第11節子
本葉第10節子
本葉第9節子
本葉第8節子
本葉第7節子
本葉第6節子
本葉第5節子
本葉第4節子
本葉第3節子
本葉第2節子
本葉第1節子
初生葉2子
初生葉1子
雌花着生節

に雌花が着生する雌性型の系統が存在することも知られており、熊本県は雌性型系統を種子親とした一代雑種品種を育成している（岩本ら二〇〇九）。

一方で、雌花・雄花の分化には、日長、気温が影響することも知られている（米盛・藤枝一九八五）。品種によりその感受性は異なるが、一般的には雌雄混成型の品種で、短日、低温により雌花の分化が多くなり、長日、高温により雄花が多くなる（田中ら二〇〇七）。

開花、結実

雌花および雄花の開花は気温の影響を強く受け、二五〜三〇℃で開花がもっとも多く、一〇〜一五℃で少なくなる（登野盛ら二〇〇九）。開花の時間帯は、雌花・雄花ともに日の出前後で、雄花はその日の夕方に落花する。開葯は開花より早く、花粉の発芽率は開花時がもっとも高く、その後低下する。露地栽培では訪花昆虫による自然受粉が行なわれるが、ハウス栽培では訪花昆虫が少なく、人工受粉が必要である。

ハウス栽培でのミツバチ利用は着果が不安定で、変形果の発生も多いため適さない。不安定な着果および変形果の発生の要因は、ミツバチの訪花活動の習性が関係している。ミツバチは雄花に比べて雌花への訪花は極端に少なく、そのため雌花の柱頭へ受粉する花粉数が少ないことが影響している。ニガウリの雌花は、蜜の分泌量がほとんどないことがミツバチの訪花が少ない要因になっていると考えられる。

ニガウリの花粉の大きさは五〇μm程度で、花粉管は一時間に一㎜程度伸長し、四時間後には子房に到達し、一二時間後には受精はほぼ完了している。また、ニガウリの花粉は水に濡れると発芽率が低下し、人工培地上では一〇秒間の水浸漬処理で半分程度に、三〇分間浸漬では発芽能力を失う（図6）。結実種子は、株当たりの着果数にもよるが一果当たりおよそ二〇〜三〇個程度で少ない。

雌花は栄養状態によっては開花しないことがあり、一般に着果負担が大きく、収量の多い時期にその発生が多く、見かけ上、雄花の発生が多くなる（図7）。これには、着果過多による同化養分の競合、養分不足が影響し

図5　雌花の形態

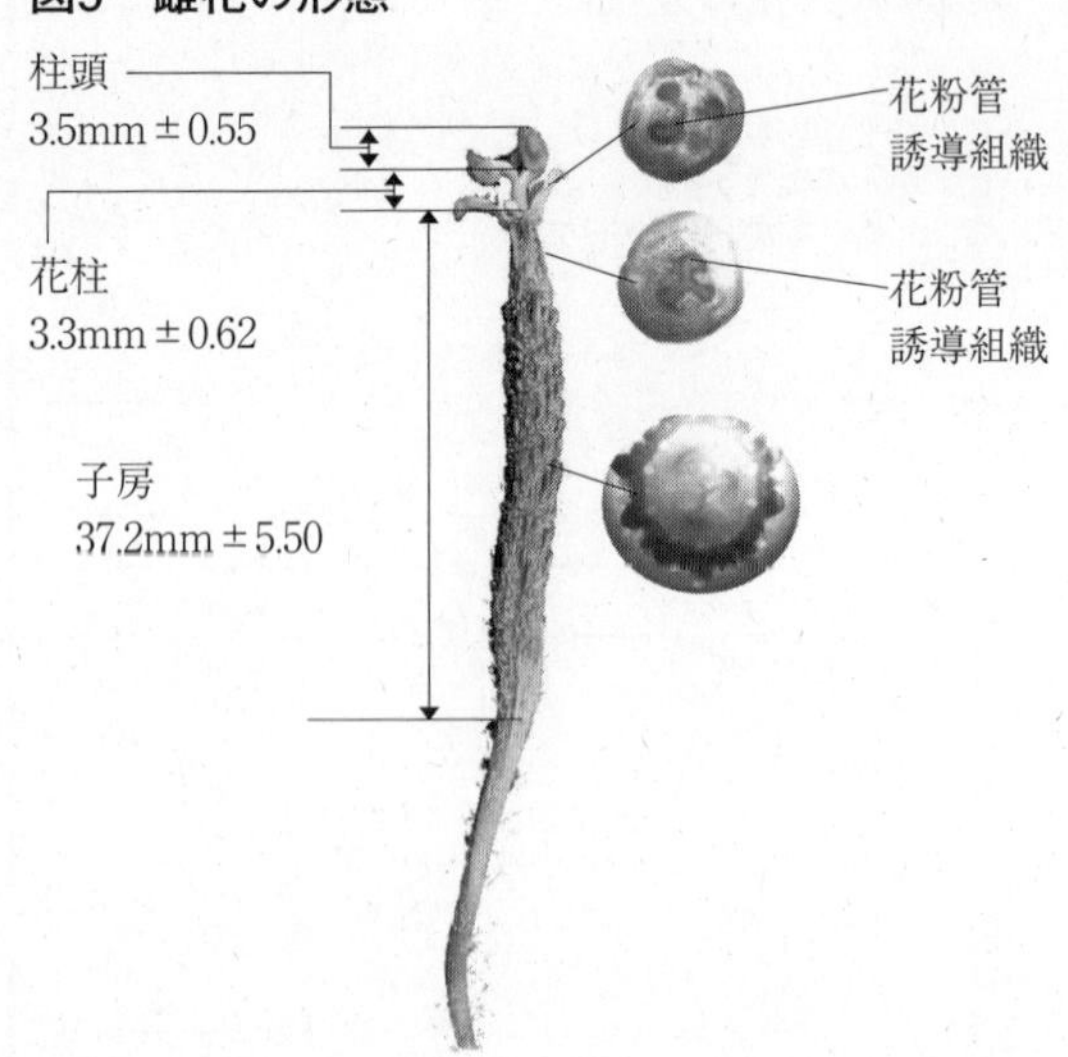

図6　花粉の水浸漬時間と花粉発芽率

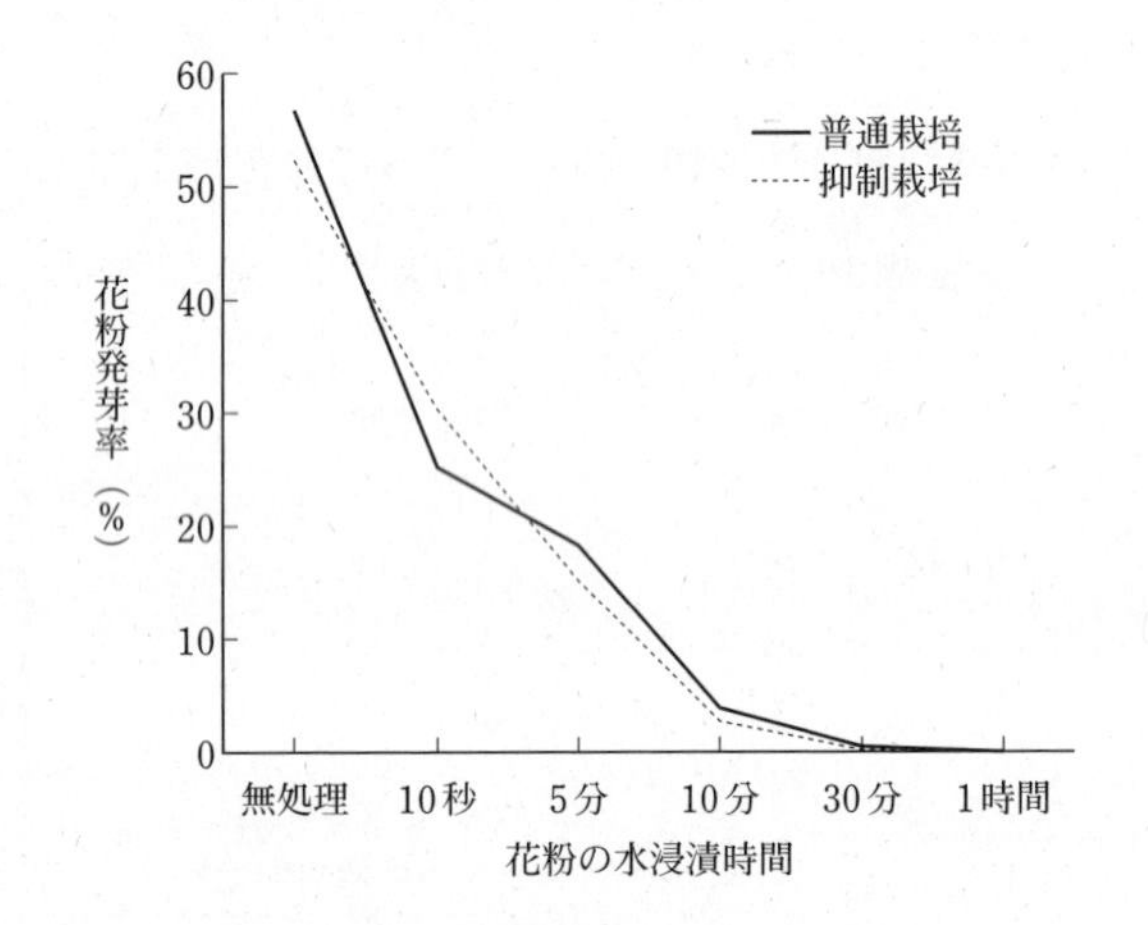

図7　開花に至らない雌花の発生数と収量
（鹿児島農試2004）

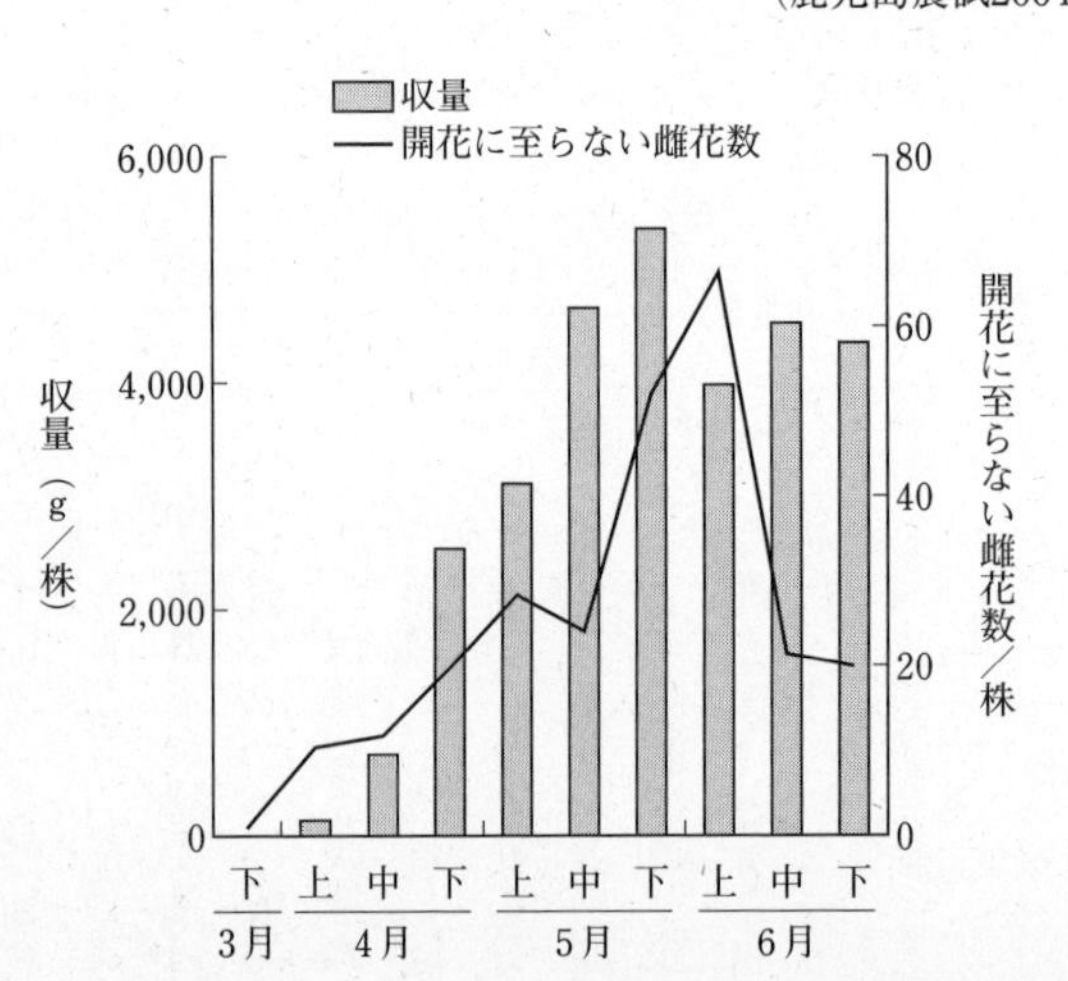

ていると考えられる。

果実肥大

果実肥大は、受粉から一週間程度は緩慢で一〇日以降急激に肥大が進み、二〇日以降ゆるやかになる（図８）。開花から収穫までの日数は、半促成栽培で二〇日程度、抑制栽培で二五日程度、露地普通栽培で一四日程度である。しかし、着果数の多少や受精不良による肥大緩慢などにより果実肥大日数の変動は大きい。

図8　果実の肥大曲線　（鹿児島農試2004）

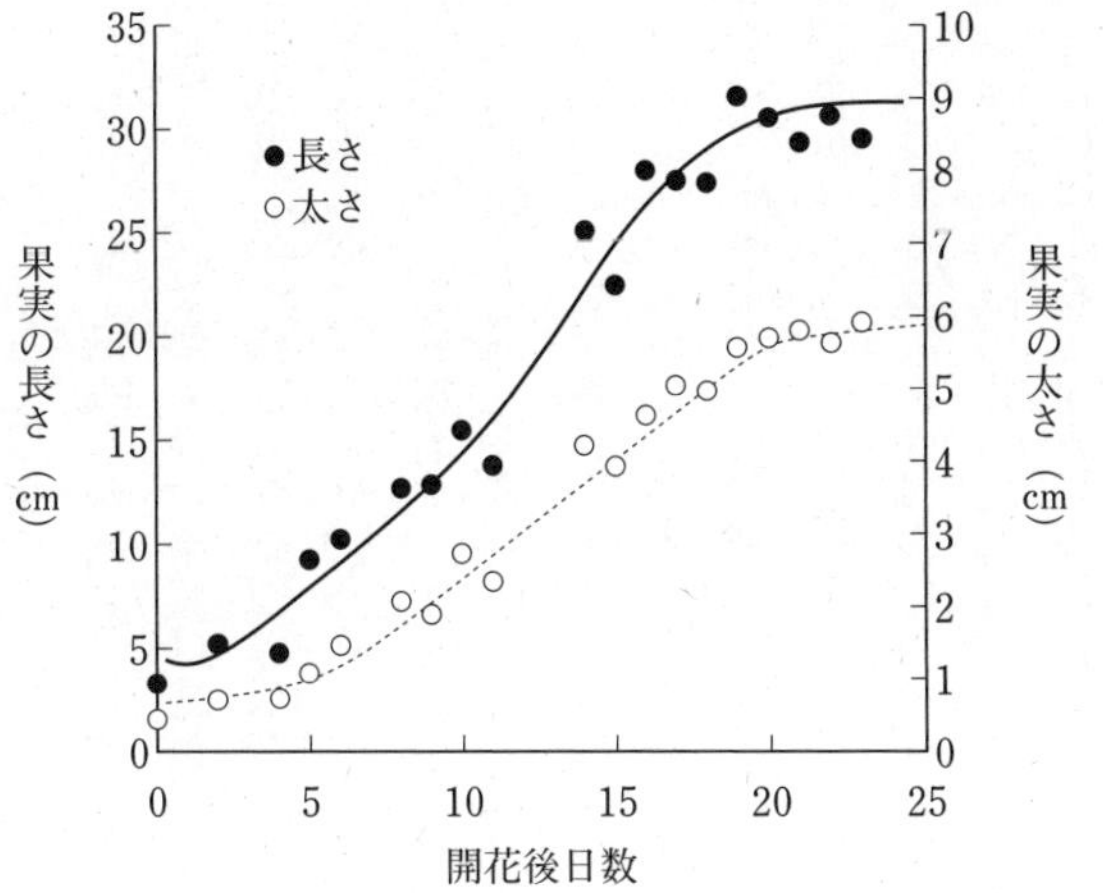

収穫後の果実

開花から二五日を過ぎると種衣（種子の周りの綿）は赤くなり始め、三〇日後には果実表面が黄色くなり、黄色くなり始めると果実先端が割れる。黄化は積算気温と相関が高く、着果過多や不受精などで果実肥大が悪いと果実が小さいまま黄色くなる。

また、肥大が緩慢で日数（積算気温）が多くかかった果実は、収穫後の腐敗果、黄果の原因にもなるので、肥大がスムーズに進むような適正な着果、人工受粉、温度管理の徹底が大切である。

品種生態と特性

公的機関の育成品種

群星（むるぶし）　沖縄県育成でゴーヤタイプの最初の一代雑種品種。在来種から選抜した雌花型系統ＯＨＢ６１-５を母系とし、中華人民共和国から導入した品種名不詳系統の選抜後代系統ＯＨＢ６１-２を父系としている。ＯＨＢ６１-５は沖縄本島内で収集された系統のなかから雌花着生の高い株を選抜し、自殖により雌花型に固定した系統。雌花の着生が多く、果皮色が濃緑で、果実の長さがやや短く、ハウス栽培に向く。果皮色は濃緑、果実は紡錘形で、果径は太く、果実長はやや短い。

汐風（しおかぜ）　沖縄県育成品種で、促成栽培に適する。在来種のなかから低温期のイボ形成が良く草勢の強い素材から系統選抜と自殖を行ない、固定化を進めた系統を父系とし、雌性型系統ＯＨＢ６１-５を母系とする。果形が紡錘形で果長は二五～三五cm、果皮色は濃緑色、突起の形態は鋭い。

夏盛（なつさかり）　ハウス普通栽培に向く品種として沖縄県が育成。群星に比べて高温期の単為結果性果実（受粉しなくても着果するが、変形果あるいは短果になる）の発生が少ない。果形が紡錘形で果長は二五～三五cm、果皮色は濃緑色、突起の形態は鋭い。

島風（しまかぜ）　露地普通栽培向き品種として沖縄県が育成。沖縄県の在来種から固定した、雌花数が少なく果実が短いＯＨＢ４-２を母系とし、ＯＨＢ６１-２を父系とした一代交雑品種。紡錘形で果長は二六cm程度、果皮色は濃緑色、突起の形態はやや鋭く、大きさは小さい。

か交５号　鹿児島県育成。鹿児島県内外からニガウリの果実や種子を導入し、固定をはかりながら選抜を進めた。一九九八年に果実品質、とくに果皮色の優れる固定系統のか系

2号を育成し、さらに早生で節成性の強い吉田系を育成した。母系をか系2号、父系を吉田系とする一代交雑品種。果実は紡錘形で長さは中程度、果皮色は濃緑でこぶ状突起が多い。半促成栽培と普通栽培に向く。

佐土原3号　宮崎県育成。TGL（台湾種由来大果系統）を母系、041-2（沖縄種由来多花系統）を父系とする一代雑種品種。雌花の着生、着果が良く、また上物率も高いことから、総収量、上物収量ともに多い。果色は濃緑色を示す。果形は肩が張った紡錘形。こぶ状突起は丸みを帯びており、輸送性に優れる。いずれの作型にも適応するが、十月以降に播種する半促成栽培と早熟栽培でとくに高い能力を発揮する。

宮崎N1号　宮崎県育成。雌花の着生数が適度で草勢が強く、果実特性に優れる品種。沖縄種由来の多花系統である041-2を母本、中国種由来の良果色系統である中国種×SKSPを父本とする一代雑種品種である。

宮崎N2号　宮崎県育成で、果実が小さい。雌花の着生数が多く、収量は多い。沖縄種由来の小果実で多花系であるCM-5を母本、小果実系統AS-24を父本とする一代雑種。

宮崎N3号　宮崎県育成で、果皮色が白い。サラダ感覚での利用や彩色料理など従来のニガウリとは異なる利用が期待できる。台湾種由来の白色系統であるW-KGTSを母本、日本種由来の白色系統であるW-HKRIを父本とする一代雑種。

宮崎N4号　宮崎県育成で、果実表面にこぶ状突起（イボ）のない品種。輸送のさいに傷みが少ない。中国華南種由来系統であるT-TKSNを母本、台湾種由来系統T-RKJNを父本とする一代雑種。果実は紡錘形で長さは中、果皮色および果肉色は淡緑。

宮崎つやみどり　宮崎県育成。果皮色はかなり濃緑、果実の形は紡錘形、果径は太く、果実長は中で、果実の肩部の形は張り、こぶ状突起の形は丸い。

熊研BP1号　熊本県育成。すべての節に雌花が着生する雌性型系統KGBP1号を母系とした一代雑種。半促成栽培、早熟栽培、抑制栽培の各作型で安定した多雌花性をもつ。果実は紡錘形で長さは中程度、果皮色はかなり濃緑でこぶ状突起は多い。

民間育成品種

えらぶ　八江農芸育成で、鹿児島、熊本、長崎、群馬で栽培が多い。葉は中葉で濃緑、草勢は旺盛で持続性があり、多収。果皮色はつやのある濃緑色になり、縦状イボは短く切れ、イボ表面は丸みを帯び出荷傷みが少ない。果長は三〇cm前後、果重は三〇〇g前後と、ボリューム感のある果実になる。どの作型でも奇形果の発生が少なく果形に揃いがあり、果皮色も乱れが少なく、秀品率に優れる。

百成レイシ2号　久留米種苗育成で、群馬県で栽培の多い品種。雌花着生も高く、葉は濃緑色で生育が早く太い茎をもつ。果実長二五～三〇cm、果径も太く、曲がり果が少なく果皮色は濃緑色。苦味は少ない。果揃い良く秀品率に優れる。

育苗

種子

露地栽培では一〇a当たり五〇～一五〇株、施設栽培では二〇〇～四〇〇株を定植するので、株数に応じて種子数は五〇粒～四〇〇粒程度準備する必要がある。種子の発芽適温は二五～三〇℃である。

硬実種子であるため発芽は揃いにくく、播種五日ころから発芽が始まり、発芽が揃うのに一〇日程度かかる。種皮に傷をつけ、水に一二時間浸漬すると発芽が揃いやすい。発芽不良の多くは気温が低いことで起こるが、床

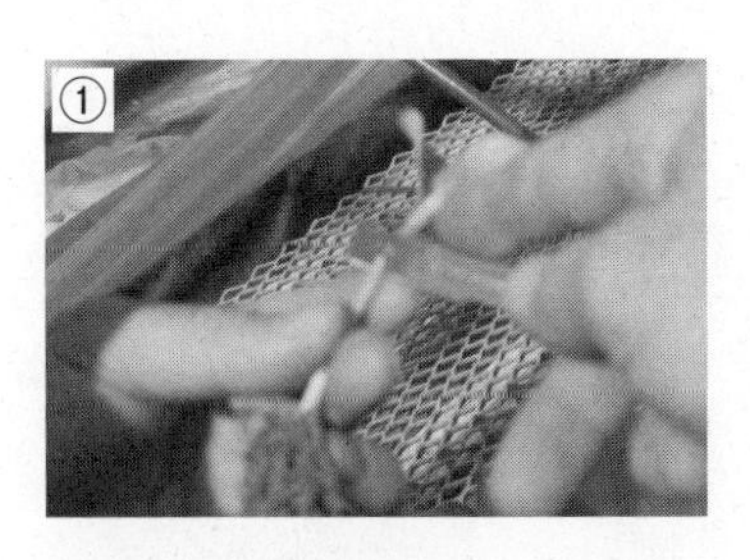

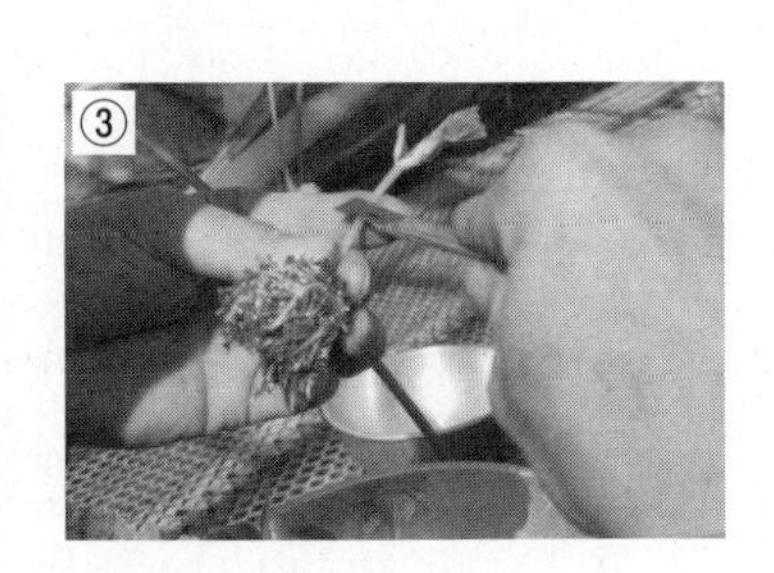

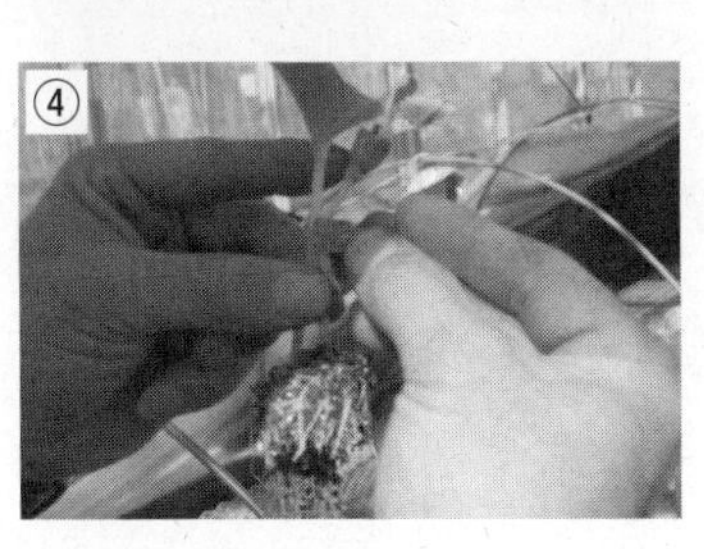

図9　呼び接ぎの方法

①台木の切下げ　②心抜き
③穂木の切上げ
④台木と穂木の接合
⑤鉢植え

土の水はけが悪くても発芽前に種子が腐り、発芽不良を起こすことがある。

台木

つる割病に対し抵抗性を示すウリ類としては、カボチャのほかに、ユウガオ、トウガン、ヒョウタンなども知られている。しかし、親和性、接ぎ木のしやすさおよび低温伸長性から実用的な台木はカボチャである。自根に比べてカボチャ台木が初期収量・総収量ともに多くなる。現在もっとも広く利用されている台木は、雑種カボチャ品種の新土佐1号であり、自根に比べて低温伸長性が優れる。

接ぎ木の方法

接ぎ木は、つる割病の防除および低温伸長性による初期収量の増加に効果的な方法であるため、多くの生産者は接ぎ木苗を利用している。

播種　播種は市販のセルトレイ（七二穴）などを用いる。播種後、一cm程度覆土して灌水を行ない、乾燥防止のため濡れた新聞紙をかぶせる。つる割病が発生する圃場では、台木をカボチャとして接ぎ木栽培を行なう。台木の播種は、ニガウリの播種後四～六日後に行なうと接ぎ木のタイミングが合う。接ぎ木する時期は、台木の本葉が展開し、ニガウリの初生葉が展開したころを目安とする。

接ぎ木　接ぎ木の方法には、呼び接ぎ、挿し接ぎ、断根片葉切断接ぎなどがある。呼び接ぎの方法を図9に示す。

購入苗は一般に斜め合わせ接ぎが多く、次のように行なう。①断根した台木の心と片葉を同時に切除、②穂木の子葉の下を斜めにそぐ、③接ぎ木クリップで合わせる、④七二穴に移植し、養生室（湿度九〇～九五％、室温二七℃）で活着促進、⑤育苗順化する。

定植

圃場の準備

耕うん前に、三〇㎜くらいを目安にたっぷり灌水する。その後、十分に耕うんし、堆肥は一か月前に施用する。

ハウス半促成栽培では、定植時期の地温確保が重要で、一八℃以上を目標に定植二週間前にはマルチを設置し、ハウスを密閉して気温を上げ、夜間は蓄積された地温を逃がさないようカーテンやトンネルで保温する。

施肥と作うね

施肥量　ニガウリには促成、半促成、抑制などの作型があり、収量レベルは大きく異なる。そのために生産地の収量レベルに応じた施肥基準の設定が、土壌養分の過剰蓄積回避には重要である。

果実総収量と養分吸収量との間には正の相関関係がある。商品果収量と養分吸収量との関係から目標収量での養分吸収量を推定すると、抑制作型で目標収量三t／一〇aの場合、一〇a当たり窒素一四kg、リン酸五kg、カリ二五kgである。半促成作型で目標収量六tの場合、窒素が二一kg、リン酸が七kg、カリが三九kgであり、窒素およびカリ吸収量に比べリン酸吸収量は少ない。慣行栽培での化学肥料のリン酸施肥量は、半促成作型で目標収量確保のためのリン酸吸収量の三倍近くあり、栽培終了時の残存養分が多い。堆肥からのリン酸投入量まで計算するとさらに残存量が多くなる。

カリについては、化学肥料だけでは養分収支がマイナスになるため、堆肥を施用しなければ地力を消耗することになる。牛糞堆肥のみでカリ吸収相当量を施用すると仮定した場合の堆肥施用量は、半促成作型で一〇a当たり二t程度、抑制作型で一〜一・五tが必要になると考えられる。

うね立て　基肥の堆肥や石灰質肥料、それに三要素系肥料を全面全層に攪拌施用する。うね立てが終わったら、すぐにマルチをかぶせて土が乾くのを防ぐ。マルチは、ハウス半促成栽培では地温確保のために透明を、早熟栽培では防草のために黒マルチを用いる。

定植

本葉四〜五枚で定植する。若苗で定植すると根の活着が良く、初期生育が旺盛になる。逆に老化苗で定植すると植え傷みが出やすく、初期生育が不良になりやすい。ニガウリは若苗で定植することによるデメリットはほとんどないが、圃場準備の都合で、老化苗で定植する場合は、初期の雌花は摘花し、草勢をつけてから人工受粉を開始する。育苗期間は作型によって異なるが四五日前後である。

栽植様式は地域によってさまざまであるが、ハウス栽培の立体仕立てはうね間一・五m、株間二mで一〇a当たり三三三株、露地栽培の棚仕立てはうね間五m、株間三mで六六株を基準とする。病害予防のために浅植えし、定植後にたっぷりと灌水を行なう。

定植後の管理

定植から二週間くらいは、活着するまで株元にしっかり灌水を行なう。その後、チューブ灌水とする。定植から一か月間程度は無整枝とすることで、根の伸長を促す。ハウス半促成栽培では、トンネル除去をする時期が整枝を開始するタイミングとなる。そのさい、開花した雌花は除去する。ニガウリは着果開始までに葉長で二五㎝程度、茎径で五㎜程度の強い草勢にすることが重要であり、その後は、着果により草勢をコントロールすることで多収となる。

仕立て方と整枝・誘引

仕立て方には棚仕立て（図10）、立体仕立て（図11）、地這い仕立て（図12）の大きく三つの方法がある。露地栽培で一般的である棚仕立ては、高さ二mの棚に親づるを誘引し、棚上で子づるを伸長させ収穫する方法である。子づるを四方に広げて誘引し、込み合ってきたら随時つるを切除、摘葉し果実への日当たりを良くする。ハウス栽培で多い立体仕立ては、高さ一・八mくらいに支柱を立て、キュウリネットを広げて誘引する方法で

図13　垂直誘引

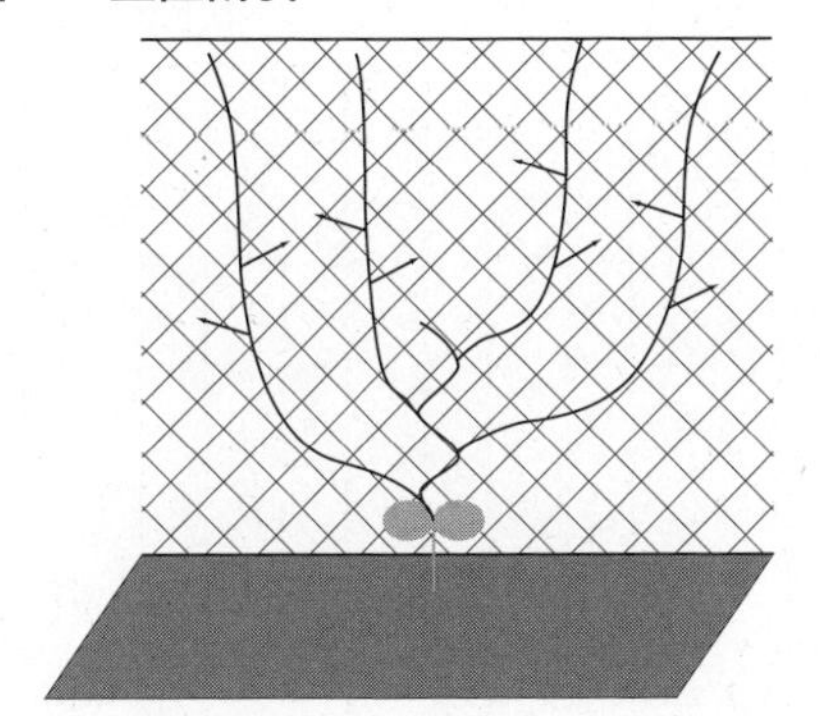

図14　扇誘引

図15　斜め誘引

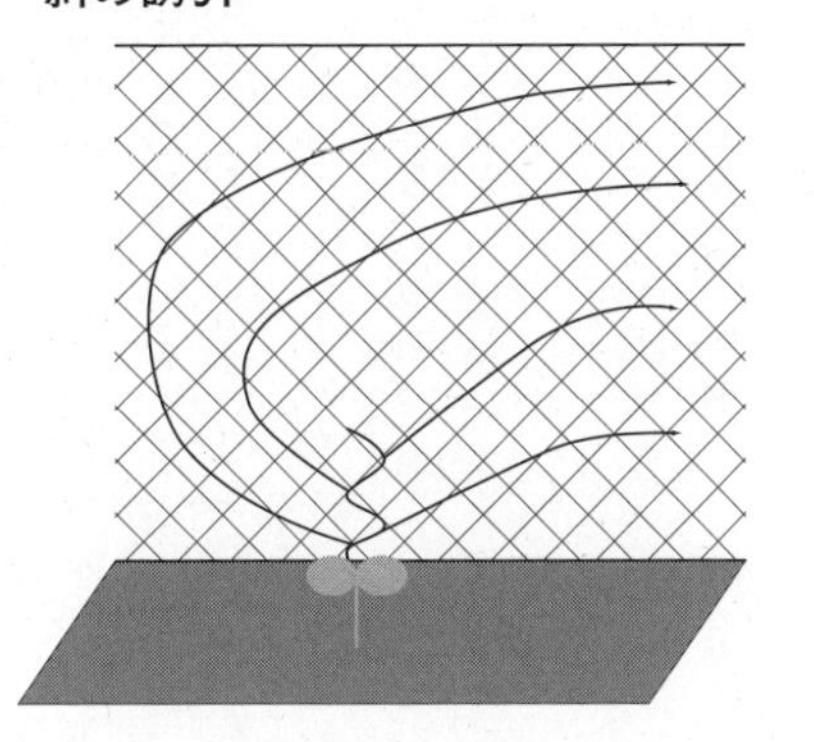

図16　棚誘引

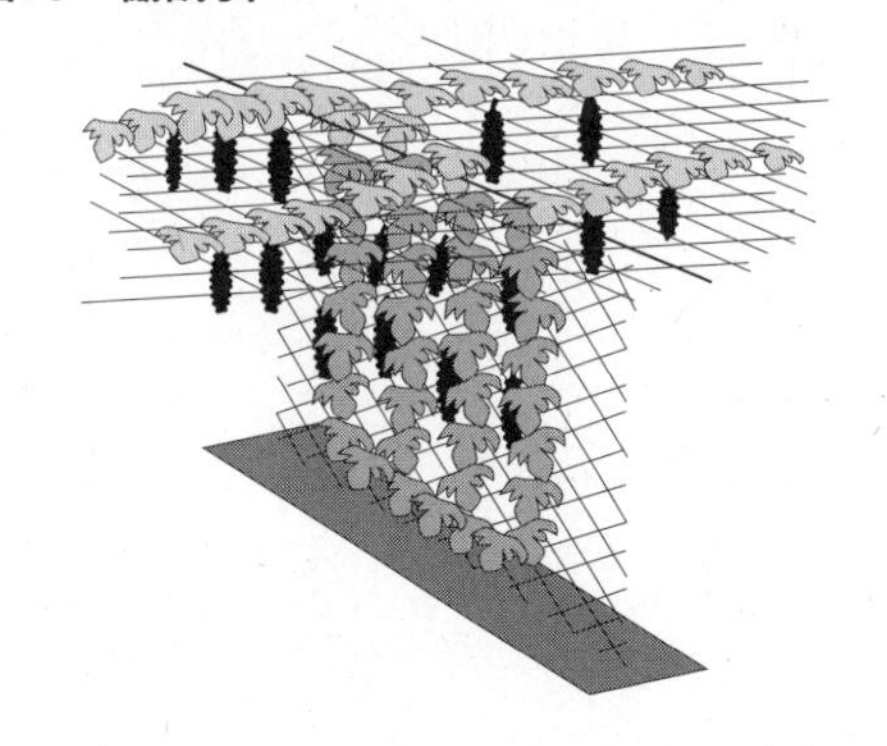

図10　棚仕立て

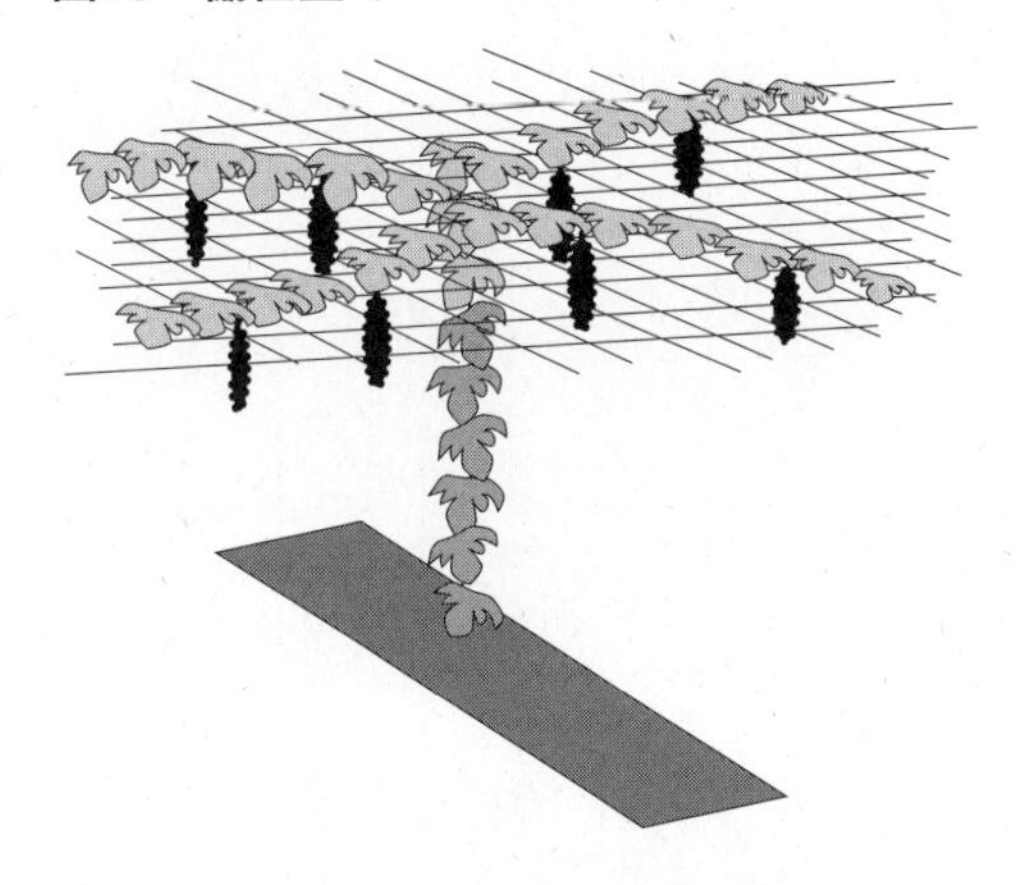

図11　立体仕立て

図12　地這い仕立て

ある。

整枝誘引法には垂直誘引（図13）、扇誘引（図14）、斜め誘引（図15）、棚誘引（図16）などがあり、生産者によってさまざまな方法で行なわれている。

整枝の基本的な方法は、親づるを五節程度で摘心し、子づる四本を基本づるとしてネットで誘引する。着果開始節位までの孫づるはすべて切除し、ネット最上部で摘心する。そのさ

図17　子・孫誘引法

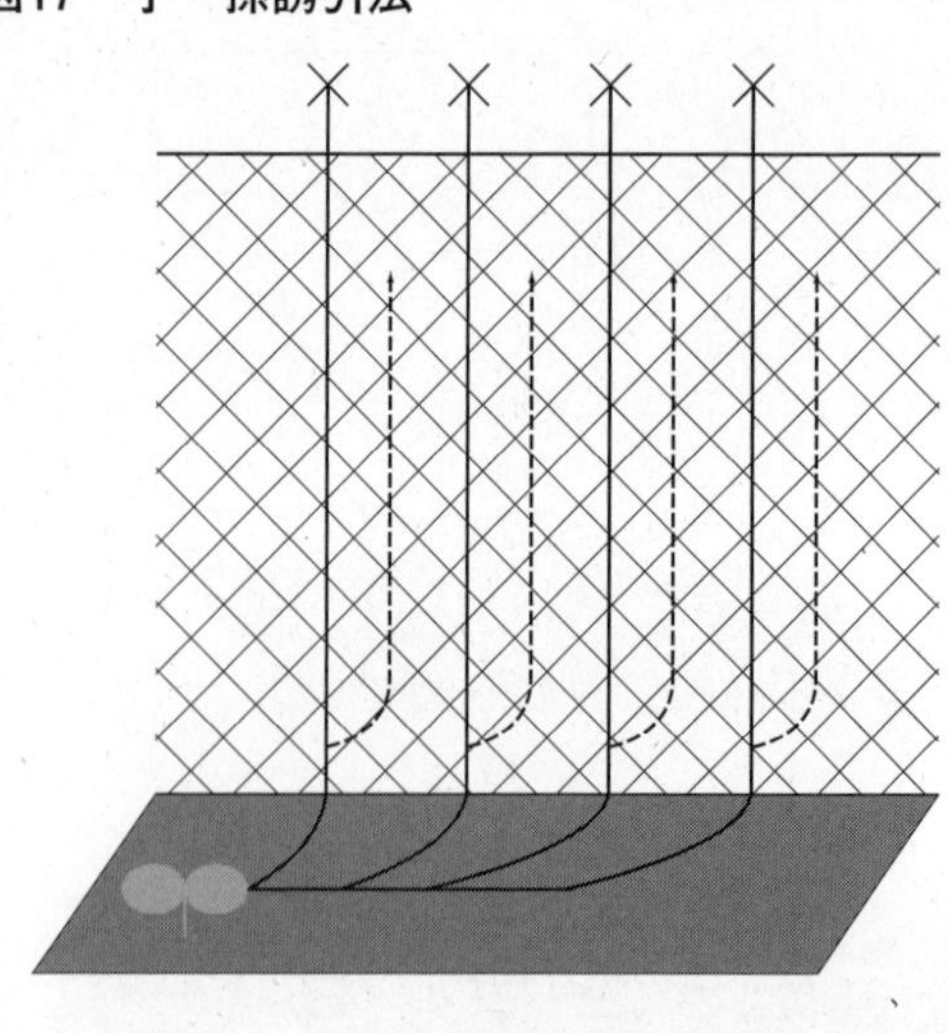

図18　子づる折返し誘引法

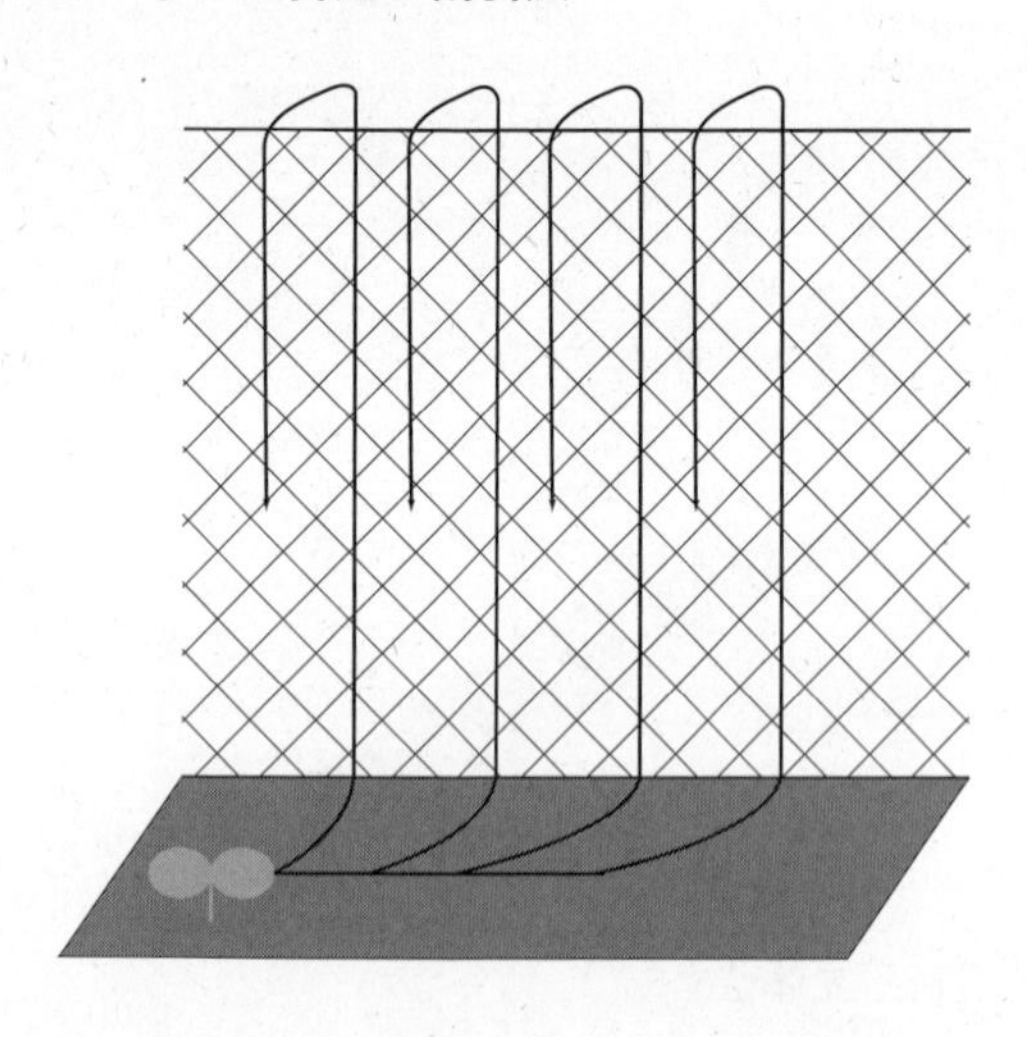

い、二五節程度を確保し、一つる当たり六果着果を目標とする。垂直に誘引すると二五節確保ができないときは、折り返して誘引するか、斜めに誘引するなど工夫する。子づるの収穫後、しばらくすると孫づるの発生が多く雌花の開花も多くなってくるので、子づるの葉は摘葉する。また、孫づるも随時切除する。ここから先は、収穫終了時期から逆算して人工受粉を終了する。

そのほかの方法として、近年、公設の試験研究機関でいくつかの新しい整枝方法が開発されているので、いくつか紹介する。

鹿児島県では、子づると孫づるを利用する子・孫誘引法（田中ら二〇〇七）、および子づるのみを利用する子づる折返し誘引法（向吉ら二〇一三）の二つの方法が開発されている。子・孫誘引法は、子づる四本仕立てとし垂直にネットで誘引し、その後、孫づるを各子づるから一本ずつ誘引していく方法である（図17）。子づるは最終果実収穫一〇日後、二〇日後の二回に分けて切り返す。子づる折返し誘引法は、同様に子づる四本を垂直にネットで誘引し、上端部に達したら、折返し面に張った針金に誘引し、その後下垂させ、マルチ面に達したら再度ネット側に誘引する方法である（図18）。

熊本県では、子づると孫づるを利用する方法で斜めに張ったネットに誘引する子・孫誘引方法（二〇一一）、大分県では、子づるのみを利用していく垂直面横誘引法（二〇〇八）、高知県では、一本仕立てとし、収穫終了後つるを切り戻していく、収穫枝連続更新整枝・一本仕立て法が開発されている。

これらの方法は、増収、作業姿勢の向上、商品果率の向上などをねらいとして行なわれている。

受粉と着果制限

受粉　露地栽培では訪花昆虫による自然受粉が一般的であるが、草勢をつけるために生育初期の低節位に着果した果実は摘果する。開花期が梅雨時期に遭遇する場合は、訪花昆虫の活動低下や、寡日照、高湿度条件のため花粉稔性が低下しやすく着果しにくいため、補完的に人工受粉を行なうと増収する。訪花昆虫で受粉可能な時期は、鹿児島県では梅雨明け以降であり、それ以降はほぼ問題なく着果する。しかし、地域によって異なるので、訪花昆虫の動きや受粉されているか確認する。

ハウス栽培は人工受粉を基本とする。人工受粉は子づるの一〇節目以降の雌花から開始し、それ以前の雌花は摘花する。草勢が弱いときは、着果開始節位を一五節程度まで遅らせる。また、連続着果はできるだけ避け、とくに着果開始期に連続着果すると草勢が低下しやすいので注意する。人工受粉は花粉の稔性が高く着果が優れる午前中に行なう。

雌花着生率の高い品種は雄花が不足しやすいため、雄花確保の準備も必要である。具体的には、雄花用としてマルチ上に遊びづるを残したり、褄面や谷下に雄花用に無整枝とする。また、雄花一花で複数の雌花に受粉を行なうことは効率的であるが、雄花一花で受粉する雌花は三花までとする（図19）。花粉の受粉量が少ないと変形果の発生が多くなるので注意する（図20）。

着果数　着果数の目安は「一果に四～五葉」である（表1）。ハウス栽培では、おもに雌花着生率の高い品種が栽培されているが、雌花着生率が三〇％以上の品種にすべて着果させると、着果数過多のため草勢が低下する「成り疲れ現象」を起こしたり、果実間の養分競合による変形果の発生が多くなることから、着果数の制限が必要である。

品種により異なるが人工受粉を隔日で行なうと、省力的でかつ品質が向上し増収する。また、整枝、摘葉は着果が多いときはひかえめにし、着果が少なく草勢が強いときは強めに行なう。雌花の質は収穫果実の大きさに影響し、人工受粉時の雌花の子房長と受粉二一日後の果実長には高い相関が認められる（次頁図21）。子房長の短い雌花は受粉せず摘花する。

温度管理

ニガウリは高温性の野菜で、暑さには比較的強く、寒さに弱く平均気温一五℃以下の低温が続くと生育が停止する。生育適温一七～二八℃、最低限界の一五℃以下では、葉が黄化し著しく生育不良となる。雄花の開花数、花粉の発芽

図19　雄花1花で受粉可能な雌花数

（鹿児島農試2006）

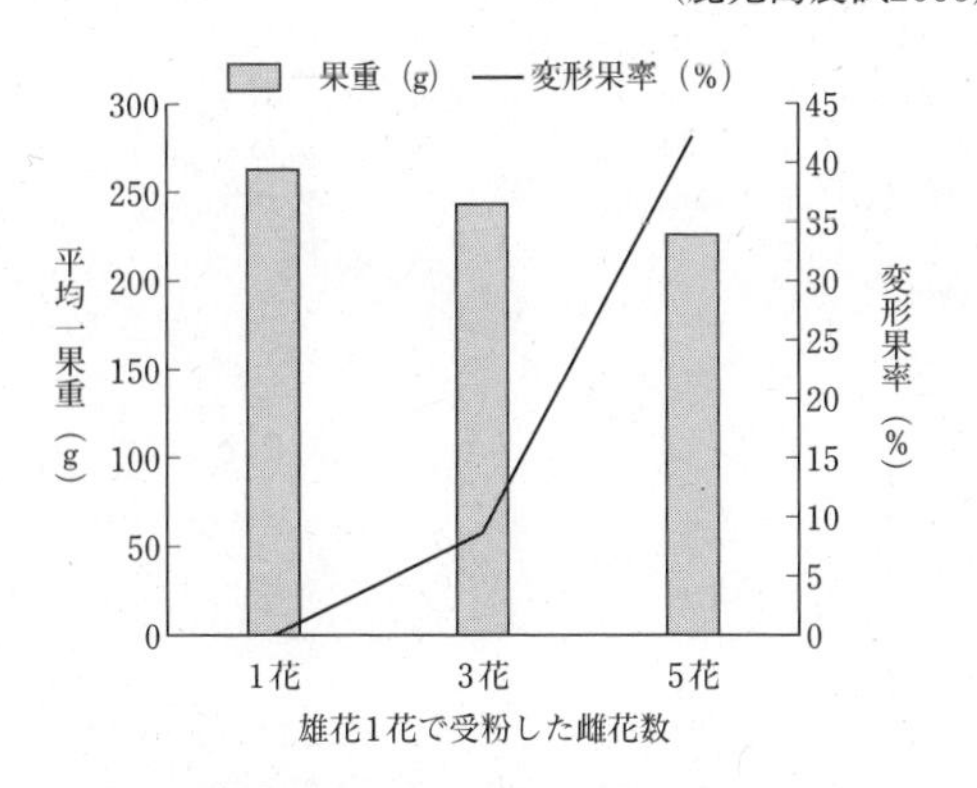

図20　受粉量の多少と果形（2005年4月）

上：受粉量少（目視可能な花粉量100個程度）
下：受粉量多（雄花1花分の花粉）
7：00、12：00、15：00および17：00は人工受粉時刻を示す

表1　着果割合と収量

（鹿児島農試2004、熊本農研2006）

品　種	着果割合	総収量（kg /a）	商品収量（kg /a）	商品率（%）
か交5号	1果に9葉	592	533	90
	1果に5葉	684	617	90
	全処理	587	512	87
熊研BP1号	1果に6.5葉	499	486	97
	1果に5葉	536	514	96
	1果に4葉	562	538	96
	全処理	451	290	64

注　全処理：開花した雌花にすべて受粉した区

図21　受粉時の子房長と果長の関係

（熊本農研2009）

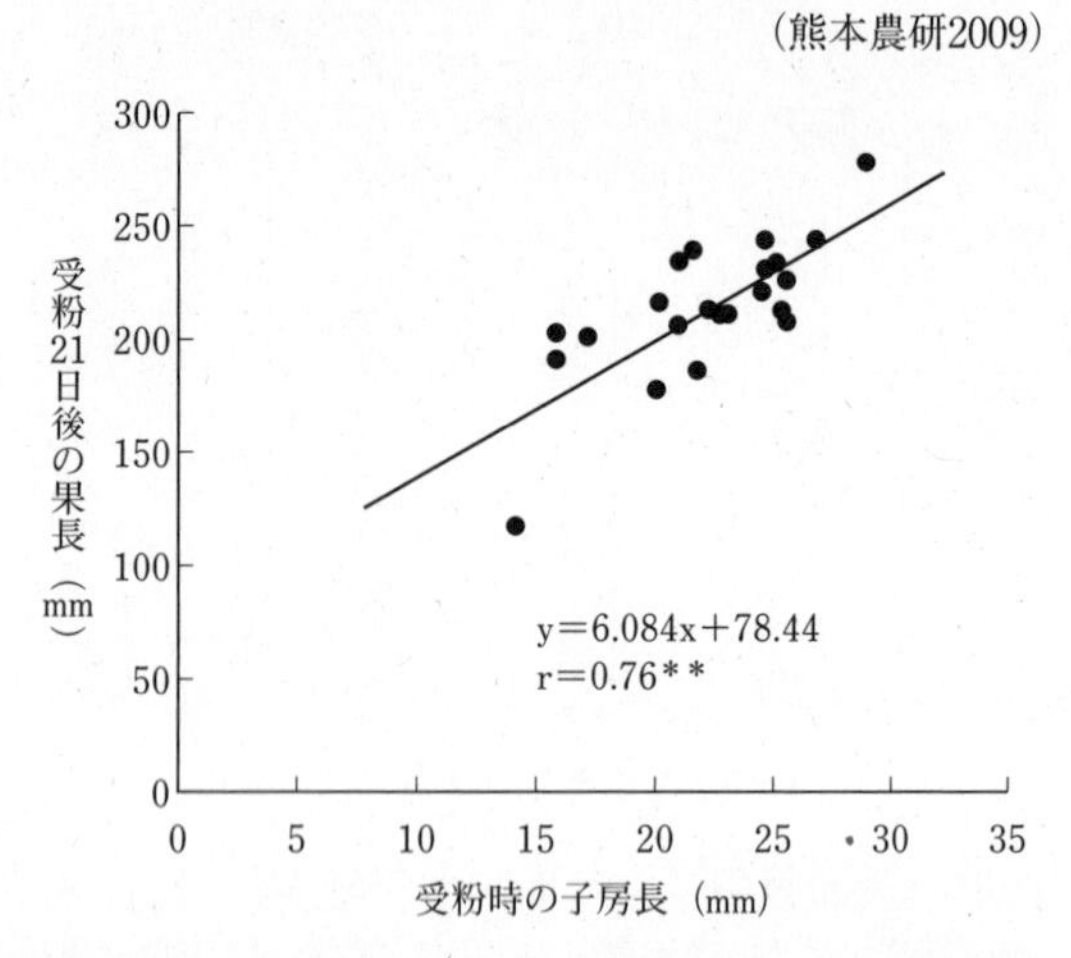

率は二五～三〇℃がもっとも優れる。また、三〇℃以上の高温が続くと雌花開花数が減り、雄花の花粉稔性も低下し、果実の伸びも抑制され変形果となりやすいことから、日中の最適な気温は二五～三〇℃と考えられる。また、果実肥大に有効な基準温度は平均気温で一七℃程度であるため、最低気温は、一五℃以上は必要であると考えられる。

灌水

ニガウリは乾燥に強いが、葉が多く葉肉が薄いために蒸散量が多く、かなりの水分を必要とする。過不足なく水分を補給しないと、株がしおれ、葉が焼け、果実の肥大が悪くなるので、高い収量を得るためには、pF一・八程度を目安とした定期的な灌水が必要である。

追肥

追肥は、栽培期間を考慮し、一回目の収穫のピークが過ぎたころから一〇a当たり窒素成分で二～五kgを施用する。施肥位置は、ハウス栽培ではうね内施肥の効果が高く、露地栽培では通路に行なう。

収穫・出荷

果実肥大には気温の影響が大きい。収穫までの日数は、気温の低い時期で受粉後約四〇日、気温の高い時期で約一二日間を要する。

収穫後に市場、店頭で問題になるのが、過熟果といわれる症状で、収穫時点では濃緑色の果実が、収穫後二～三日経過すると、果実の先端部から急速に黄化していく症状である。

ニガウリ果実の成熟過程は、まず果実の内部から赤色に変化し、その後、果皮が黄色に変化し、先端が裂け種子が落ちる。成熟速度も果実肥大と同様に気温の影響が大きい。このため、過熟果の発生は高温期に多く、適期と判断して収穫しても果実内部は赤色で、消費者に渡るまでに熟して黄化、場合によっては裂果してしまう。

こうした過熟果の発生を回避するには、適正な草勢を維持し、必要以上に大きくせず、若い果実を収穫することがポイントである。

障害・病虫害と対策

生理障害

ニガウリは、ほかのウリ科作物と比べると生理障害の発生は少ないが、まれにマグネシウム欠乏症と低温障害が発生する。マグネシウム欠乏症は下位葉や着果付近の葉の葉脈間が黄化する。とくに生育量に対して着果が多いときは、黄化だけでなく完全に枯死する場合もある。

露地栽培では葉に黄色い斑点（図22）ができることがあるが、これは低温障害であり、その後気温が上昇すれば大きな影響はない。

重要病害虫

ニガウリは、ほかのウリ科作物と比べると病害虫の発生も少ないが、次のような病害虫が発生する。露地栽培とハウス栽培では病害虫の発生種に違いがあり、斑点細菌病やべと病、炭疽病は露地栽培で多く、ハウス栽培では比較的少ない。

うどんこ病　葉にうどん粉をまぶしたような斑点を形成し、斑点部分はしだいに黄化する。病斑を多数形成すると葉全体が黄化し、のちに枯死する。一般に施設栽培で発生が多く、下葉から徐々に上位葉へ進展する。発病葉上に形成した胞子が飛散し周囲の株に伝播する。

一般に定植直後の下葉から発病するので、活着後に必ず薬剤散布することが望ましい。また、葉に新しい病斑が発生したころには七～一〇日間隔で二回薬剤散布を行なう。

炭疽病　葉、茎、果実を侵す。葉に水浸状の小斑点を形成し、しだいに灰褐色から灰白色の病斑となる（図23）。病斑の周りが水浸状に拡大し、同心円状の病斑となる。六～七月の梅雨期や秋雨期の露地栽培に多く発生する。病原菌は風雨とともに飛散し蔓延する。

雨よけ栽培はもっとも効果的な防除法である。また、排水対策をとり、敷わらやマルチを行ない病原菌の跳ね上がりを防ぐ。発病葉や果実から胞子が飛散し二次伝染するので、発病部位は早急に除去する。防除薬剤は予防的に使用すると効果が安定する。

ワタヘリクロノメイガ　ウリノメイガ。若齢期には葉裏を食害するが、成長すると葉を綴りその中を食害する（図24）。新葉部の葉を綴り、食害すると心つぶれとなる。綴り合わせた葉の中にいるため薬剤がかかりにくい。

羽の中央が白色で、周囲を黒色の帯で縁どられた翅をもつ前翅長一二㎜前後のメイガである。幼虫は体長二五㎜程度で、淡緑色で背面に二本の白い条線をもつ。一般には蛹で越冬し春から初夏にかけて成虫になる。数代を重ねて秋に発生ピークを迎え、冬には繭で越冬する。施設の抑制栽培で発生すると栽培終了時まで被害がみられることがある。

施設栽培では二～四㎜目の防虫ネットで施設内への侵入を防ぐ。薬剤散布は葉を綴ってからでは効果が落ちるので発生初期に行なう。

ネコブセンチュウ　根がこぶ状に肥大し、こぶが数珠状につながると養水分の吸い上げが悪くなるため、地上部の生育が悪くなり萎凋枯死に至る。こぶの着生部は腐敗しやすい。

ネコブセンチュウはおもに卵で越冬し、一回脱皮したあとふ化する。幼虫は地温が一〇～一五℃になると土壌中で活動し始め、根の先端付近に侵入し雑

図22　葉の低温障害

図23　炭疽病の病斑

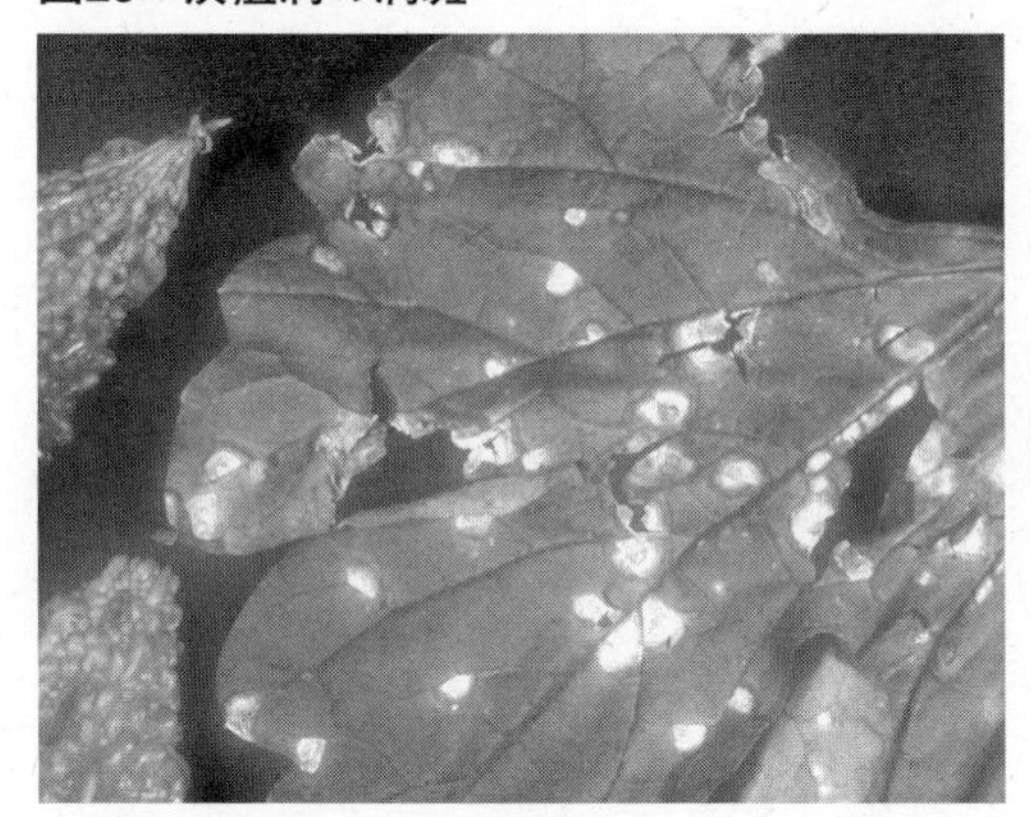

図24　ワタヘリクロノメイガの幼虫

管束部に寄生し吸汁加害する。雌成虫は一回に一〇〇〇～一五〇〇個を産卵する。一世代に要する期間は適温下で約三〇日である。

薬剤防除として、土壌燻蒸剤がもっとも効果が高い。接触型センチュウ剤は薬剤がガス化せず、処理した薬剤が直接センチュウに触れないと効果を発揮できない薬剤である。薬剤処理した範囲のみに防除効果があり、燻蒸型土壌消毒剤と比べると効果が不安定である。そのため、多発圃場では使用を避け、密度の低い圃場で使用する。ホスチアゼート液剤は生育期の処理が可能で、根域に灌注処理してセンチュウの増殖を抑制する。多発圃場では、土壌消毒したあとの補完的な防除薬剤としての利用が望ましい。

耕種的防除として、ネコブセンチュウは寄主植物がないと増殖できないため、休耕またはイネ科植物と輪作するとセンチュウ数は減少する。さらに、センチュウの増殖を抑制する植物（対抗植物：ギニアグラス、クロタラリア）との輪作はさらにセンチュウ数を抑制する。しかし、対抗植物による防除は、センチュウ密度が高い圃場では効果が得られない場合がある。土壌中の生物相が希薄になるとセンチュウ被害が大きくなる。完熟堆肥の施用は生物相の活性化につながるのでセンチュウの被害軽減につながる。

薬害は、葉が軟らかい生育初期から中期にかけて、高温時に薬剤散布を行なうと発生しやすい。その症状は葉焼けが多いが、ひどい場合は縮葉や果実の変形が発生することもある。

果実腐敗を引き起こす病害

果実を腐敗させる病原菌は炭疽病菌をはじめとしておもに四種類あり、これらによる腐敗の状況は酷似する。炭疽病、実腐病、疫病はまず茎葉で病害が発生し、その病斑から果実に二次感染すると考えられる。このことから果実での発生を防止するには、まず茎葉での発病を抑えることが重要であり、また発病果は次の伝染源となるので早期に除去する必要がある。

炭疽病　初め黒色～黄褐色の小斑点を生じ、しだいに周囲に黄色をおびた病斑となり腐敗する。病原菌に侵された果実は全身が黄化し、裂果しやすくなる。

実腐病　炭疽病に酷似するが、ルーペで見ると茶褐色のつぼ状のものが見える。これは柄子殻であり、中に多数の胞子が形成され次の伝染源となる。

疫病　暗緑色～黄緑色の斑点を生じ、腐敗する。ほかの病害と違い、腐敗は急激に進展する。

菌核病菌、フザリウム属菌　黄褐色の斑点を生じ、白色のカビを生じる。おもに果実の先端の部分から発病する。

作型と栽培の要点

ニガウリは、地方野菜として限られた地域で栽培され、耐暑性が強く、高温期に栽培が容易なため、各家庭で棚栽培が行なわれていた。しかし、品種の開発により営利的な周年栽培が可能となり、立体仕立てのハウス栽培が行なわれるようになってから作型の分化が始まった（図25）。

整枝誘引作業が粗放的で、基本的に人工受粉が不要な露地の普通栽培では、棚仕立てやアーチ仕立てが多い。ハウス栽培である促成栽培および半促成栽培では、ハウスの限られた空間を有効に利用でき、長期において整枝誘引や受粉などの作業がしやすい立体仕立てが多い。

普通栽培

播種は二月下旬から四月中旬で、ビニールハウスで育苗を行ない、定植は三月中旬から

図25　ニガウリの作型

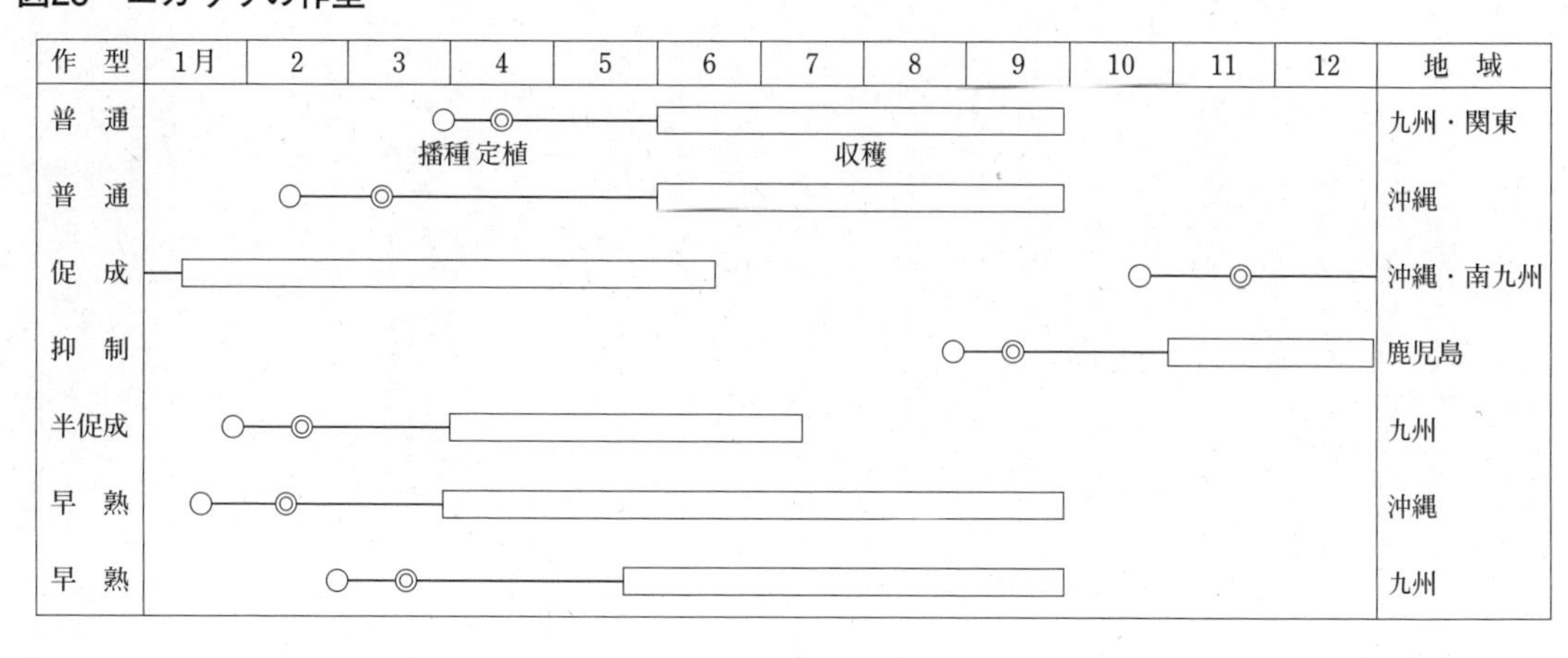

四月下旬に行なう。定植時は季節風が強いので、仮支柱やキャップを被せるなど防風対策を行なう。

普通栽培は露地栽培が一般的で、仕立て方は棚仕立て、アーチ仕立て、地這い仕立てがあり、地域によってさまざまな仕立て方が行なわれている。普通栽培でもっとも注意が必要なのは台風であり、防風対策が重要になる。棚仕立ては、山間地の窪地など風の影響が小さい圃場などが適し、アーチ仕立てと地這い仕立ては防風ネットを設置することで風傷みを軽減できる。

促成栽培

需要の拡大と品種開発によって周年栽培が可能になり、栽培面積が拡大してきた。播種は九月下旬から十一月上旬で、定植は十月上旬から行なわれ、ハウス栽培である。沖縄県や鹿児島県の奄美地域では無加温で栽培され、宮崎県では暖房機などによる加温栽培が行なわれている。一月以降は低温となり、果実の肥大・生育も緩慢となる。仕立て方は立体仕立てが一般的である。収穫期が低温期であり、一～二月は花粉の発生がとくに劣る。そのため花粉確保が重要であり、沖縄県では花粉用品種の探索や花粉の保存方法について試験が行なわれている。

半促成栽培・早熟栽培

鹿児島県、宮崎県、熊本県、長崎県で多い作型で、おもに抑制キュウリ、イチゴなどのハウス栽培の後作として栽培される。播種は一月～二月で、定植は二月～三月、収穫は四月から始まり、立体仕立てが多い。半促成栽培と早熟栽培の境界はあいまいで、南九州では初期にトンネルを行なう普通栽培より早い作型を早熟栽培としている。

栽培のポイントは、定植時の低温時期に初期保温により地温を一八℃以上確保し草勢を強くし、できるだけ早期に収穫を開始することである。しかし、低温により草勢が不十分なときに着果開始が早すぎたり、着果負担が大きすぎると収量低下につながるため、生育と着果のバランスが重要となる。草勢が弱いときは着果開始を遅らせ、連続着果を避ける。

農業技術大系野菜編第一巻　ニガウリ基礎編　二〇一三年より抜粋

Part 5 ヘチマの利用と栽培

ヘチマの料理

高山厚子

一般の人には、ゴーヤー料理の認知度は高いのですが、ヘチマ（沖縄ではナーベーラーという）に関しては、ほとんどの人が「えっ？　ヘチマって食べられるのですか？」と驚き、こわごわ口に運ぶのです。でも、食べると「甘くて、やわらかくて、おいしいですねえ。本当にあの、垢こすりのヘチマですか」といいます。「ヘチマとゴーヤーは、暑い夏を乗り切る沖縄の健康野菜の王様ですよ」とお話しすると、「育ててみたい、もっと料理法を知りたい」…。そんな声に後押しされて、料理教室をあちこちで開く羽目になり、ついには、『みどりのカーテンの恵みを食べよう』という本を自費出版しました。現在は、全国どこへでも出向き、料理教室をとおして、緑のカーテン運動を応援しています。

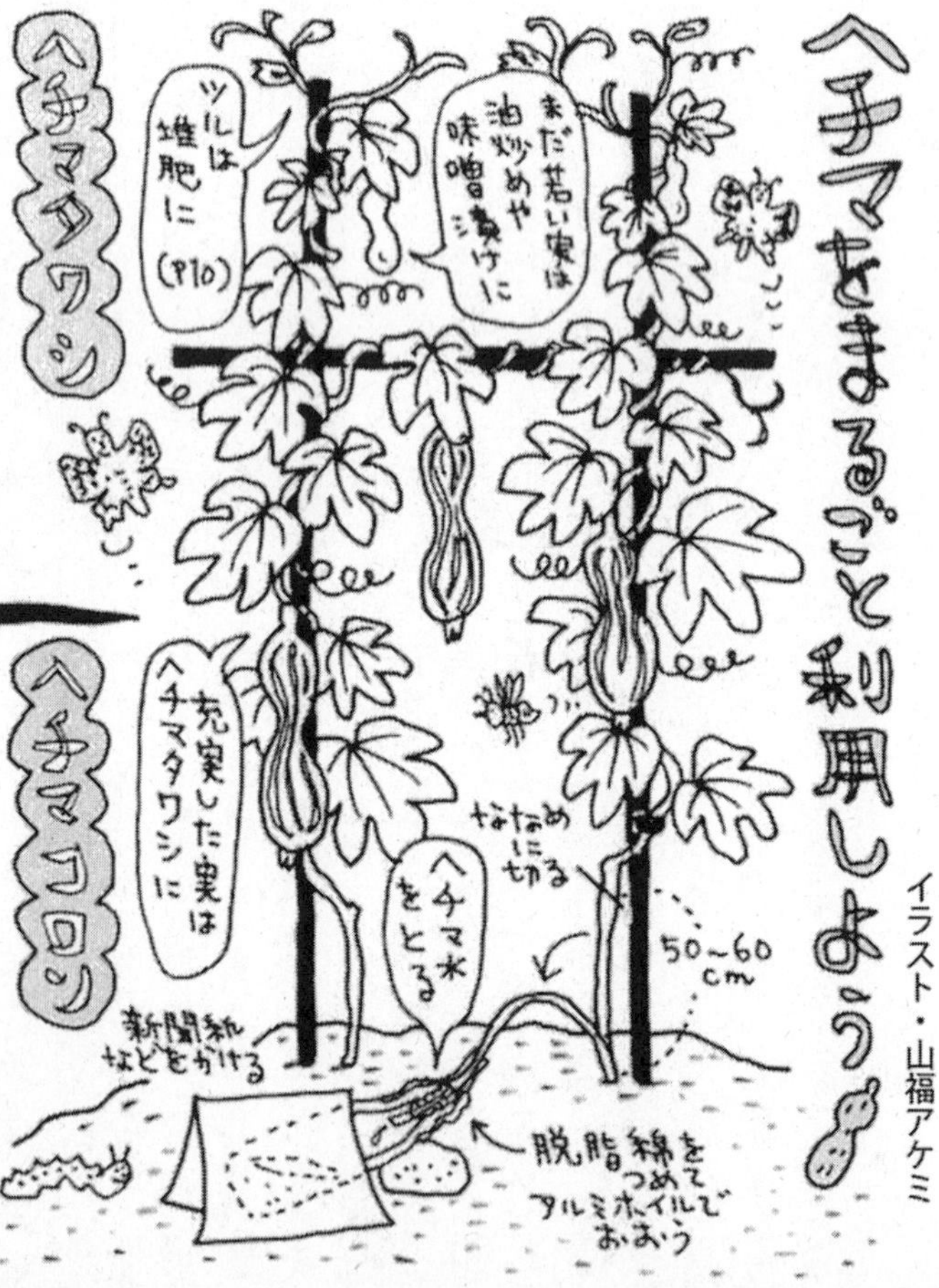

ヘチマをまるごと利用しよう

イラスト・山福アケミ

まだ若い実は油炒めや味噌漬けに

ツルは堆肥に（P10）

充実した実はヘチマタワシに

ヘチマ水をとる

ななめに切る

50～60cm

新聞紙などをかける

脱脂綿をつめてアルミホイルでおおう

ヘチマタワシ

① 両はじをコンクリートなどに打ち付けて皮に穴をあけ、水をしみこみやすくしたヘチマを、水のたっぷり入ったポリ容器につけ、おとしぶたをして、重石をのせる。

ヘチマコロン

① ヘチマ水2lをキッチンペーパーやコーヒー用フィルターなどでこす

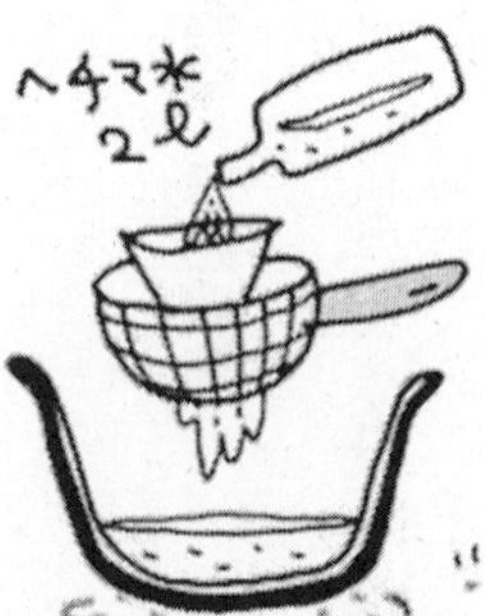

ヘチマ水2l

ヘチマは、甘くてやわらかく、お年寄りから小さな子どもまでおいしくいただけます。表面が硬くなっても、皮を剥くとおいしいですよ。ビタミンやミネラルが抱負で低カロリーです。沖縄では、豆腐やお肉などとの味噌炒めが一般的ですが、私は、小さな実ができて二週間前後の若いヘチマを生の和え物やサラダ料理にすすめています。

食農教育二〇一〇年七月号

ヘチマのサラダ

材料
ヘチマ（まだ、先っぽに花がついている若いヘチマ）、酢またはドレッシング

つくり方
①包丁の刃を直角にヘチマに当て、こそげとるように表面の厚い皮だけを剥く。
②水道水か熱湯で洗うと、表面の緑色が鮮やかになる。
③縦半分に切り、半月切りに薄くスライスする。
④皿に並べ、レモンか酢を少々ふりかける。ナスと同様で黒ずみやすいため。すぐ食べるときは、かけなくてもよい。
⑤好みのドレッシングをかけていただく。

ヘチマステーキ

材料
ヘチマ（生長した表皮が硬いものでもよい）、塩、こしょう、ごま油

つくり方
大きく厚めに輪切りにして、ごま油をひいたフライパンで両面を半生状態に焼くだけでもおいしい。油味噌や、塩、こしょうでいただくとよい。
そのほか、薄くスライスして味噌汁の具にしてもおいしい。コツは、煮すぎないこと。ネギを入れるタイミングでヘチマを入れる。

（参考図書）「ヘチマの絵本」農文協
（注）ヘチマコロンをつくって売るときは、薬事法により、製造業と販売業の許可が必要です

ヘチマの栽培法

宮路龍典　鹿児島県農業試験場

原産と来歴

原産　ヘチマは東南アジアの原産といわれ、古くは七～八種があったとされている。現在、栽培されているのは二種で、中国やインドが原産中枢とみられる。中南米、東南アジア、ソ連、韓国、台湾など熱帯から亜熱帯にかけて広く分布している。

来歴と栽培の歴史　トカドヘチマ（十角糸瓜）は、染色体数2n＝26（MCKAY一九三〇）、果実は長さ三〇cm、直径九cmくらいの短果である。果面には、一〇本の顕著な稜角があり、表面はしわ状である。インド、中国などでは、果菜として栽培されているが、わが国での経済栽培はない。

ヘチマは、別名イトウリといわれ、染色体数2n＝96（YAMAHAら一九三六）で、一般に栽培されているのは本種である。わが国へ作物として渡来したのは、中国を経て一六〇〇年代と推定され、『多識篇』（一六三〇年）に記載されている。また、『菜譜』（貝原篤信一七一四）には「ヘチマの幼果は、果皮をはいで食する」とされ、『成形図説』（曾槃一八〇四、薩摩藩の農事指導書）には、「浮皮（うわかわ）は、包丁にて、こさぎさり、豚肉（ぶたしし）、炮魚（あぶりいを）などと煮て食ふ。みそ田楽として豆腐あえものとして食ふ」などの記載があり、古くから食用にされていたことがわかる。

わが国の栽培は、昭和四〇年ごろまで約三〇〇haがあり、その大部分は静岡県における繊維採取を目的としたものであったが、工業製品に需要をうばわれて著しく減少した。現在、栽培の中心は、鹿児島県、沖縄県、宮崎県など南九州と静岡県である。

利用　東南アジアや中国、台湾では、他の果菜類と同様に、未熟果は年中青果として市場流通や自給用の栽培があり、熟果は繊維用としても利用されている。わが国でも南九州では、開花後一〇日前後の種子や繊維の発達しない幼果を食用にしている。料理法は、酢味噌かけ、油炒め、そうめんの青み、味噌汁、すまし汁の実、豚肉との味噌煮などの煮食用に用いられる。

酢みそかけの料理は、そっとこさぐようにうす皮をとる。幼果であるからにぎりしめると黒ずむので注意を要する。ひとつまみの塩を入れて湯をわかし、剥皮したヘチマを三cmくらいの輪切りに鍋に切り落とす。青く煮えたら、さっとざるにとり、汁を切って食器に盛る。盛夏には冷やせばなおよく、柑橘汁やすりゴマをまぜた酢味噌をかけて食べる。柔軟で、ヘチマの香気と甘味をベースに、香りのきいた酢味噌がよく合い、美味である。

形態的特性

種子　長卵形扁平で、長さ一四～一五mm、幅八mm前後、黒色で、一〇〇粒重は一一gくらい、一果に一五〇～二五〇粒が含まれる。通常、発芽年限は二～三年で、発芽すると濃緑色で長楕円形の子葉を展開する。

茎　ウリ科のつる性一年生草本である。性状は極めて強健で、稜のある無毛なつるを生じ、よく伸長して五～八mに達し、分枝する。つるには多数の節があって、葉と巻きひげ、花をつけ、巻きひげは細長く、先端は分岐し、ほかに巻きついて、つるを支える。

葉　平滑で、葉柄が長く、濃緑色で、縦横二〇～三〇cmの大きさに達し、葉の切れ込みは三～七に深裂して掌状となる。先端は尖るが、下葉は波状にさけ、三～六角となる。

花　黄色で径五～一〇cm、五弁からなり、雌雄同株異花である。雄花は総状花序で、一五～二〇cmの長い花柄に、一五内外の花を生じ、下からおおよそ一日に一花あて開花する。雌花は、短梗または長梗で単生し、基部に棒状の子房がある。子房は三室、花柱は一本で柱頭が三裂、ときに二裂する。開花は早朝にはじまり虫媒で、生育初期は雄花が多く、中期は雌、雄花がつき、後期には雄花が増加する着花習性をもっている。

果実　雌花が受精すると、子房が発達して果実となり、成熟すると通常は果長四〇～六〇cmとなるが、長果種は一～二mに達する。少しわん曲することがある。果面は緑色で、濃い細い条斑があり、成熟すると果面に浅い溝や網状斑を生ずる。果肉は厚く、内外二部からなり、未熟果は外皮部が厚く、成熟すると内皮部が発育肥大して、果肉中に網状の繊維が発達する。

生育の特徴

着果　ふつう親づるの五～一〇節を中心に、三～六本の子づるを発生して、基本枝を構成し、一五節以上で結果枝となる子づる、孫づる、ひ孫づるを発生する。着果は、孫、ひ孫づるに多い。連続雌花節も多いが、担果量の関係から開花に至らずに、落蕾する雌花が多い。幼果収穫のばあいは、株の負担が軽いために、収穫本数が多く、熟果になると負担過重になって、収穫本数は減少する。時期的な負担増減による弱い着果サイクルを生ずることがある。増収するためには、健全葉数を確保し、草勢を維持する必要がある。

生育適温　ヘチマは、高温多照の気象条件が好適し、生育適温は二五～三〇℃、生育最低気温一〇℃、最高気温三八℃ていどで、果菜類のなかでも高温性に属する。

土壌　土壌適応性は、かなり広いが、耕土が深く通気性がよく、適湿で、肥沃な砂壌土ないし埴壌土が適する。過湿地や乾燥地では、根張りが悪く、生育も果実の肥大生長も不良になる。また、土壌酸度についても適用幅は広いが、pH五・〇以下では生育が劣るので、栽培前に石灰を施用する。

品種とその特性

食用種　鹿児島県では、古くから自家採種で受け継がれてきたもので「三尺へちま」に属する品種と思われる。果皮はなめらかで、

表1　栽培のポイント

項　目	内　容
土壌病害虫の防除	つる割病、ネコブセンチュウ対象の土壌消毒
よい苗をつくる	果菜用床土、ハウスによる鉢育苗
圃場をえらぶ	地形等を利用して台風被害を軽減
施肥は元肥を重点に	肥効の永続するBB肥料、緩効性肥料
よい棚をつくる	高さ2m前後、プラスチックネット張り
管理を適切に	除草剤、敷わら、灌水、追肥

図1　ヘチマの作型と作業（『新 野菜つくりの実際　果菜II』より）

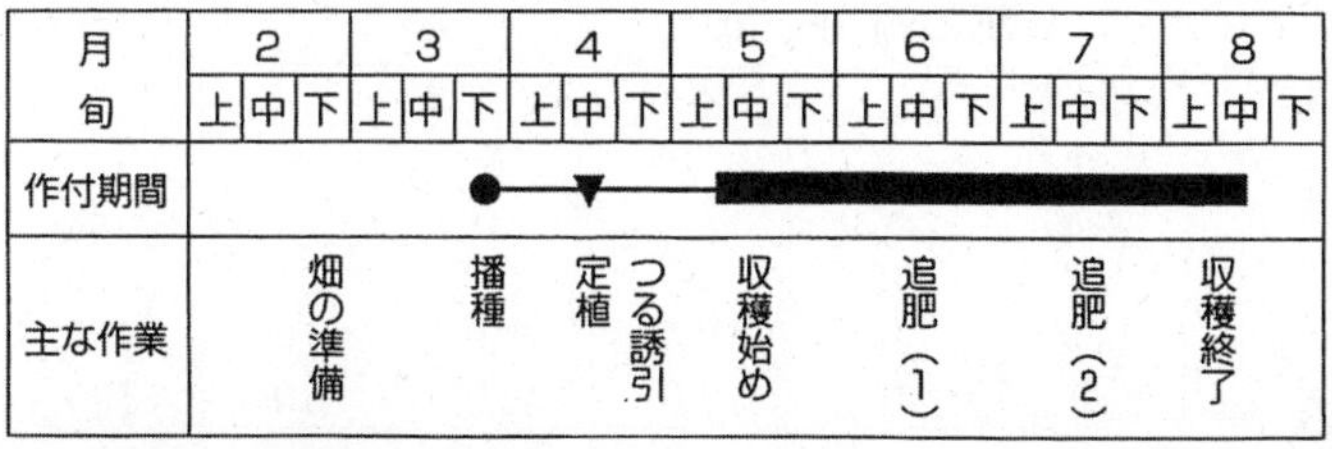

月	2			3			4			5			6			7			8		
旬	上	中	下	上	中	下	上	中	下	上	中	下	上	中	下	上	中	下	上	中	下
作付期間						●		▼		■	■	■	■	■	■	■	■	■	■	■	
主な作業				畑の準備		播種		定植	つる誘引		収穫始め			追肥（1）			追肥（2）			収穫終了	

●：播種，▼：定植，■：収穫

首部がやや細く、胴部がやや太く、繊維の発達は遅くてやや悪く、熟果は、長さ一m、直径九cmていどである。収穫は長さ五〇cm、直径五cmくらいが標準で、開花から収穫までの日数は、四月が一二〜一四日、五月が一〇〜一二日、六月が八〜一〇日、七月以降は八日ていどである。果肉が柔軟で、特有の香気と甘味が好まれる。産地では、標準規格で、果の上下の太さが変わらず、短果で曲がりのない系統選抜を続けている。

だるま（達磨）　静岡県で輸出向きの繊維用として栽培されているもので、「大だるま」「改良だるま」「耐病だるま」「鶴首」ほか数品種がある。

大だるまは、果長三〇cmていどの短果で、繊維は緻密で弾力性がある。改良だるまは、本だるまと鶴首の雑種後代から育成されたもので、前者より首が細く長果で、繊維は前者に類似する。現在は用いられない。耐病だるまは、改良だるまの中から、つる割病に抵抗性の強い系統を選抜したもので、一時はかなり栽培された。鶴首は、長さ七〇〜九〇cmで、繊維は中太、緻密ですぐれるが、首部から胴にかけて細いという欠点がある。また、静岡農試遠州園芸分場の育成で、耐病性が強く繊維質や収量にすぐれる育種目標のもとに、改良だるまの選抜から「浜北」「浜名」が、天竜と浜北の組合わせ後代から、昭和三七年に「あきは」が育成された。

長へちま　「九尺へちま」とも呼称される中国種で、果形が非常に長く、径六〜九cm、長さ一〜二mにおよび、観賞や繊維用にされる。

栽培技術

圃場の準備　栽培は容易であるが、土壌伝染性病害虫の対策が大切である。つる割病、センチュウ類が対象になるので、土壌消毒が必要である。そのほか、石灰施用と植付位置の排水をよくし、おおまかなうねつくりをする。栽培技術のポイントは前頁表1に示す。

育苗　育苗は、一般果菜類と同様に砂まきして、二五〜二八℃の発芽適温で発芽させ、子葉が展開したら鉢上げする。鉢育苗は、果菜用床土を用いて、二〇〜三〇℃で管理し、二〜三日おきに灌水する。育苗日数は、一二cm鉢で五〇日前後である。食用のばあい、予備苗を含め一a当たり一五本もあればよい。

施肥　長期栽培の施肥例をあげると、一株当たり元肥は、堆肥二〇kg、LP150型BB肥料とかCDU、IBなど緩効性肥料一kg、骨粉一kgを幅広く深く混層し、追肥は、堆肥二〇kg、NK化成など一kgていどを施用する。

植付け　晩霜の心配がなくなると、草丈四〇〜五〇cmの苗を定植する。栽植距離は、うね間五〜六m、株間三mで一株二本植え、一a当たり六株前後である。

棚つくりと誘引　大きな苗を植えるので、植付けと同時に棚までは竹支柱を立て、パイプハウスのばあいは骨組みを利用して、これに誘引する。棚は、木や竹を用いて高さ二m

図2　播種

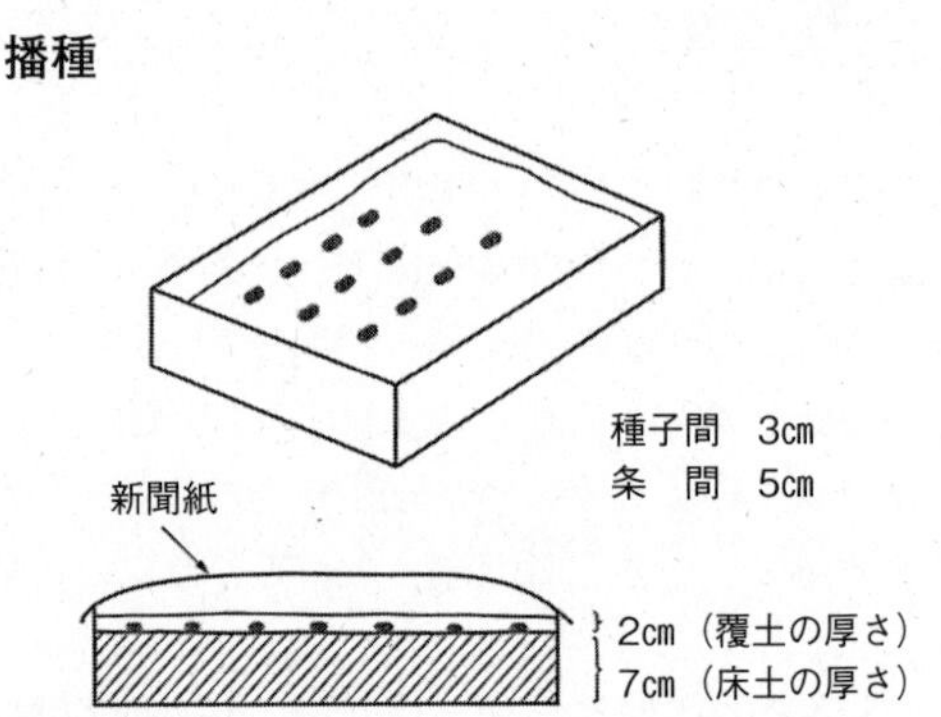

表2　施肥の例（kg/10a）

肥量／成分名	元肥	追肥 1	追肥 2	追肥 3	計
堆肥	2.500				2.500
N	15	5.0	7.0	7.0	34.0
P_2O_5	15	3.0	4.0	4.0	26.0
K_2O	15	4.0	6.0	6.0	31.0

（『新 野菜つくりの実際　果菜II』より）

図3　収穫期のヘチマの棚

くらいの骨組みをつくり、針金やネットを張るか、ハウスにネットを張ってトンネル状の棚つくりをする。棚上げ後は、はじめに、つるの配置を均等にする誘引をするが、その後の誘引、整枝はしない。

病害虫　病害としては、モザイク病、斑点病、しり腐病、つる割病、べと病、炭疽病があげられる。害虫は、ネコブセンチュウ類のほか、ワタアブラムシ、ワタヘリクロノメイガ、ウリハムシ、タネバエ、ハダニ類、キボシマルトビムシなどがある。大きな被害を生じた例は少なく、病害虫について薬剤防除されることはまれである。

その他の管理　中耕、培土は、初期生育時の追肥と同時に行ない、雑草が多いばあいには除草剤を用いる。株もとには敷わらを行ない、乾燥防止につとめる一方、乾燥期には灌水も必要である。

農業技術大系野菜編第一一巻　ヘチマ　一九八八年より抜粋

食品以外の利用法

鮫島國親　鹿児島県農業試験場

たわし　準備するもの…熟したヘチマ果実、大きめのポリ容器、落としぶた、重石。

①果実の両はじをコンクリートなどに打ち付け、皮に穴をあけて水をしみ込みやすくする。水のたっぷり入ったポリ容器に浸ける。

②実全体が水に浸かるように、落としぶたをして、その上から重石を載せる。浸けすぎると発酵して繊維まで腐るので注意する。

③毎日水を替えて、皮が割れ、果肉が腐ったら流水の中で腐った果肉を洗い流し、種を取り除く。種は洗って干しておけばまた来年まくことができる。

④果肉や種がだいたいとれたら、もう一度きれいな水の中で手もみ洗いして、風通しのいい半日陰で乾かす。直射日光に何日も晒すと黄色くなってしまうので、日に干すときには一～二日にする（堀二〇〇〇）。

ヘチマ水・化粧水　ヘチマ水をとるには地上から三〇㎝くらいのところで茎を切り、切り口をビンに差し込んでおく。これは咳止め、利尿に効果があるといわれる。また、ヘチマの種は利尿、便秘に効果があるといわれるほか、かつてはナタネの代用として搾油もされた。ここでは、ヘチマ化粧水のつくり方を紹介する。

材料…ホウ酸五g、水溶性グリセリン一〇〇cc、消毒用エタノール一五〇～一七〇cc、ヘチマ水二〇〇〇cc、ボール、ガーゼ、漏斗。

①採取したヘチマ水を、二重にしたガーゼと漏斗でこす。

②ボールに、グリセリン一〇〇cc、ホウ酸五gを入れて溶かしておく。さらに消毒用エタノールを一五〇～一七〇cc入れて混ぜる。ホウ酸は腐敗防止効果があり、水溶性グリセリンは肌をしっとりとなめらかにする。エタノールは使用感がさわやかになる。

③②のボールにろ過したヘチマ水二〇〇〇ccを加えて混ぜ合わせる（堀二〇〇〇）。

食品加工総覧第一〇巻　ヘチマ　二〇〇〇年より抜粋

Part 6

ユウガオ・ヒョウタンの利用と栽培

かんぴょうづくり

谷野方昭　株式会社谷野善平商店

かんぴょう生産の歴史

かんぴょうは、ユウガオの果実の果肉を細長く剥いて乾燥させたものである。ユウガオの果実のことを栃木県のかんぴょう産地では通称「ふくべ」と呼んでいる。

ユウガオのルーツはヒョウタンであり、ヒョウタンの原産地はアフリカとされている。アフリカの原住民が、球状、楕円状、フラスコ状、筒状などのヒョウタンを、器や水筒、ひしゃく、スプーンなどの日常使用する容器として、また、太鼓や木琴などの各種楽器として利用している映像を現在でも見る機会があるが、そのヒョウタンがユウガオの先祖ではないかと思われる。

ユウガオの日本への伝来については、四世紀後半ごろ、インド～中国～朝鮮半島を経由して入ってきた説や、一五三二～五五年ごろ中国大陸から日本に入ってきた説など、いくつかの説がある。

栃木県での栽培の始まりは、一七一一年、江州（今の滋賀県）水口城主鳥居忠英公が幕府の命により下野（栃木県）壬生城主に国替えになり、そのとき旧領地の木津からユウガオの種を取り寄せて、領内数か村で試作させたのが始まりとされている。

壬生の領地は広く平坦地にもかかわらず産物が少なかったため、忠英公は郡奉行の松本茂右衛門に命じて、ユウガオの種を黒川の東西にまかせた。そのユウガオの栽培に成功したのが、藤井村の篠原丈助であったと伝えられている。

ヒョウタンとユウガオ

ヒョウタン（*Lagenaria siceraria*）とユウガオは同一種である。ユウガオは、苦味成分（ククルビタシン類）の少ないヒョウタンが選抜育成されたものとされている。ククルビタシン類による食中毒は、摂食後数時間で現れ、唇のしびれ、吐き気、おう吐、腹痛、下痢などを引き起こす。

ヒョウタンはアフリカ原産で、人類が栽培化した最も古い植物のひとつである。日本では縄文時代早期の粟津湖底遺跡から、9600年前のヒョウタン種子が出土している。またメキシコのグイラ・ナクイツの洞窟遺跡では、9900年前のヒョウタン種子が発見され、DNA解析によってアジア系のヒョウタンであったことがわかっている。

（編集部 本田）

品種選択

ユウガオの品種には、しもつけしろ、しもつけあお、かわちしろ、ゆう太、野州丸、小山在来種など数種あるが、近年は、しもつけしろ、かわちしろの植付けが多い。

しもつけあおが、しもつけしろに比べて病気に強い、丈夫だといった理由から多く栽培された時期もあったが、表皮が青色のため、葉の色と見分けがつけにくく、収穫時に手間取ることから、最近では、しろふくべ（ユウガオの実）の栽培が多くなって、青ふくべの栽培は見られなくなった。

栽培方法

ユウガオ栽培は、「畑に残した足跡が肥やしになる」といわれるくらいに、手間のかかる作物である。また、管理をよくして手間をかければ、それだけ収穫が上がる作物でもある。

最近は、昔からの経験だけでは解決のできない細菌病や害虫、連作障害の発生があり、生産農家も頭を痛めている状態である。連作障害の対策としては、①連作をしない、②連作する場合は土壌消毒をし、土壌改良をすることで解決すると思われる。

播種　三月中旬～下旬に種をまく。苗床をつくり、腐葉土（籾がらの燻炭もある）を詰めたポット（約直径一〇cm・深さ一〇cm）にまく。種は給水をよくするため、事前に種皮を割り、一昼夜水に浸けてからまく。現在では、JAなどの育苗センターより苗を購入する生産者も多くなっている。

圃場の準備　四月上旬、堆肥などを入れて耕しておいた畑には一回目の施肥をして、マルチシートをかけて地温を上げておく。表1が施肥例で、定植一か月前の一回目の施肥には、酸性土壌を嫌うユウガオのために、石灰窒素を使用してpH矯正も兼ねた施肥としている。その後、定植一〇日前に定植するうねの部分だけに二回目の施肥を行なう。

定植　定植は、四月中下旬である。図1のように、一・五mのうねと五mほどのうね間をとり、一〇a当たり五〇～七〇本の苗を定植する。晴天、温暖の日を見計らって定植す

表1　ユウガオの施肥

施肥時期と位置	肥料と施用量（kg）	
①定植1か月前まで（全面）	石灰窒素	40
	硫酸カリ	20
	熔燐	40
②定植10日前（うね）	JA苦土有機入り化成	40
	JAB-B262	40
③定植1か月後（追肥）（うね間）	JA苦土有機入り化成	60
	JAB-B262	60

※JA苦土有機入り化成の成分は（8-10-12）、JAB-B262は（12-16-12）

図1　ユウガオの定植

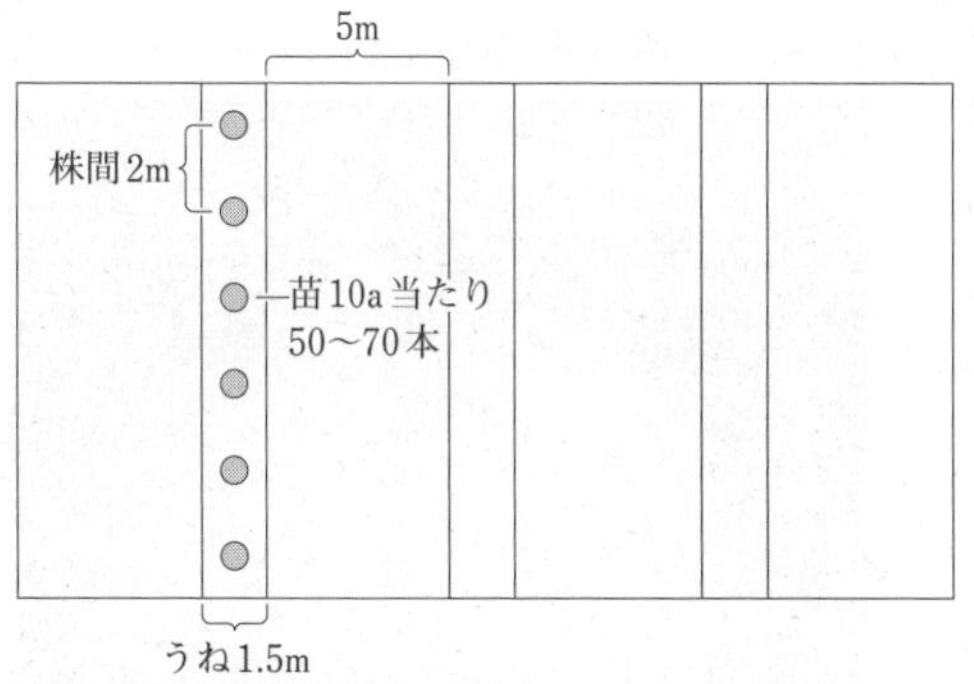

図2　定植後の管理

苗をパラフィン紙で覆い、うねに敷わら

図３　開花、人工交配

開花したらその日の夕方に人工交配する

ることが大切である。

霜害を防ぐためと発育を促すために、露地の場合には定植した苗をパラフィン紙で覆ったり（前頁図２）、ビニールトンネルがある場合にはその中に定植する。定植したら、その定植部分に敷わら（麦わらが最適だが、稲わらでもよい）をする。

定植後の管理　五月下旬～六月上旬に整枝と摘心を行なう。このころになるとつるも伸びだしてきている。この伸びてきたつるを整枝、摘心する。本葉六～七枚で摘心し、上部の強い子づるを二～三本伸ばす。

六月上中旬になったら、三回目の施肥（追肥）と薬剤散布を行ない、畑一面に敷わらする。病虫害の防除は、九月上旬の終了時まで適宜行なう。

図４　収穫適期のふくべ

人工交配　六月上中旬より人工交配を行なう。人工交配（花あわせ）は、人工受粉して効率よく結実させるためで、開花当日の夕方に行なう（図３）。八月中旬まで、開花した花すべてに人工交配する。

収穫　収穫は六月下旬から始まる。受粉後約二〇日で、七～八kg（最適の大きさ）のふくべ（ユウガオの実）に肥大する（図４）。六月上旬から人工交配が始まるので、収穫は六月下旬からとなる。一株から、二〇～二五個のふくべがとれる。収穫したふくべは、ただちにかんぴょうづくりの加工工程に入る。

加工方法

かんぴょう剥き加工には、できるだけ新鮮な（前日収穫の）七～八kgのふくべを加工することが、よい製品にするためにも歩留り的にもよい。かんぴょうの加工工程を図５に示す。かんぴょうの乾燥の主体は天日乾燥なので（補助乾燥のための温風乾燥もする）、晴れの日が最善である。とくに無添加かんぴょう生産（燻蒸および保存料不使用のもの）は、晴れの日が絶対条件になる。

皮剥き　前日収穫したふくべを、翌日の天候を確認し、晴天という予報であれば、早朝二～三時から皮剥きを開始する（図６）。かんぴょうの産地では、専用の皮剥きの機械が開発されており、一個をわずか一分で、幅四cm、厚さ二mmに剥くことができる。長さを一・八～二・〇mに切り揃えて乾燥作業に入る。

乾燥１　早朝から剥いたかんぴょうは、二本の竿に間隔を置いて並べ、天日で乾燥させる（図７）。午前一一時ころから「裾分け」という作業を行なう。これは、干したかんぴょうが糖分によって互いに張りつくのを避けるため、細い竹などで分けていく作業である。

裾分け作業のとき、種付き（かんぴょうの種）や汚れ、皮付き、節付き（かんぴょうの太く煮えない部分）、トケ（かんぴょうの厚さが薄く、煮ると溶けてしまうもの）を見つけて廃棄し、それ以上干すのをやめる。

竿回し　夕方まで干して乾燥したかんぴょうを、午後六時ころになったら二本の竿（二～三組）をまとめて一本の竿に移して、その後の作業をやりやすくする。これが「竿回し」と呼んでいる作業である。日中、かりかりに乾燥したかんぴょうも、夕方になって夜霧が降り始めるころになると、水分が戻りしっとりとしてくる。

硫黄燻蒸　竿回しによって一本の竿に移し替えたかんぴょうを、硫黄燻蒸小屋（ビニールハウス：間口二・七m×高さ一・八m×奥行四m以上）に移して、翌朝まで硫黄燻蒸する。これは製品の色を白く保つための作業で、「無漂白かんぴょう」の規格では行なわない。

燻蒸に使用する硫黄の量は、製品四〇kgに対して、八〇g以下とする。保存料を使用するかんぴょうでは、硫黄の量は極力減らすようにする。

硫黄燻蒸は、かんぴょうが生のときには絶対に行なわない。かんぴょうが硬くなる原因となる。

乾燥2　燻蒸したかんぴょうを、翌朝、天日で半日間だけ再び乾燥する。その後、軒下に移して、再度、異物（ごみ、虫など）や不良品を取り除き、約一kgにまとめてビニール手縄で束ねる。このときの水分は約二〇％になっている。

再燻蒸　束ねたかんぴょうを、夕方、再び燻蒸小屋に入れて、翌朝まで再燻蒸する。

包装　再燻蒸した翌朝、規定量を量ってビニール袋に詰める。

製品検査　栃木県干瓢商業協同組合では、栃木県かんぴょう自主検査規格をつくり、等級の均一化を図り、品質の向上を目指している。

食品加工総覧第五巻　かんぴょう　二〇〇九年より抜粋

図5　かんぴょうの加工工程

皮剥き　収穫翌日の早朝
↓
乾燥1
裾分け
種付き・汚れ・節付き・トケの廃棄
↓
竿回し　夕方
↓
硫黄燻蒸　夜～翌朝
↓
乾燥2（半日）　天日で半日
↓
再燻蒸　夕方～翌朝
↓
包　装

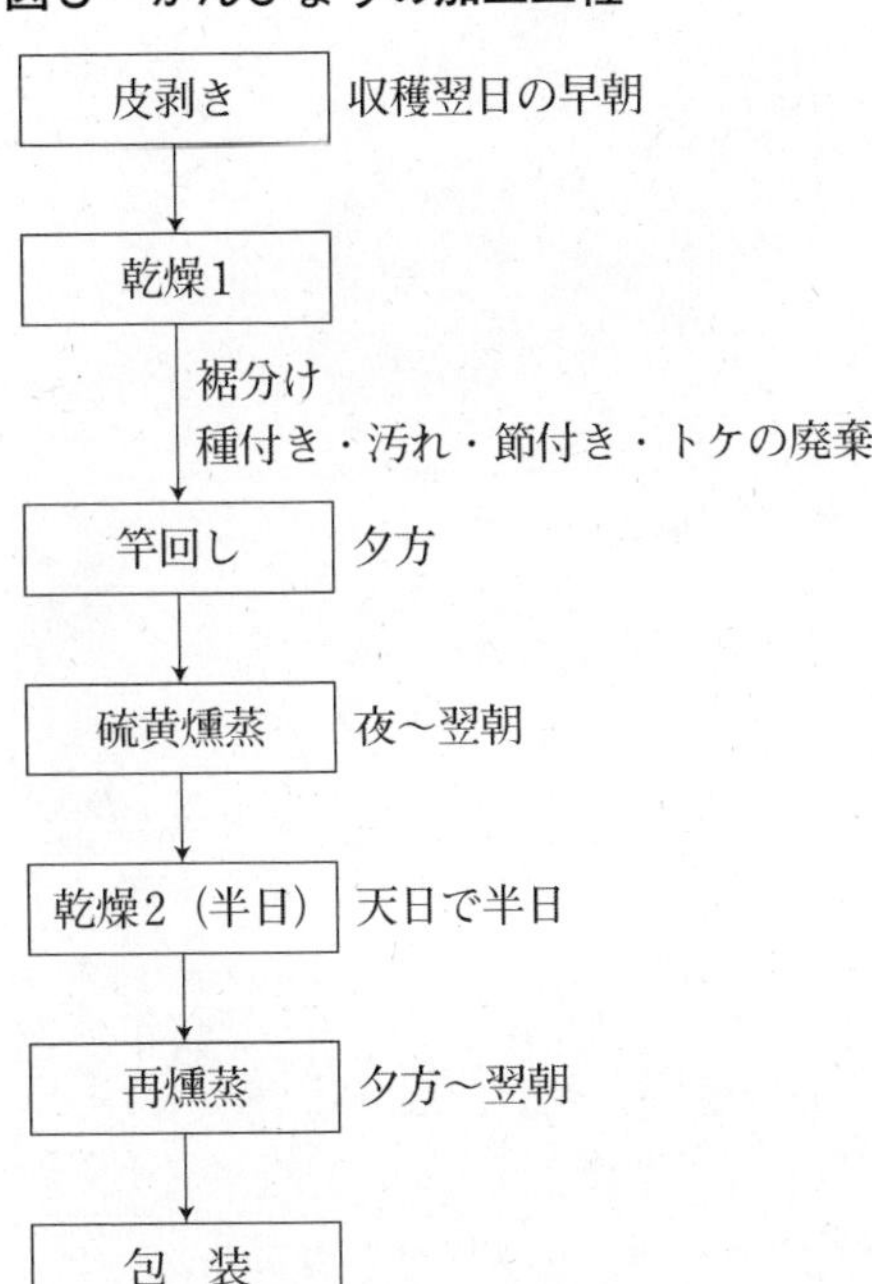

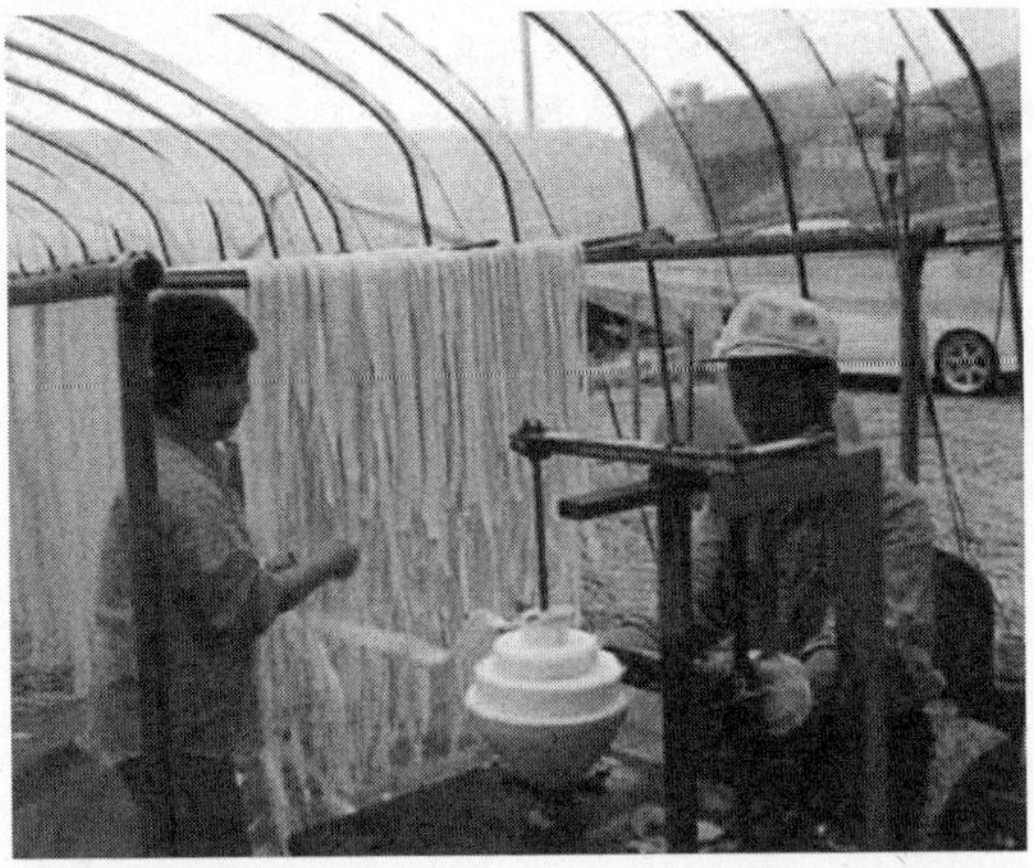

図6　皮剥き作業

図7　乾燥作業

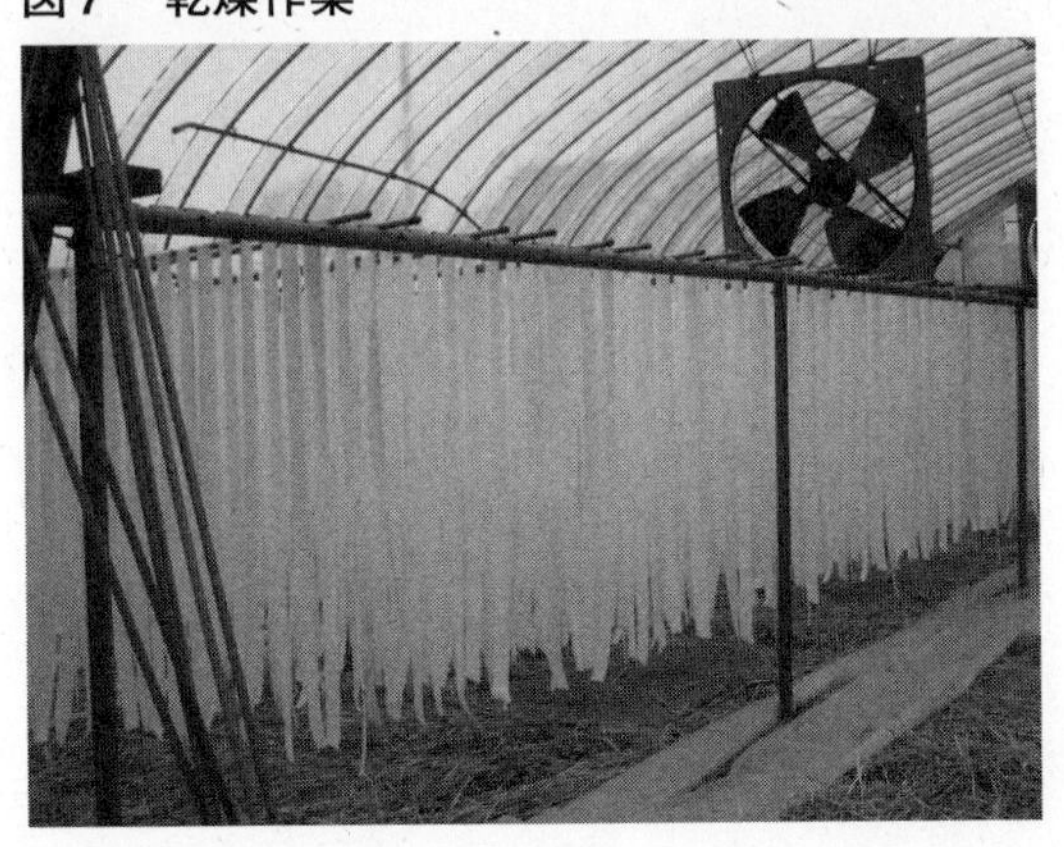

「スーパー長ひょうたん」は1日に5cmも伸びる。長すぎて、地面を掘る羽目に…

「大ひょうエース」。これぞ世界一のひょうたん

これもひょうたん。品種の名前は「いぼ瓢」

「百成り」ひょうたん。「千成り」ひょうたんよりひとまわり大きい

ひょうたん日本一

岐阜県高山市　大林　繁さん

写真・文　田中康弘

ははは、これはスゴイ。ここは岐阜県高山市のひょうたん畑の中である。右を向いても左を見てもひょうたんがぶらりぶらり。抱えきれないくらいの大物、長すぎて地面にめり込んでるもの…。

「ここはもともとブドウ畑だったんです。その時のブドウ棚をそのまま利用しとるんですよ」。ひょうたんに囲まれて布袋様のようにニコニコしているのは、果樹農家の大林繁さんである。大林さんは、ひょうたん作りわずか五年で大きさ日本一のひょうたんを生み出したひょうたん界の鬼才なのだ…というものの、ひょうたんの大会なんてあるの？

「全日本愛瓢会いうのがあるんですよ。その全国大会の『大物の部』で優勝したんですよ」たしかに大きい。関係者によれば「日本一の大ひょうたんは世界一」ということらしい。

「ひょうたんを見てね、イヤな顔する人はおらんですよ。みんなニコニコしてますね。それからひょうたんを作る人どうしの交流が

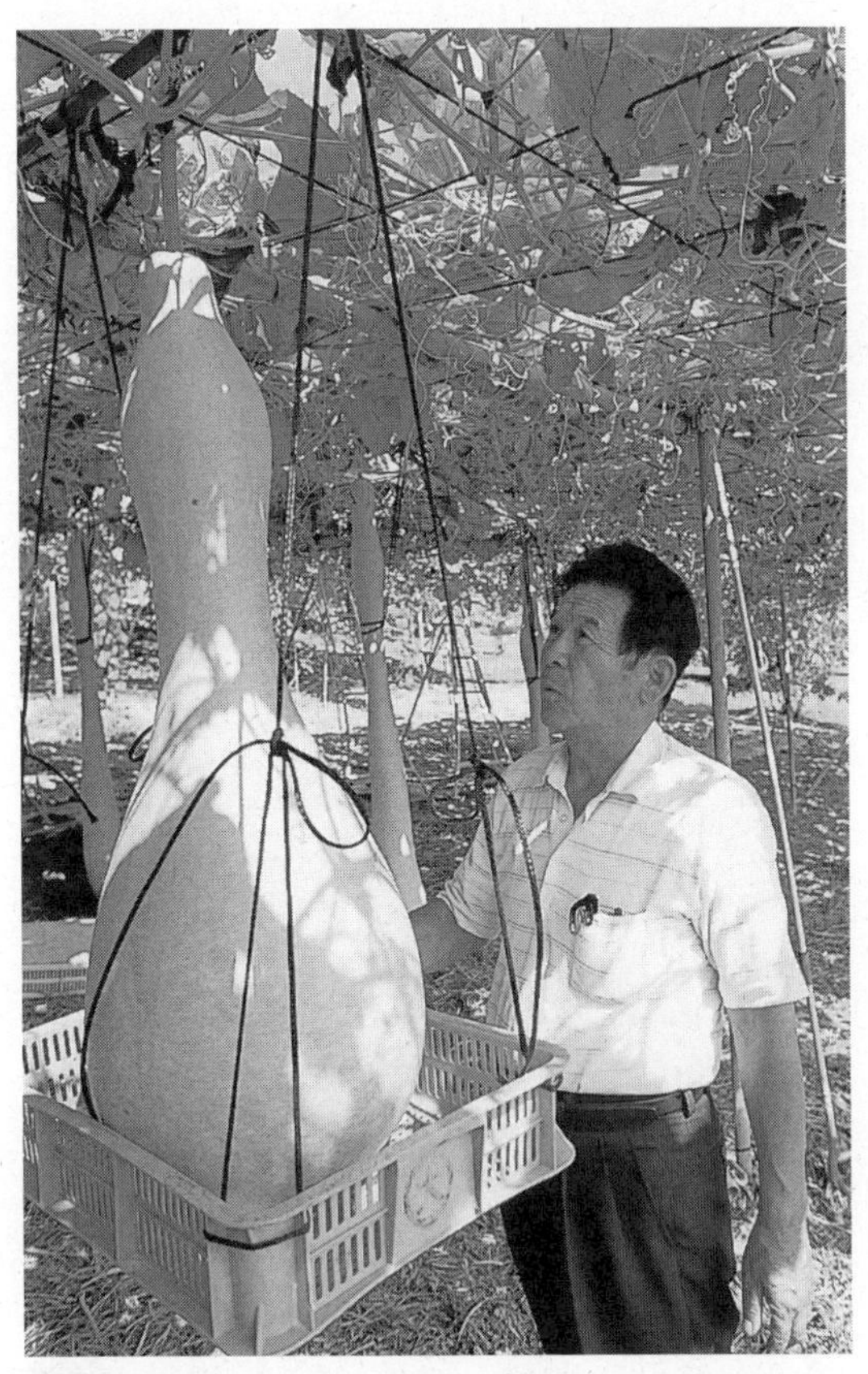

重たいのでコンテナに入れて棚から吊るす「福寿」。この実が、下の作品に変わる。製作期間は1カ月

「大玉」の畑。4月に播種して育苗し、5月に定植する。大きいひょうたんをつくるには、36～40節目に着果させ、1株で1個に選抜する

収穫したひょうたんにドリルで穴をあけ、20日～1カ月水に浸ける。中身を腐らせて種を取り出す。さらに1週間水にさらしてから、よく乾燥させる

絵を描くには、まず下絵を描いて工芸用の焼きごてで線を入れる。白い部分は小型のドリルで浅く彫り込む。左の虎の絵をつけるのに1週間かかった

ね、これまた楽しいんですよ。それが宝ですね」

自慢のひょうたんを交換したり、互いの畑を見学するのも楽しみの一つ。本業の果樹の仕事の合い間にひょうたんの畑を覗くと、不思議と疲れもとれて作業の効率が上がるという。

現代農業二〇〇六年八月号　ひょうたんニコニコ

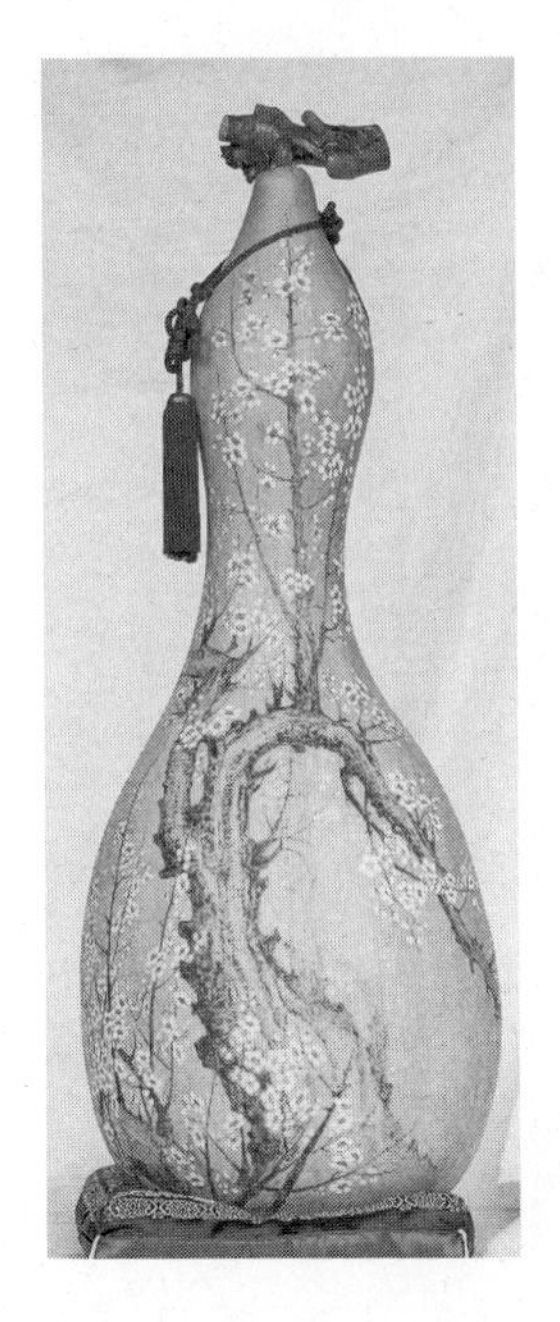

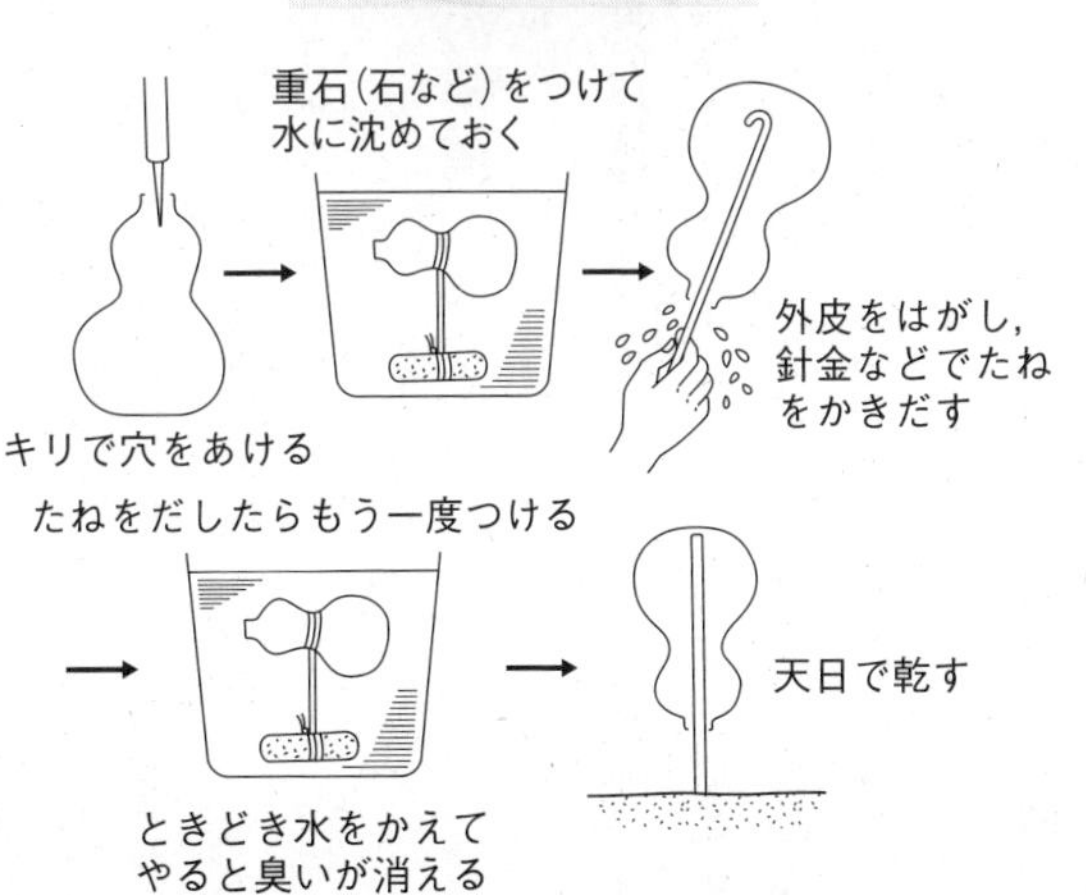

ユウガオ（かんぴょう）の栽培法

長　修　栃木県農業試験場

原産と来歴

原産　原産地はアフリカで、野生種が現存している。現在は熱帯から温帯地方まで広く栽培されているが、容器利用が目的で、食用としているのは、わが国以外あまり例がない。

来歴と栽培の歴史　ユウガオは、中国では二〇〇〇年前から栽培されており、わが国への渡来には諸説があり詳細は不明であるが、三世紀から四世紀にかけて中国、朝鮮を経由して渡来したと推測されている。古くは『源氏物語』（一〇〇八）などに記されているように、観賞用または果皮を各種の容器として利用する目的で栽培されていた。その後、食用として栽培されるようになった時期などについては明らかでないが、一六世紀後半には関西地方で栽培が始められていたと思われる。

ユウガオはカンピョウ製造用が主体であるが、未熟果は煮食や漬物用に、過熟果や採種後のふくべは炭入れ、火鉢、花びんなどの各種容器に、また面、人形などの装飾品としても加工・利用され、種子はスイカの台木に利用される。

形態的特性

ウリ科に属するつる性の一年生草本で、雌雄同株である。

茎葉　生育はきわめて旺盛で、つるは放任で二〇mにも伸び、節間長は二〇～三〇cmとなり、各節から側枝を発生する。茎葉には白色の軟毛が密生し、葉は有柄で互生、腎臓状または掌状の浅い裂葉で葉幅二〇～三〇cm、葉長二〇～二五cmていどあり、分岐した巻ひげをもつ。根は浅根性で横に広がり、最盛期でも深根は四〇cmていどにしか達せず、多くの根は地表から五cm内外に分布する。なお、横への広がりはつるの伸長とほぼ同程度で、かなり広範囲を占める。

花　花は単生の合弁花冠で五裂し、花弁は白色で直径五～一〇cm、一七～一八時に開花して翌朝五～七時にしぼむ。雄ずいは三つの葯が軽く合着し、雌花は柱頭が三つに分かれ、子房は下位子房で三胎座がある。花粉はほかのウリ類より生活力が旺盛で、水にも強く、雌花の着果能力も開花一日後まで持続する。雌花の開花数は株当たり二〇〇～五〇〇花と多いが、着果率は一〇～一五％と低い。

果実　果実は円形にちかく、受精後一五～二五日で五～七kg（カンピョウ製造用としての収穫適期）になり、成熟果は一〇～三〇kgの大きさで、横径三〇～五〇cm、縦径三〇～四〇cmにまで肥大する。成熟種子は黒褐色で幅〇・四～〇・六cm、長さ一・五～二cm、厚さ〇・一五～〇・二一cmの矢羽根またはくさび状で、表面に隆起した四本の条線があり、条線には短毛が密生する。

生育の特徴

生育の経過　播種後七〇～八〇日前後、つるの長さが二～三mに達したころから雌花が開花し始め、つるの伸長とともに開花数は急速に増加する。六月中旬～七月上旬に開花した雌花は三～四週間、盛夏は二週間で収穫できるまでに肥大し、七月から九月まで随時収穫されるが、収穫盛期は七月下旬～八月中旬である。

ユウガオは高温には強いが、浅根性であるため、乾燥がつづくようなときは草勢が急激に低下することがあり、生育は八月の天候に大きく左右される。

養分吸収　養分吸収量はカリが最も多く、ついで石灰で、リン酸、苦土の吸収量は少な

図1　1a当たり養分吸収量
（田口ら1980〜1982）

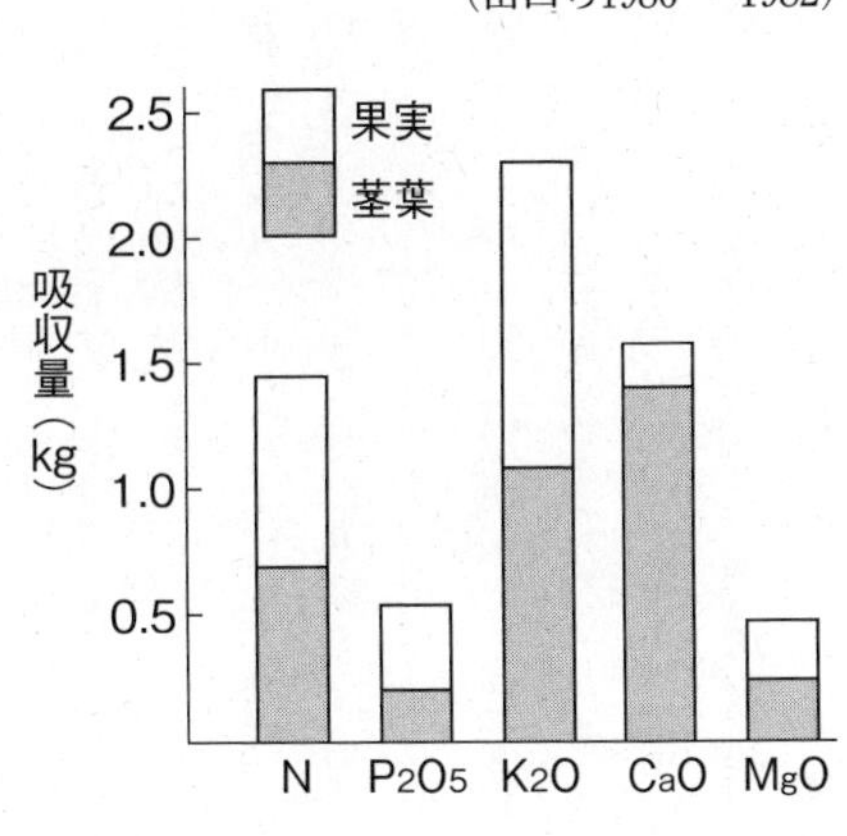

図2　平均気温と苦味発生の関係
（田口、野沢1985）

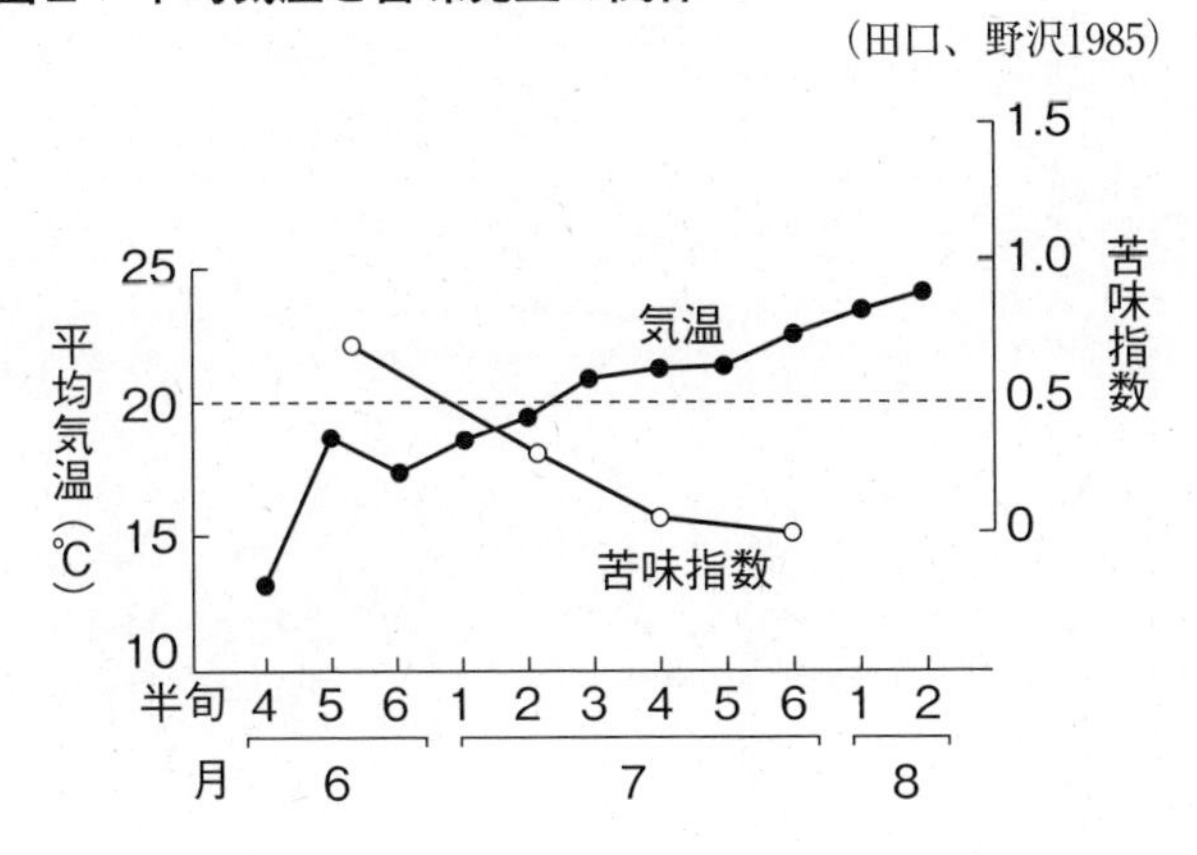

い（図1）。茎葉と果実ではほぼ同程度吸収されるが、石灰は果実に比較し茎葉の吸収量がきわめて高く、とくに葉で多い。生育時期別の吸収量は開花期までは全体の三〜四%と少なく、収穫始期で三〇〜四〇%、残りの六〇〜七〇%は果実が連続して肥大する収穫期にとりこまれる。

品質　平均気温が二〇℃以下の時期に収穫した果実には苦味がある（図2）。苦味は小果ほど、また表皮に近い部分ほど強く、煮ても消えることはない。したがって、低温期は早どりをさけ、表皮を厚くむくよう心がけなければならないが、苦いカンピョウの生産防止には、平均気温が二〇℃を超える時期から収穫を開始することが基本である。

品種とその特性

在来種　中山（一九六二）は果色、果形、つるの太さなどから在来種を数種類に分類しているが、自然交雑がくり返されてきたため、固定度は低く、品種といえるものはない。在来種のなかにはウイルスや炭疽病に強い系統もみられ、葉は一般に波葉のものが多い。

しもつけしろ、しもつけあお　栃木農試が育成した品種で、収量は在来種よりやや多く、果形は皮むき機の利用に適した丸型で、調製歩合も高い。

野州丸　民間で育成した品種で、草勢強く多収、炭そ病にも強く、果実は鮮緑色の甲高丸型である。

とちぎしろ　育種元は野州丸と同じで、草勢が強く、遅くまで収穫可能な多収性品種である。果実は白色の甲高丸型で、調製歩合高く、品質もよい。

栽培技術

圃場の準備　肥沃で排水のよい圃場を選び、冬期間に耕起して土壌を風化させておく。転換畑を利用するばあいは排水のよい乾田を選ぶことが大切で、排水溝を必ず設置する。堆肥や元肥は定植一か月以上前に全面施用し、定植一〇日ほど前にもう一度、うね幅に（一五〇〜一八〇cm）元肥を施してかまぼこ型の低いうねをつくり、ポリマルチを行なって定植にそなえる。

播種　三月下旬〜四月上旬に種子消毒（第三リン酸ソーダまたは乾熱処理）を行なったのち、一昼夜水に浸漬し、育苗鉢に二〜三粒播く。種皮が厚いため、種子の胎座部分に割れ目をつけて水浸すると、吸水がよくなり発芽は促進される（図3）。発芽適温は二五〜二八℃で、四〜六日で発芽する。

図3　種子の予措と発芽率

（藤平、小熊1971）

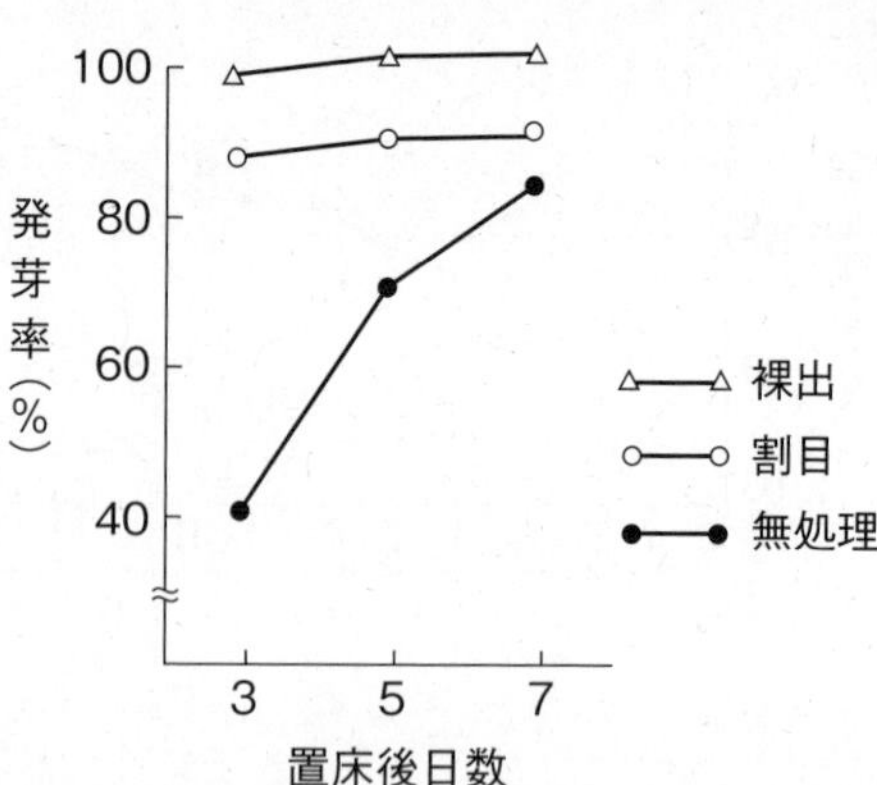

育苗　発芽後は二〇℃ていどに管理し、本葉一～二枚時に子葉の形状の異なるものなどを間引き、一本立てとする。育苗中の灌水はひかえめにして幼軸の徒長を防ぎ、育苗後半は夜温を徐々に下げ、定植までに苗を硬化させておくことが大切である。

定植　地温が一五℃以上になる時期、北関東では五月上旬以降が定植適期で、通常本葉五～六枚の苗を植え付ける。現在は三～四枚の若苗を四月中下旬に定植することが多い。このばあいは地温確保のためマルチを行ない、定植後はただちにホットキャップを被覆して防寒と活着促進を図る。その後は気温の上昇に合わせてキャップに穴をあけ、晩霜などの危険がなくなった時点で取り除く。

栽植距離はうね間六m、株間二～二・五mで、一〇a当たり六〇～八〇株が標準（長づるつくり）となるが、播種や定植がおそく生育期間が短くなるようなときは密植とし、収量の低下を防ぐ。

施肥　一〇a当たりの施肥量はカンピョウ二五〇kgを生産目標とするばあい、堆肥二t、苦土炭カル一〇〇kgのほか、窒素二〇～二五kg、リン酸二五～三〇kg、カリ二〇～二五kgを標準とする（表1）。ユウガオはウリ類のなかでは苦土の吸収量が多く、苦土の不足している圃場では生育や着果率の低下など、悪影響がでやすい。このような圃場では苦土質肥料を多用する。また火山灰土壌ではリン酸の増施効果も大きい。

施肥法は元肥として全量の四〇～五〇%を三月下旬と定植直前に施し、残量を六月中旬ごろまでに一～二回に分けて追肥として施す。なお、草勢の低下がみられたばあいは八月上中旬に窒素を株元に施す。

整枝　雌花は孫づるの第一、二節によく着生し、親づるや子づるには着きにくい。整枝のしかたはこの着花習性を利用することが大切で、親や子づる主体に収穫しようとすると失敗する。

整枝法は長づる整枝と丸づる整枝に大別できるが、最近は摘心、整枝が単純で、収量的にも安定している長づる整枝が大部分を占める（図4）。長づる整枝の方法は、親づるを本葉五～六枚で摘心し、子づるは三～四本伸ばして互いに反対方向に誘引する。子づるの摘心は行なわず、各節から発生する孫づるを三葉で摘心して着果させるのが、一般的な仕立て方である。

表1　ユウガオの施肥例

（kg／10a）

肥料	全量	元肥		追肥
		1回	2回	
堆肥	2,000	600		1,400
苦土炭カル	100	40		60
石灰窒素	60	30		30
BM熔燐	100	60		40
燐加苦土安1号	100	30	10	60
硫酸カリ	25	10	5	10
尿素	5			5

成分量（kg）：N23.5、P27.0、K23.5

敷わら　生育初期はつるの伸長に合わせて敷わらを行ない、六月上中旬に追肥、耕起したのちただちに全面を被覆し、敷わらを完了する。敷わらは乾燥防止と病害の発生を予防するうえからも必ず行なう必要がある。

人工交配　ユウガオは他のウリ類と異なり、開花は日没後で、自然条件下ではヤガ、スズメガの類によって花粉の媒介が行なわれる。しかし、七月上旬まではこれら訪花昆虫の飛来は少なく、また雄花の開花数も少ないので、放任では落果が多い。この時期に着果させないと生育が旺盛となり、つるぼけとなって著しく減収するので、初期着果時の人工交配はとくに効果が大きい。交配は花粉発芽力の高い夕方五時以降とし、雄花を採花して、その花粉を雌花の柱頭につけてやる。着果させる数は開花数の約一〇%が適当である。

収穫時期の判断　収穫は早いもので六月下旬となるが、ふつうは七月上中旬に始まり、盛期は八月上中旬で、八月下~九月上旬に終わる。収穫時の果重は五~七kgが適し、六月中旬開花で二五日前後、七月上旬が二〇日、七月下旬では約一五日で肥大する。適期は果実表面の細毛がほぼなくなり、やや光沢をおび、果実にかるく爪傷がつくていどのときである。これより小果や大果（過熟）では調製に手間どり、製品の歩留りが悪く、品質も低下する。

病害虫の防除　病気は、緑斑モザイク病、炭疽病、べと病、うどんこ病、灰色疫病、つる枯病など、ウリ類にみられる種類の病気はほとんど発生する。このうち緑斑モザイク病と炭疽病が生育や収量に大きな影響を与えることが多く、これら病害の発生を防止するためにも、播種前の種子消毒はきわめて重要である。

害虫はアブラムシの被害が多く、未熟堆肥を多量施用するとウリバエやタネバエが多発することがあり、とくに幼虫による食害は被害が大きい。

採種　ユウガオの種子は、カンピョウ栽培のほかスイカの台木用としても重要である。未熟種子でも発芽するが、発芽率は低く、開花後六〇~七〇日の果実から採種した種子の発芽能力が最も高い（表2）。したがって、収穫末期の九月上中旬に採種用果実を生産するには、七月上旬の花を利用することになるので、安易な気持ちで取り組むと優良種子を確保することはできない。

農業技術大系野菜編第一一巻　ユウガオ（カンピョウ）一九八八年より抜粋

図4　ユウガオの長づる整枝

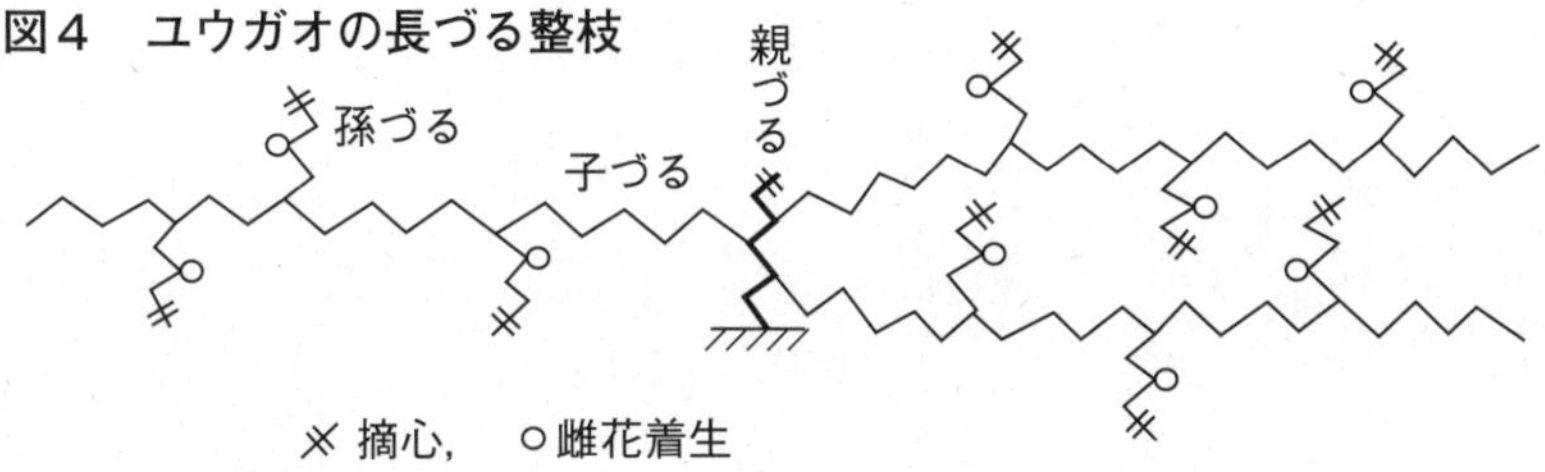

孫づる　子づる　親づる

※ 摘心,　○雌花着生

表2　種子の発芽力　（中山、斎藤1959）

開花後日数	発芽率（%）
45日以内	15 ～ 20
45 ～ 55日	30 ～ 70
～ 60日	70 ～ 90
～ 70日	95 ～ 100
70日以上	悪い

本書は『別冊 現代農業』2014年10月号を単行本化したものです。
編集協力　本田進一郎

著者所属は、原則として執筆いただいた当時のままといたしました。

農家が教える
キュウリ・ウリ類つくり
ゴーヤ・ヘチマ・ユウガオ・ヒョウタン

2015年2月25日　第1刷発行

農文協　編

発行所　一般社団法人　農山漁村文化協会
郵便番号 107-8668 東京都港区赤坂7丁目6-1
電話 03(3585)1141(営業)　03(3585)1147(編集)
FAX 03(3585)3668　振替 00120-3-144478
URL http://www.ruralnet.or.jp/

ISBN978-4-540-14259-8　DTP製作／ニシ工芸㈱
〈検印廃止〉　印刷・製本／凸版印刷㈱

定価はカバーに表示
乱丁・落丁本はお取りかえいたします。